獻 給 過 去 、 現 在 與 未 來 的 全 體 杜 邦 員 工

杜邦200年
發源於布蘭迪河畔的科學奇蹟

DuPont : From the Banks
of the Brandywine
to Miracles of Science

Adrian Kinnane／著

向 杜 邦 學 習
寫在《杜邦200年：發源於布蘭迪河畔的科學奇蹟》出版前

在過去幾百年的歷史中，影響人類生活最深遠的首推工業革命，這是人類在能源使用上的革命性解放。不過在材料方面，人造纖維與塑膠等高分子的合成與大量的使用，也可算是另一種重要的工業革命。在這個領域裡，杜邦公司貢獻很大。世界上很少人沒有使用過尼龍做的紡織品，或是鐵氟龍®處理過的廚房用具，也都聽過防彈衣所使用的克維拉®纖維等杜邦公司的發明。

杜邦這個頗負盛名的科技公司，創建至今正好二百年。上個月台灣杜邦的蔡憲宗總裁帶給我這本《杜邦200年：布蘭迪河畔的科學奇蹟》的英文版，告訴我中文版即將出版，並希望我為中文版寫序。我欣然同意，因為我希望更多人能有機會了解杜邦兩百年的歷史。

在美國建國兩百二十六年的歷史中，杜邦公司可以說是一部活生生的美國企業史。自艾倫尼·杜邦（Eleuthère Irénée du Pont de Nemours）於1802年正式成立杜邦公司開始，杜邦黑火藥的發明對美國新大陸的發展，以及美國社會工業化的加速即有著重要的貢獻。隨著化學與高分子材料的突破，杜邦的產品不僅使人類得以在宇宙探索，電子通訊與生活品質也因此能夠更上一層樓。 今日的杜邦再次以創新的材料科學、生物科學及資訊科學為生產主軸，希望能滿足人類的生活需要，並提供下一代一個安全、環保及乾淨的地球。

這本書的作者Adrian Kinnane是位歷史學家，他從歷史發展的眼光深入描述杜邦公司幾位領導者的行事作風與企業理念，也就是以高標準的工業安全、創新的科學技術改善人類食、衣、住、行各方面的生活品質。從杜邦公司的歷史中，我們看到一個公司如何結合正確的經營理念、創新的科學技術，以及努力不懈的團隊精神，使該公司不斷保持較其他競爭對手更為強大的優勢，並以其獨特的產品贏得全球市場。這正是杜邦能夠永續經營的關鍵。過去兩百年，杜邦公司一直是站在以科學造福人類的最前線；儘管科學的內涵有時艱澀難懂，但杜邦公司將創新的科學技術應用於人類生活，讓我們覺得科學的奇蹟其實在日常生活中處處可見。

台灣的產業目前正遭遇國際激烈的競爭，必須積極培養人才，提升研發能力，並轉型到高附加價值的領域，發展知識經濟，才能在競爭中維持優勢。杜邦公司兩百年來累積的企業經驗及其未來的發展方向，在在都可以作為台灣企業界的借鏡。身為一位學科學的人，每一項科學的新發現都會令我興奮與感動不已；只不過就實質而言，如果科學的發明能夠增進人類社會的福祉，科學發明才算真正達成其最終目的。在這方面，杜邦公司顯然是個中翹楚。

李遠哲

民國九十一年六月四日於中央研究院

目　　次

前　言

對於杜邦這樣一個公司來說，創業至今二百年，數度轉型，其發明物協助塑造現代世界，且的的確確成爲舉世數十億人口日常生活的一部份，但有關杜邦公司史的書籍，卻是相當少。最重要的一些歷史作品都是學術報告，雖然對那些想要詳細閱讀杜邦公司史上特殊話題的杜邦學生來說非常珍貴，但對一般讀者來說，卻不是那麼易讀。同時市面上許多有關杜邦的大眾書籍，不是歷史觀點上可信度不足，就是論證上有問題，或者資料過時。

編製本書的目的，是希望能夠取學術與大眾兩者的中間點：研究與寫作上頭能夠有歷史學者的專業水準，同時仍極具可讀性，讓杜邦現任或退休員工，以及一般大眾都能接受。我們相信，歷史學會的作者Adrian Kinnane已經辦到這一點。此外，本書前面幾章穿梭於一般熟悉的範圍，但在第7、8、9章，卻提供了幾年（過去的三十年）杜邦公司歷史的大致狀況，這類資料在書籍中披露還是首見。另外一個出版此書最原始的目的，是希望能夠藉機將杜邦公司在哈格雷博物館（Hagley Museum）豐富珍貴的照片收藏公諸於世。熟悉杜邦的讀者可以看到公司史上最知名、最歷史悠久的老照片，但還有一些比較罕見的珍貴照片。

我們要感激哈歷史學會其他人的貢獻：協助挑選照片並研究側面主題的Sarah Leavitt；編輯內文的Ken Durr和Jim Wallace；以及研究照片的John Harper，還有歷史協會的職員Gail Mathews、Carol Spielman、Mary Ann FitzGerald。還要感謝許多哈格雷職員的合作和指引，尤其是手稿與檔案部的Marjorie McNinch和圖片收藏部的Jon M. Williams和Barbara Hall。謝謝Adler設計公司的Joel Adler、Carol Adler、Susan Jones和Trish Moore，他們爲本書設計版面，努力不懈，專注於每一個細節。Jeanne Dyson是非常能幹的製作主管。Kim Clark在協調上貢獻良多。同時也要感謝Jane Macnamara-Barnett的文案和Jan Moore的索引。

本書初稿曾由四個人審訂，他們的判斷、知識和洞察力極具價值：杜邦法務部的Geoffrey Gamble（他已經是家族中第五代服務於杜邦的員工）；杜邦學人也是杜邦工程部退休員工Thomas R. Keane；哈格雷博物館行政副主任Daniel T. Muir；以及杜邦公共事務部退休員工Richard J. Woodward。

爲了避免讀者的困擾，在此說明幾個編輯上決定的人名。首先是杜邦的創辦人，雖然家人和朋友都喊他艾倫尼（Irénée），但近年來職員和其他與杜邦熟悉的人士都稱他爲「E. I.」。本書中，我們決定遵從近年約定俗成的稱呼法。另外這家公司被稱之爲杜邦或杜邦公司，也就是說，Du和Pont之間沒有空格，而且D和P都是大寫。杜邦家族人士的姓名都按照他們平常自己寫的形式，寫成du Pont，唯一的例外是山繆・弗朗西斯・杜邦的名字，他選了個不同的形式寫成Du Pont，將D改爲大寫；我們沒有理由反駁這位海軍上將的方式。

本書主旨是爲紀念杜邦公司兩百週年慶，期盼未來多年都能讓讀者有知識的啓發，而且享受閱讀的樂趣。

執行編輯　***Justin Carisio***　　　　主編　***James Moore***

德 拉 瓦 州 ， 威 明 頓

CHAPTER

1 遠見和產品

（左上）倫勃蘭特·帕爾於1810年為杜邦家族長老皮耶·山繆·杜邦所畫的肖像畫。

（右上）20歲的艾倫尼·杜邦，他名字的含義是「自由」和「和平」。

（右）杜邦家族十幾口乘美國鷹號移民美國。在這次艱難的旅程中，皮耶·山繆激勵士氣，如同被關在法國巴黎監獄時候一樣，通過帶領唱歌、玩遊戲和互相辯論來鼓舞大家。

（下）杜邦家族在法國老家謝凡內的佛斯森林（Bois des Fosses）。

（右）1801年的會晤。（左至右）艾倫尼·杜邦、富蘭克林、拉法葉侯爵和傑弗遜。在會晤中，傑弗遜鼓勵杜邦建立火藥廠。

1787年9月17日星期天，一位名叫布魯姆（Jacob Broom）的貴格教派農場主代表德拉瓦州在美國的新憲法上簽字。四千哩外的巴黎，艾勒特賀‧艾倫尼‧杜邦（Eleuthère Irénée du Pont）正等待著展開他在法國政府一個火藥機構裡的學徒生涯。儘管時年十六歲的年輕杜邦對未來有許多夢想，但還從未想過有一天他會在德拉瓦州安家落戶，且布魯姆會對於他在此定居之事製造如此多的障礙。但就在他的學徒期間，美利堅成為了新的合眾國，而法國則爆發了大革命，徹底改變了艾倫尼‧杜邦的一生。

剛開始時，變化並不大。艾勒特賀‧艾倫尼（E. I.）在巴黎近郊埃松（Essonnes）的國家火藥廠又工作了一年，然後來到巴黎，在父親新開張的印刷廠工作。杜邦一家曾希望1789年的革命會帶來一些迫切需要的社會和政治變革，但這場革命卻瞬間製造了一個又一個斷頭臺上的受害者。1799年艾倫尼心直口快的父親皮耶‧山繆‧杜邦（Pierre Samuel du Pont de Nemours）被捕，並被判處死刑。只不過指控他的羅伯斯比爾（Robespierre）自己卻先上了斷頭臺，老杜邦因而被釋放。但法國仍然是一個動盪危險的國家。皮耶‧山繆和他的兒子艾倫尼變賣了備受驚擾的印刷廠，全家乘布魯克斯船長的「美國鷹」號奔赴美國。

儘管這艘船有個神氣的名字，卻不適合航海。破爛不堪、船底爬滿藤壺的美國鷹號原打算駛往紐約，後來卻是開到哪裡算哪裡，船在大西洋寒冷的風暴中緩慢顛簸了九十多天，食品由於儲藏室漏水而腐壞，饑餓不堪的乘客和船員只好向過往的船乞討。1800年元旦那天，布魯克斯船長小心翼翼地將這艘破船駛入靠近羅德島海岸線的布洛克（Block）島港口。杜邦一家人顫抖著涉水上岸尋找食物，但未能如願。杜邦一家雖然絕望，但仍保持了尊嚴。最後杜邦一家在一棟無人的房子裡找到了食物，並留下一枚金幣，這是杜邦在美國領土上的第一筆交易。[1]

三天後，該船駛入美國大陸的紐波特港（Newport）。像許多歐洲人一樣，老杜邦相信美國是一個充滿希望和財富、遠離歐洲危險動盪的天堂。[2] 在離開法國之前兩年，老杜邦和他巴黎一些身居要職的朋友們成立了一家美國移民合股公司。皮耶‧山繆在美國也有關係不錯的朋友。作為一個著名的自由貿易鼓吹者、記者和政府官員，皮耶‧山繆曾幫助富蘭克林（Benjamin Franklin）磋商巴黎條約的條款，該條約使美國獨立革命於1783年結束。1785年美國駐法特使傑弗遜（Thomas Jefferson）也是杜邦家族的好朋友，他還曾警告杜邦不要參與當時席捲美國西部的瘋狂房地產投機。

杜邦一家暫時在新澤西州的伯根（Bergen）住了下來，考慮未來的打算。老杜邦提出了一個完善的國際貿易方案供大家討論，但艾倫尼‧杜邦更實際的建

議卻令人信服：杜邦家族應生產火藥。艾倫尼·杜邦畢竟曾在父親的好友、著名化學家拉瓦錫（Antoine Lavoisier）所領導的法國國家火藥和硝酸鉀管理局學習過，在埃松學徒期間接觸過最先進的火藥製造技術。更重要的是，他學到了拉瓦錫的創新精神。對於艾倫尼·杜邦來說，黑火藥不僅是有前途的產品，也是一種崛起中的技術。

1800年11月艾倫尼·杜邦和友人路易·圖薩德少校（Major Louis de Tousard）為評估美國主要火藥廠所使用的技術，參觀了位於費城郊外的蘭恩-迪凱特（Lane-Decatur）火藥廠。圖薩德少校在當地很有名氣，他在美國獨立戰爭中失去了一條手臂，現職為美國陸軍炮彈監察員，負責採購軍用火藥。這次參觀證實了圖薩德少校曾告訴過艾倫尼·杜邦的說法——美製火藥還大有改進的空間。[3] 艾倫尼·杜邦發現蘭恩-迪凱特火藥廠生產的每一個步驟，從硫磺和硝酸鉀的精製，到上述成份和木炭的混合，從混合物的壓製、篩選、烘乾和封裝到工廠工人的管理，都需要改進。「這類競爭對手不必擔心。」艾倫尼·杜邦向父親保證。[4] 如果競爭不激烈，生意就好做。但儘管效率低，蘭恩（William Lane）和迪凱特（Stephen Decatur）仍獲利頗豐。美國的政治形勢也非常有利。1791年漢密爾頓（Alexander Hamilton）所出版的《製造業報告》中，特別鼓勵要國內廠家生產黑火藥。

艾倫尼·杜邦和哥哥維克多（Victor）回法國募集資金，並採購

（左頁上）艾倫尼‧杜邦的朋友路易‧圖薩德少校參加過美國獨立戰爭，然後在德拉瓦州威明頓市附近的法國人社區中定居。據說是在一次與圖薩德少校打獵中，艾倫尼‧杜邦發現美國火藥的品質比不上法國，從而萌發了從事火藥生產的想法。

（左頁下）提貨單，連同杜邦家族二十三個箱子的行李，被運上貝茲‧帕特森號，1802年7月9日從紐約駛往威明頓市。

（左）1788年化學家拉瓦錫和妻子的肖像畫，艾倫尼‧杜邦就是向他學習火藥生產技術。

（右）1801年 4 月21日，艾倫尼·杜邦為了成立一家公司，和法美投資者們一塊起草了含八個條款的公司章程。

（右頁）艾倫尼·杜邦和他的妻子蘇菲·麥德琳·達爾馬斯。他們於1791年11月26日結婚，但遭皮耶·山繆強烈反對。事後證明蘇菲是一個聰明、忠實和有勇氣的兒媳婦，很快贏得他的好感。她是一個商人的女兒，1794年在老杜邦囚禁期間，她喬裝成農婦每天給他送食物和書籍。

火藥廠生產設備。他們獲得父親的合夥人同意，將兩萬四千美元從原來移民公司的資本轉入新成立的艾倫尼·杜邦公司（E. I. du Pont de Nemours & Co.,），這是一家合股公司，於1801年 4 月21日在法國成立，兩兄弟計劃返美後再籌集一萬兩千美元。至於設備，艾倫尼·杜邦發現很容易取得。當時拿破崙急於破壞英國的火藥出口業務，因此非常樂意以成本價把火藥生產設備賣給杜邦。比來時更有錢且也更精明的兩兄弟於是再次乘船赴美，這次搭的是富蘭克林號。

　　預定要擔任火藥廠廠長的艾倫尼·杜邦抵達費城後，馬上就遇到新的問題。首先，他的合股公司必須重組為合夥公司，因為當時美國法律還不承認法文commandité所代表的有限公司。但合夥公司股東責任並不僅限於合夥人投資的數額，因此，正式的合夥協定中包括了一些當時美國法律無法執行的條款，而這些條款保護了股東，使他們成為不記名股東。為了確保原始股東對公司的控制權，他們在股票買賣時擁有優先購買權。[5] 第二個問題則是要決定火藥廠的地點，在尋找廠址的過程中，艾倫尼·杜邦也首次從布魯姆身上領教了傳奇洋基人（Yankee）的精明。

　　當時三十歲的艾倫尼·杜邦又高又壯，充滿自信，他中年時的神態，在著名美國肖像畫家帕爾（Rembrandt Peale）的一幅作品中有很好的表現：融合了堅定和決心、內斂，甚至是憂鬱，不像他的父親和哥哥那樣外向。艾倫尼·杜邦往往根據常識處理許多事務。他的妻子蘇菲（Sophie）和他一樣自負而含蓄，兩人不尋求新的冒險，又能以無可挑剔的能力迎接新的挑戰。在法國大革命時期就是如此，在美國辦火藥廠時也是這樣。

> 這幅由艾倫尼·杜邦的妹夫查爾斯·達爾馬斯（Charles Dalmas）1806年所繪的火藥廠圖，是第一幅有關杜邦火藥廠的圖畫。該畫被送回法國，好讓股東對公司的進展放心。

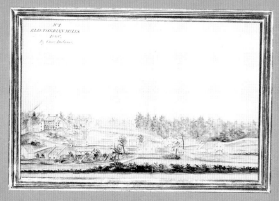

> 公司的第一批投資者是三個歐洲人和兩個美國人，都是杜邦家族的朋友或熟人。賈克·畢德曼是住在法國的瑞士銀行家，路易·尼克爾（Louis Necker）是路易十六前財政部長賈克·尼克爾的兄弟。「卡特瓦，迪凱努瓦暨西耶」是一家巴黎銀行。迪凱努瓦（Adrien Duquesnoy）在法國大革命時間曾與皮耶·山繆·杜邦一起坐過牢。麥克爾（Archibald McCall）是費城一個有名的商人，也是另一位美國投資家彼得·鮑多的朋友。

> 杜邦家族採取了一些措施，使美國人相信他們不是激進的法國革命黨人。他們選擇喬治·華盛頓的財政部長、也是聯邦黨人主將漢密爾頓當他們的律師，是一個精明的舉動。不過漢密爾頓服務的時間並不長。1804年他與副總統艾倫·伯爾（Aaron Burr）決鬥時負傷身亡。

> 1800年美國鷹號將杜邦家族帶入了激烈的政治漩渦中。美國獨立革命以美國贏得和平獨立結束，但這個新國家很快陷入人民與中央政府如何分權的爭吵。聯邦黨人如約翰·亞當斯和反聯邦黨人如傑弗遜，都利用法國大革命理想和暴力方式，來支持他們的觀點。

> 1805年杜邦公司黑火藥首次出口給西班牙政府。到1834年，公司20%的產品是外銷，主要出口到歐洲、西印度群島和南美洲。

本書提到的杜邦家族成員，或公司管理與存續的關鍵人物

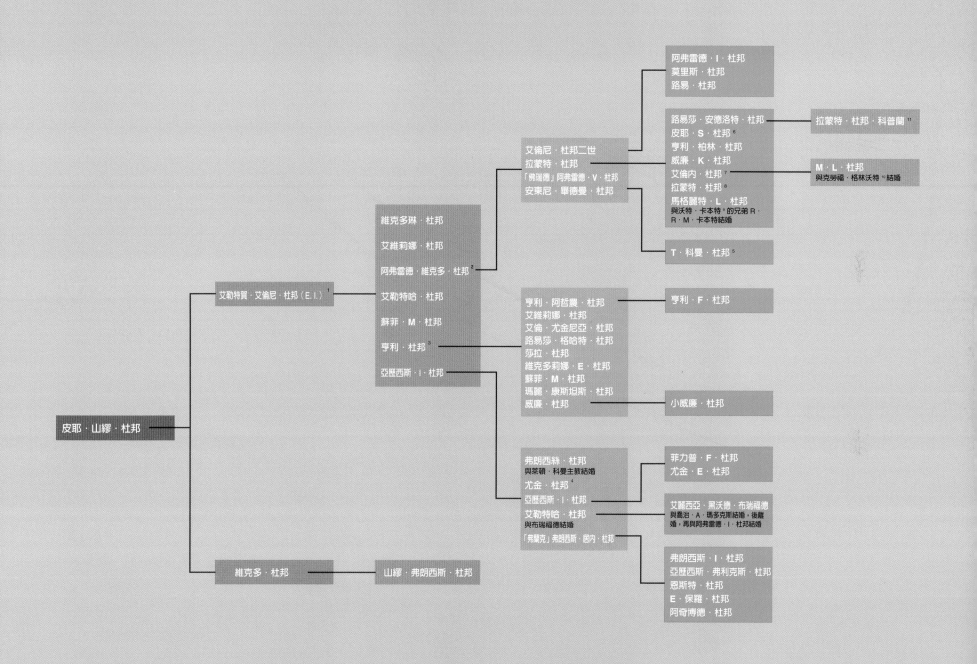

數字代表歷任公司領導人

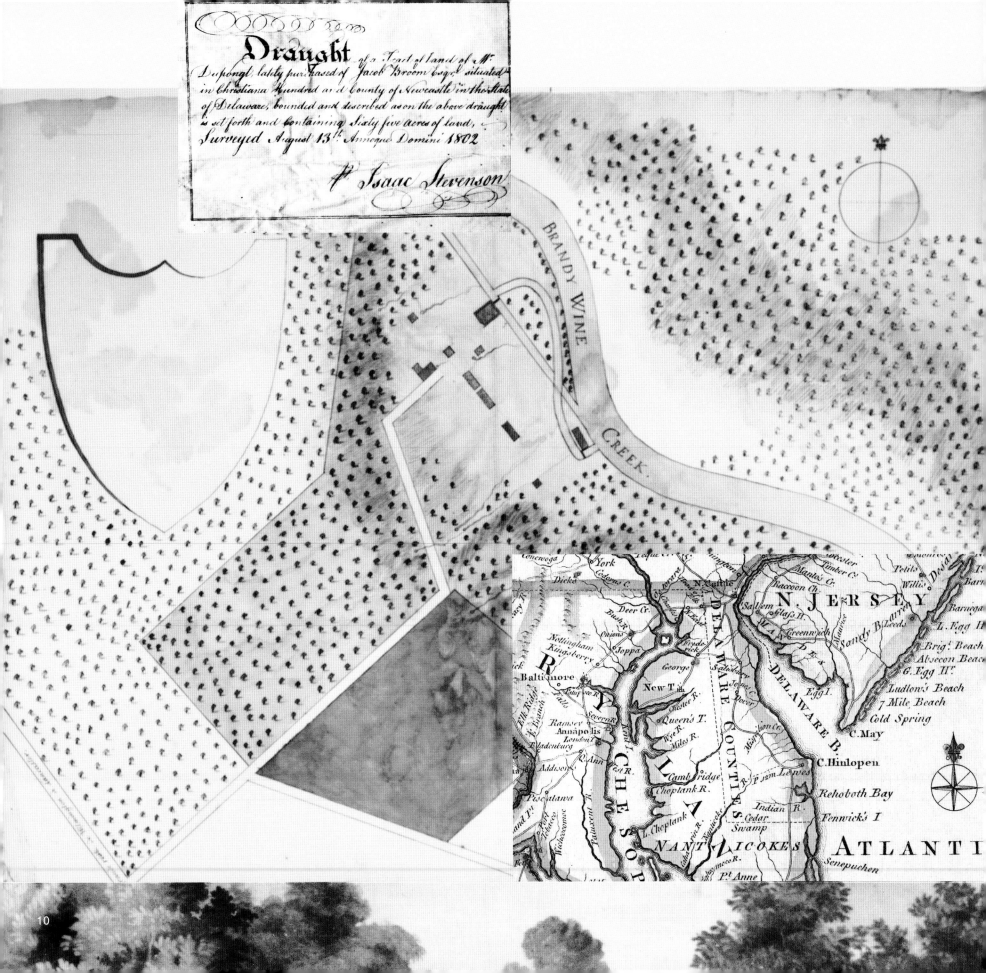

1801年秋天，與布魯姆打交道就是一次考驗。艾倫尼·杜邦不會英文，布魯姆不會說法文。但使兩人對立的不是語言，而是金錢。布魯姆在簽署了《美國憲法》後，回到威明頓，他是那兒的市民和商業領袖。1797年他位於布蘭迪河（Brandywine River）畔的棉紡廠被燒毀，在威明頓上游四哩的這六十五公頃土地，似乎是建杜邦火藥廠的理想所在。

但它值布魯姆開價的七千美元嗎？這個價碼會使得杜邦在破土建廠之前就先花掉超過資本額的五分之一。艾倫尼·杜邦還聽到謠傳說布魯姆正悄悄地砍伐這塊地上一些珍貴的硬木樹，而杜邦正需要拿這些硬木樹作為建工廠的木材。年輕的杜邦承擔著艱鉅的責任，他父親和父親在法國的朋友們投資了兩萬四千美元——相當於今天的二十四萬美元，兩個美國商人又投資了八千美元。針對布魯姆的價格，杜邦也開出了自己的價錢，他堅定的表示，這塊地就值六千美元，不能再多。談判很快陷入僵局，艾倫尼·杜邦內心日益焦急，現在該怎麼辦？

圖薩德幫艾倫尼去問蘭恩和迪凱特，是否願出售他們的工廠？但他們都沒興趣。[6] 艾倫尼·杜邦還四處尋找廠址，從紐約的卡茨基爾山脈（Catskill Mountains）找到波托馬克河（Potomac）邊的新聯邦市（Federal City），但最終發現都比不上布蘭迪河邊那塊地來得理想。該河的東支流和西支流匯集了從賓州威爾士山脈（Welsh Mountains）流下的溪水，然後在賓州查茲福德（Chadd's Ford）以北大約四哩處會合。河水順流而下，穿過德拉瓦州，繞過威明頓市，最終進入通往大西洋的德拉瓦河，該河是輪船通往大西洋的通道。

1800年推動工業機器設備的，不是蒸汽或電力，而是有落差的水。布蘭迪河下游五哩處已經開了幾家蓬勃的工廠，艾倫尼·杜邦跑到這些工廠去視察了一遍，皮革廠、紡織廠和造紙廠利用河水推動搗錘，麵粉廠利用河水磨小麥、玉米和亞麻子，甚至還將煙葉磨碎。布蘭迪河平均水流量為每秒十九噸，足以推動一家大工廠的機器設備，不受夏季乾旱和冬季結冰的影響，確保幾乎全年都能生產。木炭是黑火藥的主要原料，長滿河岸的柳樹是燒炭的好材料。布魯姆的土地不但靠近碼頭，又離城市夠遠，可以防止工人輕易跳槽，或甚至跑去酒館買醉。在一個朋友的居間協調並翻譯之下，艾倫尼·杜邦終於從對手如花崗岩般堅硬的價格和驕傲中找到一絲縫隙。1802年4月27日，經過艱苦的討價還價，他從寶貴的資本中拿出六千七百四十美元給布魯姆，為火藥廠的興建掃除障礙。

布魯姆一定是覺得自己賣得太便宜，因為他不久就試圖迫使杜邦再跟他做一筆交易。布魯姆在河上游還有另一塊地，因此，他在那裡築了一道堤壩，減少水的流量。他提出一個簡單的惱人要求：只要艾倫尼·杜邦買下他上游的那塊地，就可以拆毀堤壩。艾倫尼·杜邦對布魯姆的勒索非常生氣，他發現布魯姆那塊地的對岸也有一塊地，於是買下，並根據河岸所有權拆毀了堤壩的一半，有效地防止了布魯姆再干擾杜邦日益興隆的生意。

但艾倫尼·杜邦的煩惱還沒完。在他以後三十二年的生命歷程中，不斷受到資金的困擾。他非常清楚，在十九世紀初期有許多失誤和偶爾的災難，會導致一個企業的失敗。此時保險業還沒形成，火災和水災能在幾小時之內就毀掉畢生的心血。家庭和朋友們

艾薩卡·史蒂文森完成了對杜邦不動產的測量後，艾倫尼·杜邦按自己的構思繪製了工廠的藍圖。杜邦家族選擇德拉瓦州的布蘭迪河谷作為他們火藥廠的廠址，主要是因為它靠近碼頭，便於運輸，同時又遠離城市，防止打擾。而且布蘭迪河還為火藥廠提供動力。

（左頁圖）第一家杜邦火藥廠緊貼布蘭迪河畔，位於德拉瓦州北部威明頓市西北部的四哩處。

的資金在他手中可能增值，也可能血本無歸。爆炸的危險性使得生產火藥成為一個特別高風險的行業，因此，艾倫尼‧杜邦經營時總是小心翼翼。但同時他也知道，成長中的美國必然需要高品質的火藥。因此，1802年7月19日，三十一歲的艾倫尼‧杜邦在布蘭迪河轉彎之處建造火藥廠，從此在一個比他還年輕的國家裡，開始了新的生活。

經過兩年的辛勤工作，火藥廠終於竣工，命名為艾勒特賀火藥廠（Eleutherian Mills），有十幾棟建築，五座水輪，包括一個鋸木材的鋸木廠，一個產品離廠前的火藥倉庫和三十個工人及其眷屬居住的宿舍。該地還有一個提供裝運火藥木桶的木桶場，火藥裝入木桶後，由六匹或四匹騾子拉的大篷車，運到威明頓碼頭裝船。

杜邦雇來建造火藥廠的木工和泥瓦匠都對該廠的設計感到迷惑，不同於一般工廠單一的大廠房，杜邦堅持分成幾個小的廠房，而且彼此分得很開。一般生產危險品的廠房都會建造四面厚厚的磚牆和結實的房頂，但杜邦卻堅持建三面厚磚牆，在靠河的一面則是一堵薄薄的木板牆，再加上向河傾斜的薄屋頂。他的考慮確實有其理由。如果發生意外爆炸，這種設計會減少損失，將爆炸的威力向上方或河流方向引導，避免傷及其他的廠房和工人。如果有幾個不幸的人恰好在裡面，他們在這樣一個類似炮筒的建築裡面會像炮彈般被彈出去。這就是為什麼工人們後來形容爆炸中死亡的人是「過溪」，偶爾發生的情況的確就是如此。

由於火藥生產的第一步是精煉原料，艾勒特賀火藥廠裡的硝酸鉀精煉廠房首先開工興建，並於1803年夏天完工。當時硝酸鉀只能從英國控制的印度購買，因此，硝酸鉀本身就可以作為一種產品賣給美國政府，以備未來軍需。硝酸鉀廠房建成後，皮耶‧山繆和艾倫尼‧杜邦告訴美國總統傑弗遜，他們可以提供政府這種珍貴的化合物。那年稍早，美國總統曾要求皮耶‧山繆協助美國政府與拿破崙談判購買路易斯安那州之事，皮耶的建議幫助美國特使談成了這筆交易。傑弗遜很快安排作戰部購買杜邦的硝酸鉀，次年整個工廠落成，傑弗遜向杜邦保證會買更多，1805年果然實現承諾，當時美國海軍陸戰隊為了拯救美國人質而襲擊北非的黎波里（Tripoli），從而結束了與北非海盜四年的戰爭。

此時，杜邦已經生產了一年的黑火藥，大部份產品以「布蘭迪火藥」之名、每桶二十五磅或一百磅的包裝批給零售商。第一桶火藥於1804年5月運往紐約，放在艾倫尼‧杜邦的哥哥維克多處寄售。維克多答應將盡力推銷，但他其實不必太努力。火藥的品質很快就像肯塔基的威士忌和維吉尼亞的煙草一樣，贏得了最佳產品的聲譽。1808年，康乃迪克州一家競爭廠商也開始生產所謂的「布蘭迪」火藥，因此，杜邦將公司名稱中的字母「d」改成大寫，產品也改名為「杜邦火藥」。[7]

檢驗黑火藥品質的方法非常簡單但很有效：就是兩種火藥取同樣份量開兩槍，看哪槍打得遠。一種叫做火藥儀的工具也能得到同樣效果，透過少量的火藥向一個裝有彈簧的尺規方向爆炸。作戰部部長迪爾波（Henry Dearborn）曾下令檢驗國內生產的好幾種火藥，宣佈杜邦的品質最好。不過因為政治上的原因，他不得不向其他火藥廠商訂貨，包括迪凱特，他是萊

I prefer my native fields to every other place, not because they are more beautiful, but because I was there brought up.

（上）艾勒特杭火藥廠的兩幅圖畫。左邊是艾勒特杭．杜邦1823年對她家住處的素描，右邊褐色圖畫是1810年法國海德．德．魯維爾男爵夫人留下的一幅工廠圖畫，她是最早訪問火藥廠的客人之一。

這種結實且用途廣泛的六匹馬拉大篷車是十九世紀的大卡車。左邊和下側是霍華德．帕爾1911年所繪的六匹馬拉大篷車圖。這種大篷車是十八世紀中葉在賓州發明的，運輸可多達五噸重，並幫助美國製造商開闢新的市場。在1812年戰爭期間，杜邦的馬車隊經過長途跋涉，歷經艱難險阻，將火藥運送達伊利湖邊的裴瑞將軍處。在打敗了英國艦隊後，裴瑞報告道，「我們遇到了敵人，現在他們成為我們的俘虜。」

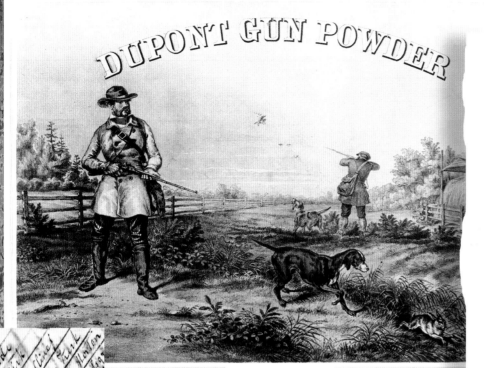

DUPONT GUN POWDER

MANUFACTURED BY

DU PONT DE NEMOURS & Co.   WILMINGTON, DEL.

BUILT 1802.   UPPER HAGLEY MILLS BUILT 1812.   LOWER HAGLEY MILLS BUILT 1828.   BRANDY WINE MILLS BUILT 1836.

ALSO **LUZERNE COUNTY, PENNA**

WAPWALLOPEN MILLS BUILT 1859.   GREAT FALLS MILLS BUILT 1869.

Washington August 4th 1803

Sir

From information received from Mr. E. Livingston a few days since, relative to your powder manufactory &c, I wrote to Genl. Irvine Superintendent of Military Stores at Philadelphia, and requested him (in conformity to what I desired Mr Livingston to communicate to you) to furnish on your application, such samples of powder and salt petre as you might desire, and to obtain from you the terms on which you would purify ...

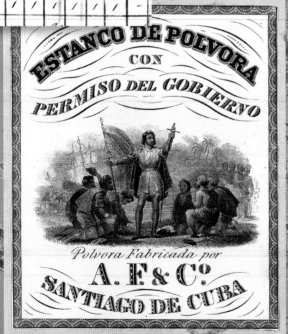

ESTANCO DE POLVORA
CON
PERMISO DEL GOBIERNO

Polvora Fabricada por
A. F. & Co.
SANTIAGO DE CUBA

GRANDE

MI

DU PONT'S GUNPOWDER
SUPERIOR SPORTING AND
ALL OTHER KINDS
(EAGLE GUNPOWDER)

Fine grain for Sporting, in Canisters, pound papers and 6¼ pound kegs. Coarse grain, especially for Bats, for Sporting, in Canisters, 6½ and 12½ kegs.

GUNPOWDER OF SUPERIOR QUALITY
F.W. and FF. glazed and rough, in 25,12½ and 6¼ lb. kegs.

GUNPOWDER FOR ORDNANCE
and Military Service; Cannon, Musket, Priming and Rifle, in 100 Pound & pound casks.

(GUNPOWDER for BLASTING and SHIPPING)
F and FF; C F, FF and FFF in 25 pound kegs.

All kinds of GUNPOWDER of superior qualities
MANUFACTURED TO ORDER BY
E. I. DU PONT DE NEMOURS & Co.
Wilmington Delaware

POLVORA SUPERIOR
PARA MINAS.
Fabricada expresamente para el uso de los Mineros de California y Mexico, por
E. I. Du Pont de Nemours & Co.
R. GIBBONS, San Francisco,
UNICO AGENTE PARA LA COSTA PACIFICO.

POLVORA SUPERIOR
PARA MINAS

DU PONT'S GUN POWDER
Superfine
SPORTING
AND ALL OTHER KINDS
SOLD HERE
EAGLE GUN POWDER
In Canisters for Sporting.

F	Glazed	F	Rough		Cannon
FF	Glazed	FF	Rough	M	Musket
FFF	Glazed	FFF	Rough	P	Priming

MANUFACTURED BY
E. I. Du Pont de Nemours & Co. Wilmington Delaware.

Caution!
To Dealers in Gun-Powder.

AS there are now different Powder Mills established on the Brandywine creek, the subscribers find it necessary to inform the public and their customers, that to prevent mistakes, they have declined using the name of Brandywine, by which their powder has been heretofore known. In future it will be designated only as Du Pont & Co's. Powder. The kegs and barrels will be marked D. P. & Co.

This powder is easily known from any other by the shape and hardness of its grain. It is warranted equal to any imported, and is far superior to the highest Pennsylvania proof.

Orders for powder of any description, as cannon, musket, F. & FF. glazed or rough, riffle or eagle powder, sent either to Mr. Archibald M'Call, Merchant in Philadelphia, or to the subscribers in Wilmington, shall be duly attended to.

The late extention given to their manufactory will enable the subscribers to execute all orders at the shortest notice, and at reduced prices.

E. J. DU PONT DE NEMOURS & Co
Wilmington, June 11—th1t mwf3mo

A Revolution in the U. States,

"Worth makes the man, the want of it the

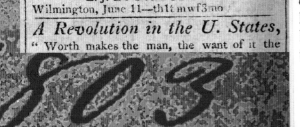

Gun-Powder.

The subscriber offers for sale,

AMERICAN manufactured Gun Powder, from the Brandywine Mills, of a quality which is warranted equal and believed to be superior, to any imported from Europe, and at prices much under those of the imported Powder

The Brandywine Manufactory, which is lately established is upon the most modern and approved plan, being the same that has been adopted by the administration of Gun-Powder in France

From actual experiments, the Powder now offered for sale has been found to be much stronger and quicker than the generality of that which is imported from Europe, and it will be found to resist damp much longer; but as experience is the best guide, persons desirous of purchasing are invited to make a trial, and satisfy themselves.

Orders for Powder of any descriptions, from Cannon to that of the finest grain will be received and duly attended to, by the subscriber who has now on hand, a quantity of Musquet and Rifle Powder, which will be disposed of on moderate term.

Archibald M'Call,

Oct. 19—mwftf   No. 187. S. 2d street

（左）「火藥，訂戶有特別優惠」，這張1804年的報紙剪報，是布蘭迪火藥廠推銷所生產的杜邦火藥的第一批廣告。

其他火藥生產商緊隨杜邦其後，也來到布蘭迪河，並使用同樣的產品名稱。這促使杜邦公司於1807年6月11日刊登一則通知（最左圖）——「火藥購買者請注意，本公司採用『杜邦公司火藥』的名稱」。

同時展示的還有杜邦早期的產品標籤、廣告、銷售紀錄、日曆和公司信函。

15

恩-迪凱特火藥廠的合夥人，也是的黎波里的英雄迪凱特中尉（Lieutenant Stephen Decatur）的父親。杜邦的火藥品質超越了所有美國競爭對手，是因為杜邦公司遵守嚴格的標準，採用最先進的技術、生產方法和合理的管理，這些優勢都仰賴訓練有素且較穩定的工人。就像蓋工廠一樣，這套訓練和留住工人的制度，都出自艾倫尼·杜邦的務實眼光。

生產火藥的要求與歷史學家們所謂「工業化之前」的工作習慣恰恰背道而馳。十八世紀和十九世紀初期的工人還未從冗長、緩慢、季節性的農業勞動習慣，轉變為快速、機器節奏和按時上班的工廠工作要求。早期的工人常常二話不說就離開工廠，回家幫忙耕種、慶祝宗教節日或其他節慶，或根本只是跟朋友一塊兒喝酒去了。他們在遵守仔細制定的規章和諸如火藥生產的安全製程方面的漫不經心，不僅是惡名昭彰，甚至非常危險。艾倫尼·杜邦在1811年元旦那天公佈的規則中有一條特別令他們反感：「禁止所有遊戲和有礙秩序的玩樂。」[8] 其他安全規章也更直截了當，包括工人穿帶木釘而非帶鐵釘的鞋，且須同意在工廠門口搜身，以防將火柴帶入工作區。

最初艾倫尼·杜邦想雇用法國工人。雖然在美國找工人並不難，但他曾對一位朋友說，要想「把工人留住一段時間」很困難。[9] 但法國工人都不願移民美國，因此，艾倫尼·杜邦便雇用蘇格蘭、愛爾蘭、威爾斯、德國、英格蘭和荷蘭的農民，以及來到德拉瓦河谷打零工的人。剛開始時，建立一支工人隊伍必須和他們訂下交換條件，比如喝酒。艾倫尼·杜邦允許工人每天喝當時被認為有益健康的定量蘭姆酒，但堅持工人只能在下班後喝，不能在工作時喝，因為任何

微小的錯誤和輕忽都會釀成大禍。但1818年 3 月19日，由於一個工頭喝酒，造成了一場可怕的爆炸，炸死了四十人，艾倫尼·杜邦的妻子蘇菲當時正在離廠房不遠的家裡，逗著蹣跚學步的幼兒，也被炸傷。這次事件令艾倫尼·杜邦對禁酒從此絕不妥協。

艾倫尼·杜邦喜歡雇用無經驗的工人，並根據他所知道能生產最好火藥、且最能減少死傷的規則和製程訓練工人。除非他們是在法國受訓的，否則，有經驗的工人很可能會有過去工作中形成的壞習慣。單靠培訓還不能留住熟練工人和半熟練工人，艾倫尼·杜邦花了幾年時間才制定出一套留住工人的相互負責制和利益分享制，這套獨特的制度成為杜邦公司勞資關係的特色。[10] 到了1811年，艾倫尼·杜邦開始實行加班工資和夜班工資制度，並開始雇用工人家屬。1813年他實施了儲蓄方案，任何存款超過一百美元的帳戶，他付6%的利息。

1815年的一次爆炸死了九個人，這是杜邦公司首次人身傷亡事故。這也迫使艾倫尼·杜邦為遺孤和遺孀建立撫卹金制度，以向工人們保證他們的家屬是有保障的，從而鼓勵他們留在工廠。杜邦家的人同時還和工人們一道承擔風險，和雇員一道工作，在忠於職守方面以身作則。如果工人家屬住在廠區，杜邦一家也住廠區。艾倫尼·杜邦和妻子蘇菲以及七個孩子住在一棟磚石結構的三層樓裡，居高臨下俯瞰廠區，維克多·杜邦和他的妻子安（Ann）則帶著四個孩子住在河對面。如果發生意外爆炸，杜邦家人的房屋也會像工人住的房屋一樣，窗破牆裂。

1818年大爆炸後，幾乎所有工人都逃離工廠，拒絕回去。這次爆炸是火藥廠工人的一場噩夢，從封裝

Dear Sir

Monticello Apr. 24. 11.

We are, four of us, sportsmen, in my family, amusing ourselves
much with our guns. but the powder sold here is wretched, carrying the
index of the French eprouvette (such as you furnished Gen'l Dearborne) to
9. 10. or 11. only. while the cannister of your powder, recieved from you
2. or 3. years ago, carried it to considerably upwards of 20. I have per-
-suaded a merchant in this neighborhood to get his supply from you
which he has promised to do, and I am in hopes the difference which
will be found between that & what has been usually bought will induce
our other merchants to do the same. I promised mr Lietch, the mer-
-chant alluded to, a letter to you when he should go on. this will serve
instead of it. but he does not go on till autumn. in the mean time I am
engaged in works which require a good deal of rock to be removed with
gunpowder, in doing which with the miserable stuff we have here, we
make little way. will you be so good as to send me a quarter of a hundred
of yours, addressed to Messrs. Gibson & Jefferson of Richmond, who will forward
it to me. the cost shall be remitted you as soon as made known. vessels
pass from Philadelphia to Richmond almost daily, & the sooner I re-
-cieve it, the sooner I shall make effectual progress in my works.
Accept the assurances of my great esteem & respect.

Mr. E. Dupont de Nemours.

Th. Jefferson

杜邦家族與傑弗遜的關係早在傑弗遜任駐巴黎美國公使時就建立了。由於業務關係，他與著名的經濟學家皮耶·山繆·杜邦有所接觸，兩人都對農業有興趣。艾倫尼·杜邦在少年時就認識了傑弗遜。1800年傑弗遜歡迎艾倫尼·杜邦來到美國，一方面是因為他的火藥製造技術，另一方面也是因為對他父親皮耶·山繆的情誼；他曾形容皮耶·山繆是「在我駐巴黎期間，美國的一位忠實和有用的朋友。」1804年11月23日傑弗遜寫信給艾倫尼·杜邦，要求為戰爭部提供火藥（下側）。1811年11月傑弗遜在收到艾倫尼·杜邦的火藥後，發現產品「品質上乘」，回以感謝信（左側）。這位美國的開國先驅繼續要求杜邦為他提供火藥，用來打獵和炸毀他在維吉尼亞州蒙特瑟羅莊園裡的石頭。傑弗遜甚至還為杜邦充當推銷員，告訴艾倫尼·杜邦，「我已經在我周圍的商人和紳士中間分發了一筒筒火藥，我想他們以後會不時拜訪你。」

Washington Nov. 23. 04.

Dear Sir

It is with real pleasure I inform you that it is concluded
to be for the public interest to apply to your establishment for whet-
-ever can be had from that for the use either of the naval or mili-
-tary department. the present is for your private information;
you will know it officially by applications from those departments
whenever their wants may call for them. Accept my friendly salu-
-tations & assurances of esteem & respect.

Th. Jefferson

（上）哈格雷廠區主日學校由杜邦家族成員管理，上學的主要是火藥廠工人的子女。

（中）「彼得」皮耶‧鮑多，也是威明頓法國社區的一分子，艾倫尼‧杜邦學會英語之前，他一直為杜邦當翻譯。

（背景）繪於1797年的哈格雷保險公司測量圖，展現了1812年杜邦購買此地前的情形。

（下）1812美英戰爭期間，杜邦火藥廠附近的蒙特恰寧設立起了杜邦營地，主要作為卡德沃拉達爾準將率領的輕裝旅駐地。

（右頁上）杜邦暨鮑多公司信箋。艾倫尼‧杜邦對彼得‧鮑多把自己的姓加在公司信紙上很不高興。

（右頁下）艾倫尼‧杜邦和蘇菲的最小的兒子——亞歷西斯‧艾倫尼‧杜邦，1857年死於一次爆炸事故中。

CAMP DUPONT.

廠一直炸到存有三十噸火藥的倉庫。離工廠四哩遠的威明頓居民都清楚聽到河旁小山邊火藥倉庫的雷霆般爆炸聲，爆炸掀起的石頭和塵土又鋪天蓋地砸向工廠。但修復工作一個月內便完成了，艾倫尼・杜邦和維克多・杜邦宣佈，如必要時，他們將親自開動機器，多數工人又回來工作了。多年來，工人們將他們穩定、收入頗豐的工作，以及他們所住的杜邦宿舍傳給子女，員工們對公司發展出一種獨特的忠誠感。

艾倫尼・杜邦的女兒們也協助在廠區凝聚社區意識。杜邦的大女兒維克多琳（Victorine）一生大半時間都在布蘭迪工人主日學教課。該校於1817年由艾倫尼・杜邦成立，在免費的公立學校教育出現之前，作為對工人的一種獎勵，在休息日教工人們識字、書寫和算術，而不是舉行宗教儀式。她的妹妹蘇菲（Sophie）和艾維莉娜（Evelina）多年來也在學校幫忙，並於1830年代成立了一個禁酒協會，當時宗教復興和宗教改革運動正席捲美國，美國婦女發揮了很大作用。[11] 到了1830年代後期，信奉天主教的愛爾蘭移民取代了美國出生的工人，而主日學開明的全基督教教學內容，也滿足了這些火藥廠新工人的需求。

儘管受到大爆炸的挫折，並面臨留住好工人的挑戰，年輕的杜邦企業還是蓬勃發展。但成功也帶來新的問題。1812年戰爭期間，杜邦賣了五十萬磅的火藥給美國政府，法國股東便要求從他們認為是公司賺取的利潤中分紅。艾倫尼・杜邦解釋：沒錯，公司確實有利潤，但已經用於擴大設備，以滿足突然增加的訂單。而且，如果戰爭結束，政府訂單驟降，公司該如何度過？

1812年，艾倫尼・杜邦買下了下游處托瑪斯・李（Thomas Lea）的「哈格雷」（Hagley）農場，作為新的火藥廠廠址，以滿足戰時需求。艾倫尼・杜邦這筆四萬七千美元的交易幾乎使杜邦火藥廠擴大了一倍，但他的朋友彼得・鮑多（Peter Bauduy）反對，鮑多曾幫助杜邦與布魯姆談判，並持有公司八千元股票。公司早期資金一直很緊，鮑多將自己的不動產做抵押而獲取銀行貸款，幫助杜邦度過難關。他相信他個人的投資使他擁有一些特權。鮑多在簽署業務往來信件時簽署的是「杜邦暨鮑多公司」，已經使兩人的關係緊張，現在鮑多又指責杜邦隱瞞公司利潤，將股東的紅利用於完全沒必要的擴大生產中。

1813年，杜邦的女兒維克多琳和鮑多的兒子費迪南（Ferdinand）結婚的日子快要臨近時，這兩個朋友又和好了。幾週後費迪南死於肺炎，共同的悲傷暫時掩蓋了兩人在業務上的意見分歧。但兩人的衝突不久又重新爆發，鮑多指責杜邦浪費利潤，這迫使公司另一個名叫賈克・畢德曼（Jacques Biderman）的瑞士銀行家股東派他的兒子詹姆斯・安東尼（James Antoine）來查公司的帳冊。年輕的畢德曼發現公司帳目清楚，公司管理得井井有條。由於艾倫尼・杜邦的兒子、也是可能的繼承人阿弗雷德（Alfred）、亨利（Henry）和亞歷西斯（Alexis）都還在學校上學，他就留下來作為艾倫尼・杜邦的助手。畢德曼後來也成為杜邦家庭的一員，1816年娶了杜邦的第二個女兒艾維莉娜。那時杜邦已經成為美國最大的火藥製造商。艾倫尼・杜邦和畢德曼將鮑多持有的股份買了下來。鮑多利用這筆錢在克麗絲蒂娜河（Christina River）邊建立起自己的「布蘭迪火藥」廠，後來又和杜邦為手中持股之價值打過官司，這場官司最終在1824年以對

> 艾倫尼‧杜邦的女兒都是很稱職的教師。她們在費城黎瓦蒂法國女家庭教師的
學校裡學習過藝術、音樂、自然科學和數學。像她們那個階級的大多數女學生
一樣，她們還學習一些家政，如針線活等。許多學生畢
業後都創辦自己的學校。維克多琳從1817年直到去世的
1861年，在布蘭迪工人主日學校教過將近兩千名兒童和
青少年。

> 艾倫尼‧杜邦的業務興趣並不僅局限於黑火藥。1805年
他用六十美元（相當於2002年的七百美元）購買了一頭
名叫「佩得羅先生」（Don Pedro）的公羊，投資報酬率
是原來的數倍。很快地，艾倫尼‧杜邦就有了足夠大的
羊群來支援布蘭迪河邊的毛紡廠。佩得羅先生在全美繁
殖者間還名氣不小。當牠於1811年去世後，杜邦還收到
全美各地寫來的弔唁信，其中最有名的就是來自傑弗遜
總統。

> 1818年 3 月12日杜邦布蘭迪火藥廠大
爆炸的倖存者都具有傳奇色彩。有兩名
工人被爆炸氣流衝到兩百碼之外，但全
身上下除了一些擦傷外，什麼事也沒
有。根據當時新聞報導，其中有一個人
「從兩隻拖鞋中給炸飛了」。後來發現這
兩隻拖鞋仍留在他原來站的地方。艾倫
尼‧杜邦家裡只有一件東西仍保存完
好，那就是拿破崙的畫像還在老地方。

> 杜邦公司為了鼓勵員工財政上獨立，1813
年實施了第一個員工存款方案。根據該方
案，員工在年底寄存於公司帳戶上的存款
餘額超過一百美元時，公司支付6%的利
息。1818年艾倫尼·杜邦在賓州西部買了
一大塊地，並分成許多小塊，幫助值得同
情的員工蓋房子。他同時還為他過去的一
些員工提供充裕的貸款，以幫助他們順利
從生產火藥過渡到以耕種為生。

> 1850年《科學美國人》
雜誌形容杜邦火藥廠為
「世界最大的火藥廠」。

> 根據公司記錄，1822年布蘭迪河的一場洪水衝垮了新建碾壓廠房的牆，該牆已經有兩個施工架那麼高。在
杜邦碾壓廠房裡，由幾個四噸重的大鐵輪碾壓和攪拌火藥，取代了過去上下搗杵的方法，這在當時的美國
是首創，並在其後五年裡被逐步採用。這種設備原計劃在1822年安裝，但後來延
到1824年，因為在紐約州西點鑄造廠所鑄造的沈重輪子在運往威明頓途中被風暴
吹下甲板。安東尼·畢德曼選擇杜邦公司最年輕的工人卡拉漢（Michael
Callighan）作為公司第一個碾壓工。一個月後，新的碾壓廠房被炸塌了，年輕的
卡拉漢被燒傷但後來康復。

艾倫尼‧杜邦1805年將公羊「佩德羅先生」帶到布蘭迪，為他的毛紡廠繁殖了一大群美麗諾綿羊。佩德羅先生深受人們的喜愛，牠去世後，查爾斯‧達爾馬斯為了紀念它而建立了一個木塑像。

（中央插圖）上圖是艾倫尼‧杜邦所繪艾倫瑟雷火藥廠的花園規劃圖。下邊三幅圖是艾倫尼‧杜邦所繪火藥廠和機器設備的規劃圖。他規劃設計了火藥廠裡所有廠房。

（右頁上）艾倫尼‧杜邦的園藝種子紀錄

（右頁下）1824－25年間，拉法葉侯爵在參加美國獨立戰爭接近五十年後，重遊美國。1777年他在查德要塞的戰役中曾腳負傷。在重遊美國時，他在蘇菲‧杜邦的紀念冊上寫道：「近半個世紀前我曾目睹布蘭迪河畔是血腥的戰場，現在很高興發現，這片土地充滿生產力，景色宜人，和睦友愛。」

PLAN
of the Old Garden
ELEUTHEREAN MILLS
Montchanin Delaware

DON PEDRO
The Property of E. I. Dupont Esq.

杜邦公司有利的方式解決。[12]

　　新的哈格雷工廠使得杜邦公司對1818年大爆炸造成的損害進行修復的同時，還能維持生產。不過杜邦公司1817至1819年間近二十萬美元的非經營性損失中，大部份是由於這次爆炸造成的。能說服費城的銀行同意貸款、確保生產的，就只靠艾倫尼‧杜邦的個人信譽和市場對他產品的需求。儘管有這些挫折，到了1820年代，公司的成功幾乎是毫無疑問了。

　　杜邦家族的社會地位似乎也開始穩固。維克多‧杜邦將毛紡廠交給他的兒子查爾斯（Charles）管理，自己成為德拉瓦州一名成功的政治家。1824年查爾斯與一位美國參議員的女兒多卡斯‧范戴克（Dorcas Van Dyke）結婚。他們在德拉瓦州新堡（New Castle）的婚禮成為當時的社交圈大事，拉法葉侯爵（Marquis de Lafayette）在訪問美國時參加了他們的婚禮並擔任證婚人。艾倫尼‧杜邦的成就還不局限於家族產業，1814年他成為德拉瓦州農業銀行的董事，1822年成為美國第二銀行的董事。

　　正當杜邦家族在他們移民的新國家取得成功和承認時，死神開始光顧這個家族。皮耶‧山繆1817年7月因親自撲救一場差點導致爆炸的火災，勞累過度，於同年8月去世，享年七十七歲。維克多死於1827年，艾倫尼‧杜邦的妻子翌年去世，這對他是一個很大的打擊，過去艱難的歲月裡，蘇菲一直是他最忠誠的伴侶。

　　1834年10月31日，六十三歲的艾倫尼‧杜邦在費城出差時，可能是心臟病發作，倒在離他所居旅館不遠的街上。他的遺體第二天被蒸汽船運回威明頓市，葬在靠近他家附近的沙洞森林（Sand Hole Woods）家族公墓，即現在的巴克路（Buck Road）邊。儘管他一生獻身事業，但他還是抽出時間從事民間和慈善事業，包括免費公共教育、照顧盲人、幫助新堡郡的貧民。他被廣泛稱讚為一個有貢獻、有價值的公民，一個慷慨、高尚、誠實的人。

　　儘管人們對他的讚頌已被漸漸遺忘，但他真正且重要的成就是長存的。其中最主要的是製造火藥業。他為移民國貢獻出迫切需要的高品質產品，和有組織的生產制度。此外，他還將創新和科學精神帶進美國製造業。艾倫尼‧杜邦的火藥廠不僅反映了法國的技術和專長，也體現了他自己的創新精神。1804年他對曾在埃松火藥廠看到過的自動篩進行了改進，並獲得專利，改進後的自動篩能更妥善將結塊的火藥分成不同粗細的顆粒。靠水力驅動的裝置可以做到六人份、二十四小時不停的工作量。[13] 1822年杜邦火藥廠在美國首次採用大型轉輪碾磨火藥，而不是那種效率低且更危險的上下搗杆的舊式壓碎法。

　　如同富蘭克林和傑弗遜一樣，艾倫尼‧杜邦也認為科學是高尚的事業。1799年離開法國前，他經常到巴黎植物園參觀。赴美護照上，他的職業欄所填的是植物學家。他從法國帶來種子和植物，種在艾勒特賀火藥廠的花圃裡，並將美國的種子送給法國的植物學家。1830年他試驗用智利的硝酸鈉來代替價格更高的印度硝酸鉀，最後認為至少當時智利的硝酸鈉吸潮性太強，不適合做黑火藥的原料。不過，他還是將研究的結果存作檔案，以備未來所用。

　　艾倫尼‧杜邦為了維克多在河對岸的毛紡廠，從西班牙進口了強壯的美麗諾綿羊。他參加了好些團體，如費城農業促進會、賓州園藝協會、美國哲學學

靠近杜邦家族樓房的杜邦公司第一棟辦公樓，於1837年由阿弗雷德·維克多·杜邦負責建造。

賈克·安東尼·畢德曼是杜邦公司首批投資者之一。他的兒子詹姆斯·安東尼與艾倫尼·杜邦的女兒艾維莉娜結婚，並在1834年艾倫尼·杜邦去世後管理公司三年。

瑪格麗塔·拉莫特是阿弗雷德·維克多·杜邦的妻子。阿弗雷德1837年接任領導公司，繼續探索技術創新。

公司紀錄顯示，到1837年艾倫尼·杜邦去世時，杜邦火藥廠已經生產了627,161桶火藥。

會等。艾倫尼·杜邦在植物、化學和畜牧業等方面的興趣，促使他致力於許多領域的科學探索，且多年來與他企業的發展緊密結合。

1834年艾倫尼·杜邦過世，所留下的杜邦公司是一筆很大的遺產。但人們對創辦人視野和判斷的記憶逐漸淡忘，往往導致錯失良機。艾倫尼·杜邦突然去世後，詹姆斯·畢德曼成為廠長和資深合夥人，阿弗雷德當上合夥人，亞歷西斯是督察長。畢德曼管理工廠令業務平穩發展。他將企業重組為艾倫尼·杜邦七個兒女的家族合夥企業，並於1837年退休，讓阿弗雷德接管企業。

當時的環境對公司的成長十分有利。隨著邊境的向西推進，拓荒者需要火藥炸掉樹樁和打獵。跨越阿帕拉契山脈的移民者往內地定居，為美國國內的農場主和製造商帶來新商機。交通設施的改進降低了運輸成本，使得產品可以拓展到更大的市場。[14] 公司臨近德拉瓦河，使產品很容易提供國際市場，但越來越多的火藥透過馬車和運河拖船，運至國內各地。

1820與1830年代國內運河網的建設，充分利用了美國河道，克服了這片廣闊土地要建築道路所帶來的諸多問題。1823年為了伊利運河一處三哩長的多石地帶，就用了十四噸的火藥，多數是來自杜邦廠。當時用火車運火藥還是太危險：早期的蒸汽引擎常從煙囪裡冒出火星。但鐵路建築在鋪設路基、開鑿隧道、興建斜坡等等都耗費大量的火藥。鐵路還使大量運煤成為可能，蒸汽機本身就消耗大量的煤。1859年杜邦購買並翻新了位於賓州瓦帕瓦洛盆（Wapwallopen）的火藥廠，這是杜邦第一家建在布蘭迪河之外的工廠，以便為該州東北角日益發展的無煙煤礦提供火藥。

由於全美國商業活動日益頻繁，1840年代後期的美墨戰爭又提高政府對火藥的需求，阿弗雷德把哈格雷火藥廠的規模進一步向下游擴大，該廠後來被稱為「下園」（Lower Yards）。他還增加了員工的福利。1848年，他將撫卹金制度擴大到任何意外死亡的工人遺孀，不論是否與爆炸有關。因為多數工人家屬來自愛爾蘭，他提供工人家屬橫跨大西洋的路費，及免費的醫療。他十分清楚杜邦家族要和工人分擔危險，同時他也明確指出火藥廠擁有者的特殊責任。他說，「只要我們樂意，我們有權毫無必要的置身險境，但是我們必須盡全力保護工人的生命。」[15]

阿弗雷德和他父親一樣愛好研究和技術創新。他喜歡在化學實驗室工作，探索各種火藥的性能，他檢測了火藥棉，發現這種新火藥由於性能不穩定，不適合大規模生產。他還用功率更強的新水輪機代替了舊的水輪。1835年因桶匠的罷工而失去貨源時，阿弗雷德設計了一種生產木桶板的機器，不再需要桶匠。1837年他建造了杜邦公司的第一座辦公大樓，坐落在艾勒特賀火藥廠杜邦家族住宅旁；過去三十三年來，住宅的一部分一直是用作辦公室。

但阿弗雷德沒有其父管理行政的才能，也不善理財。雖然銷售額增加，但公司債務也在慢慢累積。1847年在阿弗雷德管理公司十年後，作為公司合夥人的兄弟姊妹們堅決要求他必須讓公司達到收支平衡。過去的一年裡，他在轉虧為盈方面進展不大。

數月後，1847年4月14日，火藥廠的一個廠房發生爆炸，讓阿弗雷德的問題更為棘手。由於美墨戰爭

24

杜邦的第一棟辦公大樓，1837

詹姆斯・畢德曼

瑪格麗塔・拉莫特

杜邦火藥廠，1842

阿弗雷德・杜邦

UNITED STATES PATENT OFFICE

LAMMOT DU PONT, OF WILMINGTON, DELAWARE

IMPROVEMENT IN GUNPOWDER

———

Specification forming part of Letters Patent No. 17,321, dated
May 19, 1857

———

TO ALL WHOM IT MAY CONCERN:

Be it known that I, LAMMOT DU PONT, of Wilmington, in the
State of Delaware, have invented a new and useful improvement in the
Manufacture of Gunpowder for Blasting and other Analogous Purposes, of
which the following is a specification.

The nature of my impro‥‥‥‥‥ the employment of
nitrate of soda as an element ‥‥‥‥‥ gunpowder and in
the glazing of the powder ‥‥‥‥‥ preventing the
deliquescence of the powd‥‥‥‥‥

Gunpowder has ‥‥‥‥‥ altpeter,
charcoal, and sulphur, ‥‥‥‥‥ ‥-five per
cent. of saltpeter, tw‥‥‥‥‥ coal, and
twelve and one-half pe‥‥‥‥‥

It has long ‥‥‥‥‥ te for salt-
peter (or nitrate of p‥‥‥‥‥ t of the
limited supply of this ‥‥‥‥‥ scovered that
nitrate of soda can be ‥‥‥‥‥ n the manu-
facture of gunpowder wit‥‥‥‥‥ er is glazed
in the granular state.

VIEW OF WILMINGTON, DE⋯

對火藥的需求，工廠二十四小時生產，使得工人因疲
憊而大意。第一聲爆炸將帶火的燃燒物波及到臨近的
建築，接著又有一連串爆炸。對於阿弗雷德堂兄查爾
斯的妻子安·杜邦（Ann du Pont）來說，這場災難遠
遠超出了布蘭迪河谷。那次她寫道：「這不僅是當地
的災難，似乎是世界的末日。」工人家屬從山上的家
中跑出來，向山下跑，一直跑到工廠門口。「這些驚
叫著的妻子和兒女很快就成了寡婦和孤兒。」安繼續
寫道，「這時恐懼變成了悲傷。」[16] 那天十八個工人
死亡，杜邦原來有六位寡婦的撫卹金名單上，又增加
了九位。但是，在修復被炸毀廠房的同時，沒受爆炸
影響的廠房必須繼續生產，以完成訂單，而且還得恢
復工人受到打擊的士氣。

到了1850年阿弗雷德在兄弟姊妹的說服下終於退
休時，過去三年的壓力十分明顯。他覺得自己很有成
就，所以不願離開崗位。前一年杜邦生產了二百五十
萬磅火藥，1850年的《科學美國人》（*Scientific
American*）雜誌譽之為「世界上最大的火藥廠」。但
阿弗雷德已經操勞過度、精疲力竭，身體大感不適。
於是他堅強的弟弟亨利接管了這家欣欣向榮、卻因管
理不善而債臺高築的企業。[17]

克里米亞戰爭期間來自英法的訂單，以及加州的
淘金熱，都增加了杜邦的業務，1850-1855年間，杜
邦年平均銷售成長率為22%。運河的挖掘從不間斷，
鐵路建設正如火如荼展開。到了1860年，即杜邦賓州
瓦帕瓦洛盆火藥廠開始生產後一年，賓州的煤礦每年
就生產了九百萬噸煤。

亨利管理該公司近四十年，任期是歷任領導人中
空前絕後的。其中三十多年，亨利都得到了阿弗雷德

的兒子拉蒙特（Lammot）的協助。拉蒙特1849年畢業於賓州大學化學系，然後和他哥哥艾倫尼·杜邦二世（Eleuthère Irénée II）及叔叔亞歷西斯一起到火藥廠工作。在他父親擔任公司領導人的最後一年，拉蒙特在不少研究計畫上幫過忙，例如為美國政府測試火藥棉。但從大學到工廠的轉變並不那麼容易。1849年，在他剛開始工作的前四個月裡，十九歲的拉蒙特花了很長的時間督促生產工作，並親身體驗到疲勞和重複勞動如何磨蝕工人對危險的警覺性。這段時期，他瘦了三十磅。

拉蒙特剛開始工作時，有一次危險的範圍超出了工廠，發生在威明頓市的市區。當時，三輛四匹馬拉的大篷車正載著杜邦產的火藥，沿著市場街向德拉瓦河碼頭走著。每輛馬車都拉著二噸的二十五磅桶裝火藥，正如火藥廠廠房之間必須保持一定的距離一樣，每輛馬車之間必須保持四分之一哩的距離，以便萬一發生爆炸，可把損失減到最低。但在1854年 5 月31日那一天，在最不應該的地方發生了最糟的事情。不知怎地，那天三輛馬車緊挨在一起，其中一輛馬車突然爆炸時，也引爆了其他兩輛。馬車夫、三匹馬和兩個市民喪生，市場街的建築也受到重大損壞。

公司與威明頓社區的關係立刻受到巨大的傷害。杜邦家族第一個趕到現場的亞歷西斯碰到憤怒的民眾，嚷著要吊死他們所見到的每一個杜邦家族的人。幸運的是，拉蒙特很快就趕到了，身邊還帶著幾個工廠的人，他們一起安撫那群想用私刑來解決問題的暴民。公司花了近十萬美元賠償損壞的財產，但在威明頓受損的聲譽，只有靠時間來沖淡了。為了平息市民的憤怒並確保他們的安全，杜邦修築了一條環城路，

以便能安全地將工人稱之為「定時炸彈」的產品，運輸到克麗絲蒂娜河邊新建而獨立的碼頭。直到今天這條路還叫「杜邦路」。儘管如此，威明頓還是通過了一條法律，禁止在城區內運輸黑火藥。

創辦人去世二十五年後，杜邦公司堅持並擴大了艾倫尼·杜邦的理想，用最先進的技術、訓練有素的工人生產優質產品，來滿足一種基本的需求。阿弗雷德於1850年退休後，和拉蒙特承續艾倫尼·杜邦的興趣，繼續提煉硝酸鈉。阿弗雷德去世後，拉蒙特繼續這方面的研究，並於1857年獲得專利，以新方法使這種原料適合用於生產火藥。新配方含有較高比例的氧和氮，能將導致火藥潮濕的硝酸鹽雜質燃燒掉。這在生產火藥方面是一項重大的進步，不僅減低了公司生產成本，還減少了公司依賴英國所屬印度出產的硝酸鉀。

1858年亨利派拉蒙特出國，一來作為對他發明的獎勵，二來也是讓他考察英國和歐洲大陸生產火藥的情況。三個月後拉蒙特回到美國，不僅帶回一大堆圖樣、專利副本，和實驗室設備，還帶來了他參觀法國、比利時、德國、英國和愛爾蘭火藥廠時，人們給予他的友好情誼。他手提箱裡裝的文件和他腦海裡盤旋的新思想都關乎創新，保守的叔叔亨利並不完全贊同這些野心。但決定公司未來的卻是發生在國內的一些重大事件。在西部，廢除黑奴的爭議已經使「流血的堪薩斯」分裂。隨著南北關係日益緊張，以及南方要求分裂的呼聲日益高漲，美國本土幾乎分崩離析。不久拉蒙特重返英國，這次不是他叔叔派去的，而是受陷入內戰的北方政府所指派。

2　家族企業的興起

（右）在這張馬修·布萊迪（Matthew Brandy）所拍攝的相片中，山繆·弗朗西斯·杜邦將軍站在安裝在他瓦伯許號戰艦上的Parrott大炮前，Parrott是當時最大的炮之一，發射杜邦生產的火藥。

（右下）年輕的山繆·弗朗西斯·杜邦軍官（1803-1865）。他是艾倫尼的哥哥維克多的兒子，和家族其他人不同，他拼寫自己的姓時，採大寫字母「D」。

（右頁）海軍軍官杜邦率聯邦軍隊於1861年11月 7 日攻克南卡羅萊納州的皇家港。

一個身材魁梧的灰眼美國人跳離「非洲號」，隱入11月中旬的灰暗倫敦碼頭。他是為了一個錯誤指示的使命而到來，試圖讓自己的行動看起來像尋常的商務之旅，避免和美國政府或愈演愈烈的內戰有任何瓜葛。拉蒙特·杜邦到倫敦的目的，是憑手中聯邦經濟情報局所提供的三百萬美金以及自己的信譽，盡可能多買硝酸鉀。拉蒙特此行成功與否，對聯邦政府意義非凡，而這一使命的艱鉅之處，在於英國和要求脫離聯邦的南方有著密切的經濟和政治聯繫。

諷刺的是，拉蒙特的叔叔山繆·弗朗西斯·杜邦（Samuel Francis Du Pont）卻使得這項棘手的使命更為複雜。在同一月，亦即1861年11月，山繆·杜邦率軍對南卡羅萊納州的皇家港（Port Royal）發起猛烈進攻，拿下這個南方邦聯的關鍵港口。此舉大大鼓舞了北軍士氣，山繆·杜邦也因此被升為海軍少將。但當他的戰船正發射出比南方邦聯的沃克堡（Fort Walker）更為猛烈的炮火時，杜邦已意識到北方火藥的供應正在趨緊。四月，在薩姆特堡（Fort Sumter）與敵人首次交戰時，他就意識到軍火的供應撐不到把「南方叛軍」鎮壓下去。他的懷疑很快被證實，北方軍隊硝酸鉀的供應已降到了危險線以下。於是亨利·杜邦於10月30日被召進白宮，不到一週，拉蒙特就搭上駛往英國的蒸汽船。

到達倫敦十天之後，拉蒙特安排了四艘貨輪，開始裝載他已籌集到的近兩千噸硝酸鉀，但突然裝船又停了下來，英國從原先默許的合作立場突然轉為公開對抗，時任英國首相的帕默斯頓爵士（Lord Palmerston）下令暫停硝酸鉀銷售。怎麼回事？原來杜邦少將對南方邦聯港口的封鎖太成功了。11月9日，約翰·維克斯船長（Captain John Wilkes）指揮山繆·杜邦少將艦隊的一艘戰船，在南方水域攔截了一艘英國郵輪「特倫特」號（Trent），並在船上搜出兩名南軍的情報人員。北方為此歡呼，但英國卻為此

Dedicated to COMMODORE S.F. DUPONT and his brave associates.

BATTLE OF PORT ROYAL
OR THE
Bombardment of Forts Walker & Beauregard.
Composed by
CH. GROBE.

舉違反其承諾的中立立場而大為惱火。拉蒙特不得不返回美國，等候下一步指示，同時美國外交人員開始四處斡旋，以平息維克船長挑起的這場風波。美國顯然害怕刺激英國政府而使其公開轉向支持南方，也擔心失去英國的硝酸鉀。不久後，美國政府即向英國道歉，英國政府重申了中立立場。1862年1月，拉蒙特重返英國繼續任務，最終帶回了在隨後三年擊敗南方邦聯所需的硝酸鉀。

杜邦工廠裡，四噸級渦輪驅動的鐵滾輪，以每分鐘八圈的速度成對旋轉，在內戰期間為北方軍隊提供近四百萬磅火藥，是整個軍方火藥供應的40%，同時還設法滿足商業用戶近一半的需求。為完成這一切，杜邦僅僅增加了四名工人。[1] 儘管如此，戰爭期間，火藥的生產成本還是穩定上升，幾大生產商——杜邦、黑札德火藥公司（Hazard Powder Company）、東方火藥廠（Oriental Powder Mills）、史密斯暨蘭德（Smith & Rand）為此舉行了首次協商會議。在拉蒙特的主持下，此次會議設法使火藥價格既能保證生產商有合理的利潤，又讓政府能夠負擔得起，還打消了國會對硝酸鉀和商用火藥加稅的企圖。[2]

拉蒙特的領導才能，一方面是由於杜邦的規模和聲譽，另一方面也因為他身為一個熟練化學家和商人的個人威望，而同時也和他非比尋常的自信密不可分。雖然如此，在杜邦的家鄉布蘭迪河，誰掌理公司卻是毋庸置疑。亨利·杜邦不喜歡旅行，但在家鄉卻興致勃勃地行使領導權。正如他在1850年接管杜邦公司的管理一樣，亨利如今牢牢控制了德拉瓦州軍隊的領導權，在此之前，該州軍隊對美國政府的忠誠似乎一直遭到懷疑。從1861年5月被任命為少將以來，四

十九歲的亨利將軍洗刷了「南方同情者」的稱謂，保證了軍隊的忠誠和工廠的安全，免遭間諜和怠工者的破壞。

亨利的自恃性格是十九世紀企業家的特性。他長著火紅的鬍鬚，強壯結實的體格一如他強硬的個性，他克服重重困難取得今天的成就和地位。十九世紀少有人如亨利·杜邦那般改變美國的面貌。

亨利1812年8月8日出生於他父親艾倫尼·杜邦的艾勒特賀工廠裡，1833年畢業於西點軍校，之後在西部邊境服役一年，父親去世後結束服役返回布蘭迪河。「返回家鄉，投入火藥工廠，」杜邦家族這樣描述他。[3] 亨利對企業或家族都忠誠不移，也希望每一個家族成員和每一個工廠員工都能夠如此。工廠裡事無大小，都在他嚴密監視之下：他親自為出廠前駛過工廠門前裝載火藥的縱帆船寫裝貨單。[4]

亨利鉅細靡遺的個性，在1880年代中期防止了一場大災難。一天晚上回家時，他聽到從山上的工廠裡傳來一聲尖嘯，立即把工頭凱恩（Thomas Kane）從家裡叫過來，兩人衝向發出聲音的地方。藉著工廠的燈光，他們看到一個因過熱而發出熾熱紅光的輪軸，凱恩立即關掉渦輪機，同時接過亨利遞過來的絲綢帽子，舀了水車用的水，潑向滾燙的輪軸，伴隨著嘶嘶聲和一陣白煙，金屬軸迅速冷卻下來，一場大爆炸就這樣避免了。[5]

亨利領導杜邦近四十年，在他簡樸的辦公椅下面的木頭地板上，有兩個由靴子磨出的橢圓形印痕，椅子旁邊幾隻深受寵愛的灰色獵犬懶洋洋地臥在溫暖的火爐邊，每天亨利駕著馬車巡視工廠時，牠們就跑在前面，宣告著他的到來。[6]

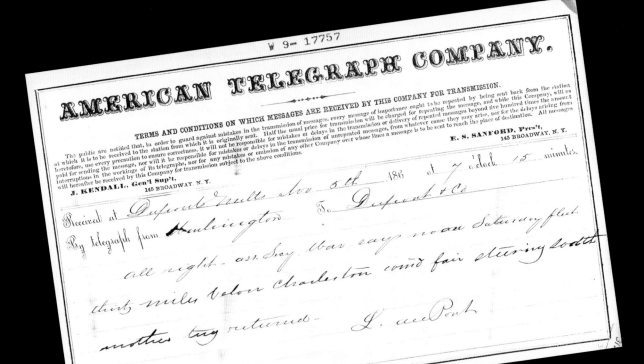

（左）拉蒙特・杜邦在旅途中用
電報與威明頓公司總部保持聯
繫。

（下）儘管採取了安全防範措
施，爆炸事故仍時時威脅著杜
邦火藥廠，第一次嚴重事故發
生在1815年。工廠老員工詹
提歐留拍下的這張照片展示了
1889年 7 月 5 日一場大火後
的狼藉。

亨利特別重視屬下的效忠，如果他認爲忠誠的員工犯了錯，在處理時他也能網開一面。比方若某個工人因酗酒而被工廠開除，而他又有一大家子要養活，只要他發誓戒酒，亨利往往會安排這工人在他龐大的農莊裡修補石牆，或者在工廠裡找個其他的職務。[7]到了內戰結束時，亨利已是德拉瓦州最富有的人，足可負擔他在自己兩千英畝土地上進行的農業和牛群飼養的實驗。雖然亨利在辦公室裡從不吝惜自己的時間和精力，但他最嚮往的卻是鄉紳的生活。

在亨利、拉蒙特，加上兩百一十八名工人及其家庭的努力付出下，杜邦在內戰時期已成爲美國主要的火藥生產商。內戰使美國損失慘重：約六十萬人失去了生命，而基礎設施（尤其是南方）也受到很大的破壞。然而戰亂中興起了蓬勃發展的工業、擴展的鐵路線，尤其是人們認識到未開採的豐富天然資源所蘊涵的巨大工業發展潛力。獲勝的共和黨代表大企業的利益，竭力支援企業的發展，大幅改變了美國人民的生活。1877到1893年期間，鐵路公司新鋪了十萬哩的軌道，標準化的管理帶來的高效益，使鐵路運輸成本降低一半，大量商品以低成本進出各個欣欣向榮的城市。

隨著運輸業的飛速發展，通訊業也在內戰期間和其後獲得長足進步，鐵路沿線架起了銅製電報線，電報機的嘀嗒聲伴隨著車輪的轟鳴聲，爲工業效率的提高提供了更大的空間。1861年，一條電報線把舊金山和東部連在一起；八年後，第一條橫跨全美的鐵路在猶他州的岬點鎮（Promontory Point）接軌。

十九世紀後期所有巨大的機械工程——大壩、水庫、隧道、鐵路、港口、橋樑、礦山和油井——都是

杜邦自建立以來的核心價值觀就是公正對待和尊重工人，杜邦是美國第一家為員工提供醫療服務、支付加班費、夜班費、建立員工儲蓄制度、提供假期和發放獎金的公司。

> 南方邦聯是從哪兒弄到火藥的呢？南部只有田納西和南卡羅萊納州有兩個小的火藥廠，在戰前，南部的火藥主要是由像杜邦這樣的北方工廠提供的，戰爭爆發後，供應便中斷了。南方軍隊及時搶奪了聯邦政府設在南部的彈藥庫和軍事要塞的火藥，以及像杜邦、黑札德，和史密斯暨蘭德等公司的存放火藥的倉庫。戰爭初期，射向北方軍隊的子彈和炮彈大部分是由北方生產的火藥製造的，小部分是一些船隻突破封鎖從英國運進南方的。雙方都不曾預料到戰爭能持續如此之長，南方花了整整一年的時間在喬治亞的奧古斯都建了一個新的火藥廠，儘管如此，在整個戰爭期間，南方的軍火供應仍十分短缺且昂貴。戰爭期間，杜邦共生產四百萬噸的軍用火藥，比奧古斯都工廠多一百萬噸，這是杜邦歷史上引以為傲的紀錄。

> 海軍少將山繆‧弗朗西斯‧杜邦不是在內戰中唯一成為英雄的家族成員，亨利的兒子──亨利‧阿哲農（Henry Algernon）是西點軍校的畢業生，在戰爭的最後兩年指揮炮兵參加了在雪那多（Shenandoah）的數次戰役，1864年10月19日，他率軍在杉樹溪（Cedar Creek）擋住了南方邦聯厄利（Jubal Early）將軍的拂曉突襲，為聯邦政府軍隊的集結贏得了寶貴時間，杜邦少校因其勇敢被授予榮譽勳章。

> 山繆‧弗朗西斯‧杜邦是創辦人艾倫尼之兄維克多的兒子，他滿十二歲時，按照當時的慣例，便開始了海軍訓練。他的軍銜一路晉升，在美墨戰爭中，他負責加州海岸巡邏，之後又負責籌建在安納波利斯的海軍學院。內戰早期，他在自己的戰艦瓦伯許號（Wabash）的甲板上成功指揮軍隊攻克了南卡羅萊納州皇家港，隨即被晉升為海軍少將。1863年4月進攻查爾斯頓時，借助新式監視器，他判斷敵人的火力遠遠強過自己的軍隊，及時撤軍，避免軍力損失。1865年6月23日，也就是內戰結束後僅幾個月，山繆‧弗朗西斯‧杜邦去世了，享年六十一歲。華盛頓特區有一座獻給他的紀念碑，即今天通稱的杜邦圓環（Du Pont Circle）。

> 德拉瓦州位居美國南、北交界地帶，內戰期間，州內兩個實行奴隸制的農業郡傾向南方，而北部多數郡是親北方聯邦政府的。杜邦的家鄉新堡郡有一小部分人同情南方，但杜邦領導的該州軍隊卻是堅定不移地支持北方聯邦政府，反對蓄奴，工廠裡面也沒有奴工。1861年亨利‧杜邦接管州屬軍隊，要求每個士兵都宣示效忠美利堅合眾國，伯頓州長解除了亨利將軍的軍權，亨利便請求聯邦軍隊接管德拉瓦州的軍權。聯邦軍隊和亨利的堅定，使得德拉瓦州牢固地留在聯邦陣營。

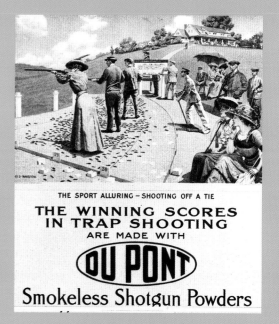

THE SPORT ALLURING – SHOOTING OFF A TIE
THE WINNING SCORES
IN TRAP SHOOTING
ARE MADE WITH
DU PONT
Smokeless Shotgun Powders

> 1866年諾貝爾發明的超強炸藥為大型的工程項目提供了可能性，它的爆炸威力是黑色炸藥的三倍，在軍事上用處並不大，因為它會損壞槍膛，但在開礦、修壩、建隧道和橋樑上用處極大，瑞波諾是杜邦第一個生產這種新產品的工廠。新型炸藥在一些特殊規領域用處也很大，例如美國海軍用它來炸掉阻礙航行的冰山，乾旱時，德州把它裝在氣球裡去轟炸烏雲降雨。

> 1890年代，杜邦籌辦射擊錦標賽，以展示其高品質的無煙炸藥，錦標賽最後演變成了有專業和業餘選手參加的每日比賽，杜邦為每次活動支付的花費是一千兩百二十美金，在當時不是個小數目。但比賽規則要求所有選手必須使用杜邦生產的無煙火藥，杜邦以低於成本的價格提供選手子彈，目的是讓更多人認識到它生產的無煙火藥如一些人稱讚的一般，是「世界上最棒的」。

（上）馬修·布萊迪拍攝的相片，E. I.三個女兒中最小的蘇菲·瑪德琳·杜邦（1810-1888），她是大堂兄海軍少將山繆·弗朗西斯·杜邦的妻子。蘇菲十分留心家族事務，並記錄了家族歷史。

（右）因為有了杜邦的火藥，美國的鐵路、橋樑和採礦業獲得很大發展，拉蒙特·杜邦一直努力提高杜邦的火藥生產能力，並使杜邦公司開拓新的發展領域，1865年他的火藥壓榨機獲得了專利權。

（最右）1899年員工瑞得（Jack Reed）為哈格雷工廠建造了這台臥式壓榨機。

在一記大爆炸聲中開始的。亨利將軍雄心勃勃，要讓這所有的第一聲爆炸都來自杜邦的火藥。到內戰結束時，家族企業的擴張已讓亨利感到不管他多麼盡力，僅靠他一人管理已是力不從心了。當時拉蒙特已贏得了亨利的信任和讚賞，所以就把相當一部分管理企業的責任移到了他的肩上。

拉蒙特在1858年和陸軍上尉羅德曼（Thomas Rodman）一起研製出一種名為「猛馬」（Mammoth）的專利火藥，內戰期間大幅提高了北軍大炮的威力，也使炮兵免於炮火後膛爆炸的危險。1865年，拉蒙特又發明了一種新的液壓火藥機，不但提高了生產效率，還大大提高了生產的安全性，減少了爆炸事故。戰爭期間火藥廠共發生十次爆炸事故，四十一人喪生。[8] 拉蒙特在戰爭時期和工人並肩辛苦工作，蘇菲·瑪德琳（Sophie Madeline）曾這樣對她的丈夫山繆·杜邦將軍描述拉蒙特：「以工廠為家，沒日沒夜地工作，所有的時間都被工作占滿了，為新發明作計劃、檢查新的建築，等等。的確是以生命投入這個事業。」[9]

亨利給了拉蒙特足夠大的空間，在很大程度上，這位被杜邦家族的孩子們稱為「大個子叔叔」的拉蒙特覺得可以按自己的意願行事。這兩代杜邦人的和諧的工作關係持續了三十年。戰時曾在價格和稅收上有「君子協定」的幾大生產商——杜邦、黑札德、東方及史密斯暨蘭德——在1870年代早期又舉行多次會議，討論在美國經濟飛速發展中出現在競爭和價格方面的新問題。美國戰後的蓬勃發展為杜邦公司的產品提供了更廣大的市場，為了滿足市場需求，公司不斷擴大生產規模，拉蒙特不得不經常到各地出差，以協調企業的生產，他後來變得很習慣在火車上睡覺，以致於一次從加州的一個旅館裡寫給妻子的信中說，「我躺在床上整晚光是踢腿，因為我太想念車上的晃動了。」[10]

戰後的美國像一個大競技場，美國人深切體會到成功、權力和個人性格密切相連。[11] 當改革家和社會批評家爭論「適者生存」的道德性之時，許多商人已從實踐中認識到，過度競爭（或者稱之為「惡性競爭」）只會減少他們的成功機會，因此他們決定（雖然不太情願）與對手共用資源。

美國政府決定在市場上公開出售剩餘的軍用火藥，杜邦和其他生產商便拋開歧見，防止火藥價格因此崩潰。亨利提議一次買下政府手中所有剩餘的火藥，但被政府拒絕。當時很多官員在戰時簽定的買賣契約中的賄賂條款曝光，值此敏感時刻，亨利的提議太具爭議性了。聯邦政府最後決定以公開拍賣的形式來處理，從1865年至1872年，大大小小、良莠不齊的批發商以差異極大的價格買走了這批火藥。戰爭使得大型火藥生產商手裡塞滿了軍方的訂單，而民間火藥市場則被一些小的生產商佔領。這樣一來，供給與需求量很難預測，大生產商無法提前就原材料採購和勞動力雇用做出安排，也無法訂出有效的生產計劃。工業領袖們不得不面臨一個選擇：要不繼續惡性競爭——此舉勢必使各方都遭受損失；要不就聯合起來遏止投機者，建立市場秩序。在杜邦的帶領下，他們選擇了後者。

1872年4月23日，全美七大火藥生產廠的領袖聚集在杜邦位於華爾街七十號的銷售辦公室裡，商議制定新的合作協定。[12] 當時一些與會者心存疑慮，擔心

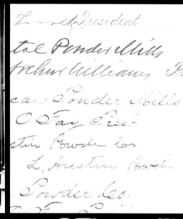

Attention, Miners.

MINERS' PRIMING POWDER!

IN CANISTERS WITH PATENT TOPS.

Seeing the necessity of a better contrivance for filling the straws used by you for firing blasts, I have obtained the Canisters with Patent Tops, invented expressly for your use. I now offer these, feeling certain that for

Safety, Economy, and Convenience,

競爭的壓力會使任何書面協定最終變成一紙空文。另外一些人，像拉蒙特，則抱著比較樂觀的態度。在當月成立的「火藥貿易協會」（Gunpowder Trade Association, GTA）的附則裡，這兩種觀點都被考慮了。拉蒙特當選為協會主席且連任六年。

火藥貿易協會制定了詳細的監控程序，對違反共同制訂的價格和生產水準的行為進行經濟處罰，同時也對各協會成員的銷售額作了規定，為國內火藥市場建立秩序。1875年，火藥貿易協會與規模較大的加州火藥工廠（California Powder Works）達成協定，規定雙方在西部都可以進行銷售的「中立地帶」。火藥貿易協會還向落磯山以東的火藥生產商發出了入會邀請，大多數都接受了，而那些沒有參加的，還有試圖降低火藥貿易協會的價格的，則遭到火藥貿易協會的強力價格圍攻，最終一敗塗地，遭受了很大損失。這些策略在今天看來應該是不合法的，但在1870和1880年代，由於政府還沒有制定出完整有效的規則來規範新興大企業的商業活動，生產商可以自行採取行動。

1873年爆發的全國性蕭條，對火藥貿易協會的自律協定是一項考驗，儘管一些銷售代理商和其客戶進行了一些違反協定的秘密交易，協會仍團結在一起。很多代理商不得不對銷售策略做重大調整，使自己的策略與企業總部更加保持一致，並遵循數百哩外工廠老總們所做的決定，這樣一來，他們雖然失去了一定程度的自主權，但透過與杜邦這類大公司的合作，他們相信，能給他們帶來安全和特權。[13]

1870和1880年代，由於杜邦收購火藥貿易協會中其他成員的政策，導致與協會的合作關係一度緊張，但杜邦的做法並未違背協會基本原則——此類合作主

要是為避免破壞性的競爭。1876年杜邦秘密收購黑札德公司，從而有效地控制了火藥貿易協會，並取得了加州火藥工廠、蘇必略湖火藥廠（Lake Superior Powder Company），以及納許維爾的西克摩火藥廠（Sycamore Powder Mills）的控股權。於是在人們心目中，杜邦不僅僅是個能製造高品質火藥的工廠，還能在你死我活的商業競爭中節節勝利，不斷擴大自己的規模和影響力。到1880年代初，唯一能和杜邦抗衡的僅剩下拉福林暨蘭德一家了。拉蒙特或許說得對，火藥貿易協會只不過是杜邦的另一個名字而已，即使協會解散了，杜邦的利益依然能實現。[14]

收購競爭對手並非杜邦十九世紀後半葉唯一的擴張策略。為了降低生產和銷售費用，拉蒙特和亨利也嘗試在鐵路和煤礦方面投資。杜邦在賓州的瓦帕瓦洛盆煤區經營一個規模很大的火藥工廠，所以1866年公司在該地區組建了蒙卡那瓜煤礦公司（Mocanaqua Coal Company），並任命拉蒙特為總裁，看起來很理所當然。在戰後的復興歲月，投資煤礦似乎是馬上見效的投資，但當時的勞工衝突繁多，受制於高低不等的鐵路運輸價格——為了生存，鐵路公司同樣進行著殘酷的競爭——蒙卡那瓜煤礦公司慘澹營運了許多年，最終在1881年脫離了杜邦。

杜邦除傳統火藥廠之外，另一個比較成功的冒險，就是開發了一種市場前景非常看好但又極端危險的新產品：高能炸藥。諾貝爾（Alfred Nobel）所發明的超強炸藥成份，包括威力很強但極其不穩定的硝化甘油，和用作安定劑的黏土。高能炸藥的安全性還不算萬無一失，但拉蒙特相信透過進一步的研究，一定能夠改進，他已意識到這種新型炸藥關乎杜邦的未

（左上）拉蒙特・杜邦在新澤西吉布斯城（Gibbstown）的一片七百五十英畝大的沼澤地上建造瑞波諾高能炸藥廠，在工地上挖掘出幾個印第安人的墓穴，及一些古幣和早期英國移民使用過的器具，拉蒙特一向對印第安文化感興趣，這些物品成了他的藝術收藏品。

（右上）威廉・杜邦（1855-1928）一生大部分時間都為杜邦工作，後來他幫助拉蒙特在新澤西州組建瑞波諾高能炸藥廠，並繼拉蒙特之後任該廠總裁，他後來把這一杜邦公司的分廠總部遷往威明頓。

（中和下）艾倫尼・杜邦二世在火藥廠工作了將近三十年，在他領導下，金屬桶替代了木桶，大幅提高了生產安全性。該照片為答蓋爾銀版法拍攝。杜邦二世和妻子夏洛特於1877年去世，在他們位於威明頓布瑞克街的沼澤廳宅子裡留下五個孤兒，孩子們不願意被親戚收養，在大姊安妮和幾個僕人的照料下自己生活。

來。每磅硝化甘油炸藥的爆炸威力是傳統黑色粉狀火藥的三倍，而且當時其銷售量也達到了黑色火藥的三倍之多。拉蒙特對新產品的狂熱，造成他與亨利的工作關係緊張，亨利對硝化甘油的安全紀錄不放心，公開堅決反對。

其實兩人的歧見已不僅僅在生產高能炸藥上了。拉蒙特對亨利的獨斷專行早已心存不滿，且在1877年開始顯露出來。那年，拉蒙特的哥哥艾倫尼二世（Eleuthère Irénée）及嫂嫂夏洛特・亨德森（Charlotte Henderson）相繼因病去世，在布蘭迪河的沼澤廳（Swamp Hall）宅子裡留下五個孤兒。四十六歲的拉蒙特借奔喪之際翻閱工廠紀錄，了解亨利的管理狀況。拉蒙特知道杜邦企業一如亨利本人，是憑藉強大的實力和嚴格的傳統標準來擊敗對手的。但拉蒙特還從1870年政府公佈的工業普查資料中了解到，杜邦的效率在全美所有火藥生產廠家中是最低的。多年來，工廠沿襲舊的體系，不思革新。例如由於傳統規矩的關係，工人們在生產中不得不繞很多路運送原料和產品。和水車相比，蒸汽機大大提高了生產效率，在1870年和1874年，拉蒙特曾勸說亨利增加了七台蒸汽機，之前公司只有三台。但要想在這樣一個封閉在厚厚圍牆裡的老式工廠中進行更大的革新，就沒那麼容易了。

拉蒙特對企業的管理也有批評。1877年12月，他向亨利提出幾項改革建議，讓權力分攤到六個合夥人——亨利、拉蒙特、堂兄尤金（Eugene）與弗蘭克（Frank），及亨利的兩個兒子亨利・阿哲農（Henry Algernon）和威廉（William）——享有更多的管理權。他同時也建議給予資歷較淺的合作夥伴以高薪，

亨利從不拒絕他的建議，只是擱置不理。1878年4月灰心失望的拉蒙特提出辭職，但又留任工作幾個月，整理自己的諸多業務、準備交接。

1880年，就在與威明頓隔著德拉瓦河遙遙相望的新澤西州湯普森點（Thompson's Point），拉蒙特實現了他在布蘭迪河時的多年夢想，他開始建立一家名爲瑞波諾化學公司（Repauno Chemical Campany）的新高能炸藥廠。拉蒙特對此或許已構思了許多年，1876年杜邦收購加州火藥廠時，還獲得了一個位於克里夫蘭的生產高能炸藥的子公司——赫丘力斯（Hercules）。當年在巡視赫丘力斯時，拉蒙特就對這種炸藥的生產有了更深的了解，事實上，他的瑞波諾工廠於1880年5月開張一年後，就收購了赫丘力斯。

拉蒙特從三大火藥公司——杜邦、黑札德、拉福林暨蘭德爲瑞波諾籌集資金，因爲杜邦擁有黑札德，所以實際上它擁有拉蒙特公司三分之二的股份，拉蒙特仍是杜邦的合作夥伴，並持有瑞波諾六分之一的股份。1882年，拉蒙特透過交換他在杜邦的股份，而換取了杜邦在瑞波諾的三分之一股份，從而將自己在瑞波諾的持股擴大到三分之一。他的未來與瑞波諾和炸藥緊密相關，而這兩者看起來都很有發展前途。瑞波諾的兩百個工人在1881年生產了三百萬磅的新炸藥，這是第一個全年度生產，但隨著炸藥的大規模生產，拉蒙特仍有許多問題未解決。

硝化甘油製造所留下的有毒酸性物質從瑞波諾工廠排到了德拉瓦河中，漁民們抱怨對鱒魚和西鯡魚造成危害，並把瑞波諾告上法庭，杜邦出面解決了此事，但拉蒙特開始試驗如何將酸性毒物回收。1884年3月29日一個星期六的早上，拉蒙特正在實驗室，一

（上）被稱為「弗蘭克」的化學家弗朗西斯・格爾尼・杜邦（1850-1904）是家族公司的合夥人之一，他幫助建造了位於愛荷華州的穆阿爾火藥廠，並於1893年協助發明了用於獵槍的無煙火藥。

（下）西點軍校畢業生亨利・阿哲農・杜邦(1838-1926)在內戰期間表現突出，被授予榮譽勳章，他曾任杜邦副總裁，但後來離開公司進入政界和發展其他興趣，他於1906年至1917年任參議員。

個工人衝進來告訴他，存放在附近準備冷卻的兩千磅硝化甘油正在燃燒，他立即趕到現場，試圖將化合物倒進水箱，卻明白太晚了，他和另外四人立即衝出建築，就在他奔向附近一個土坡時，爆炸響起，他瘦長的身影被火海吞沒，五人當場罹難。

弗蘭克和尤金急忙乘船渡過德拉瓦河，目睹慘狀，已是無能為力。現在看來，亨利一直拒絕新產品是有他的道理的。拉蒙特的朋友、拉福林暨蘭德公司總裁特克（Solomon Turck）接管了瑞波諾，兩年後亨利的兒子威廉取代他。杜邦公司購回了拉蒙特在瑞波諾三分之一的股權，從而成為其最大的股東。撇開個人成見，從商業角度看，亨利對拉蒙特獻身於新炸藥開發表示敬重。不久，瑞波諾成為全國最大的高能炸藥生產商，但同時亨利也大規模地生產他的老產品黑色火藥。

1888年，七十六歲的亨利派弗蘭克到靠近愛荷華的凱庫克（Keokuk）中西部礦區，建立一個火藥廠，生產黑色傳統火藥。在某種意義上，新的穆阿爾工廠（Mooar Mills）看起來是對過去的一個紀念碑，因為很顯然，高能炸藥將成為未來產品的主力，而非黑色粉狀火藥。但在另一個意義上，穆阿爾工廠又是一個具有前瞻性的投資，因為在以後相當長時間裡，大多數煤礦還一直沿用黑色炸藥——高能炸藥能將煤徹底粉碎，燒成灰，而黑色炸藥只使煤變鬆軟。[15] 不管從哪個意義上說，穆阿爾都是亨利基於過去的成功經驗和信心，而成功地謀劃未來投資的例子。弗蘭克也取得了極大成功，1890年4月，第一批四輪滾桶機投入生產，在1892、1900和1918年，又各增加一台機器。穆阿爾的生產歷經三次戰爭，直到1948年關閉。

亨利沒能看到穆阿爾的生產及後來變成世界上最大的黑色火藥生產廠,在1889年他七十七歲生日那天,亨利於艾勒特賀工廠靜靜地離開了人世。亨利是一個了不起的人,他在美國的鄉村傳統和他自己參與創造的偉大變革中保持了平衡,走出了自己的一條由失敗和成功交織的道路。

亨利生前一定是相信他選擇的這條道路——一條正確的道路——對別人來講也一樣清晰,所以他很少指導下屬,對選擇接班人也沒留下什麼指示,或許他相信這也同樣明顯,沒什麼好爭執的。但他的兩個兒子亨利·阿哲農和威廉,卻的確為誰繼承父親的位子而起了爭執,於是家族合夥人決定讓亨利四十九歲的侄子尤金繼承公司的領導權,尤金的弟弟弗蘭克任監督人。尤金和弗蘭克都是經驗豐富的化學家,在工廠做了很多重要革新。

到了十九世紀後期,人們已普遍知道棉花或其他纖維在硝酸中浸泡後極易爆炸,但卻不會產生遮擋視線或暴露行蹤的煙霧,這種物質被稱為「槍棉」或「無煙火藥」。1893年,在拉蒙特長子皮耶(Pierre)的幫助下,弗蘭克發明了供常規獵槍使用的無煙火藥。八年後,杜邦在新澤西州的卡尼角(Carney's Point)建了一座為軍用大炮生產無煙火藥的工廠。弗蘭克此舉拓寬了杜邦的火藥生產領域,也使他獲得了發展硝化纖維素化學業的經驗。但弗蘭克和尤金對公司的管理方法卻招致一些工人的不滿,在亨利去世後更繼續惡化。

弗蘭克和尤金致力於引進他們認為是現代化的加強紀律和效率的管理方式,糾正工

(左頁上)新澤西州瑞波諾化工廠裡盛硝化甘油的手推車,拉蒙特不顧叔叔亨利的反對建了該廠。

(左頁下)彷彿是要印證叔叔的擔心不是多餘的,拉蒙特1884年死於他硝化甘油工廠的一次爆炸事故。

(上)這是拉蒙特·杜邦去世十年後,他的家人在大約1894年攝於聖阿穆爾(St. Amour)的照片。後排左至右:艾倫內、亞歷西斯·I.、威廉·K、瑪麗·阿蕾塔(後嫁給萊爾德)、拉蒙特、瑪格萊塔(後嫁給卡彭特);前排:伊莎貝拉(後嫁給夏普),瑪麗·貝琳·杜邦夫人,隆伍德的皮耶·山繆和路易莎(後嫁給科普蘭)。

(建築)亨利決心供貨給西部擴展鐵路線和發展礦業,他在1888年開始一生中最有野心的專案,在愛荷華靠近凱庫克的地方建造了規模龐大的穆阿爾火藥廠,後成為世界上最大的黑色火藥生產廠。

這裡展現的是十九世紀末布蘭迪河沿岸的生活，火藥廠像一個自給自足的村莊，有住宅，還附設有學校和教堂，孩子們可以把父親的午餐盛在小桶裡直接送到工廠。阿弗雷德・I・杜邦酷愛音樂，組織了一個叫作Tankopanican音樂俱樂部的樂隊，經常在威明頓地區演出。

DU PONT

廠裡亨利在世時所忽略的不合理措施。「他們無法再忍受這種荒謬的行為，」擔任公司會計的女兒回憶說。[16] 除了加強紀律，他們還引進了在今天看來很合理的管理條例，但在當時，卻激起了工人們強烈的不滿。例如工廠雇用外面的工匠來做一些建築和木工活兒，但以前這些工作都由杜邦自己的工人來做，以賺取額外的收入。這類做法無疑激怒了工人，於是一小幫工人組成了一個叫作「再不流汗」（Neversweats）的秘密團體，模仿當年在愛爾蘭以暴力反抗地主壓迫的農民社。[17]

1889年耶誕節後第二天，秘密團體放火燒毀了弗蘭克家的馬棚，大火一直燒到離他住宅幾碼遠的地方。一個月後，工廠的馬棚也神秘地被燒毀，弗蘭克的一匹愛馬被燒死。隨後幾個月平靜無事，但到1870年10月7日，一場起因可疑的爆炸使十二個工人、一位母親和她的嬰兒死於非命，公司遭受了一百萬美元的財產損失。弗蘭克和尤金兄弟請來平克頓偵探社（Pinkerton Detective Agency）的偵探來調查事故的原因，雖然隨後五名工人被逮捕和起訴，但焚燒馬棚的事件卻繼續發生，一直持續到1904年。在此期間，平克頓的便衣偵探定期調查布蘭迪的三百名工人調查，但再沒有人被逮捕。

為了平息工人的不滿，弗蘭克借鑑了他在穆阿爾當監工的侄子托馬斯（F. G. Thomas）的做法，於1891年在已廢棄的艾勒特賀工廠裡，亦即創辦人建於1803年的家，成立了一個工人俱樂部。布蘭迪河俱樂部裡有撞球桌、淋浴設備、電燈、保齡球道、舞廳及非酒精飲料，的確吸引了一些工人；但大半工人認為，一天的辛苦工作之後，再從工人居住區的亨利·

克雷村（Henry Clay Village）步行一哩到俱樂部太遠了。當時杜邦的工人和其他大工廠的工人一樣，一周工作六天，每天工作十小時，星期六工作九小時。在1880年代後期，有軌電車的問世使得從布蘭迪河到威明頓更加方便，但昂貴的車資及每天長達十小時的工時，使工人們很少進城。

況且工人們不用離開居住區就能獲得食品、衣服和其他生活必需品，有四家公司在此銷售日用品，其中約翰·伍德父子商店廣告中寫道：「銷售藥、化學產品、衛生用品、刷子、肥皂、香水和其他好玩的東西。」大部分工人自己種植蔬菜，裁縫上門為工人做衣服。「在日升街生活和在布瑞克街沒什麼兩樣，」從小在那兒長大的威廉·布坎南（William Buchanan）說。「我們家有七個孩子，再加上我的父母就有九口人……我們工人都住在那兒，相處得很好，村裡只有一個公司雇的治安警察，他從沒逮捕過任何人。」[18]

在1890年代，恐怕沒有別的杜邦家成員像阿弗雷德·艾倫尼（Alfred Irénée）——拉蒙特的侄子，創辦人的曾孫子——那般，在工人們的村子裡感到如此賓至如歸了。工人們記得他孩子氣的惡作劇，及他是「下游小河」幫的成員，和「上游小河」爭鬥。他們欣賞他和工人打交道時不拘小節、隨和的態度。[19]「阿弗雷德和每個人都是朋友，」威廉·布坎南回憶，他的父親亞伯特（Albert）是阿弗雷德兒時的玩伴。「他和工廠裡的工人一樣，渾身被火藥弄得髒兮兮的。」[20]

由於獨特的穿著，人們稱阿弗雷德為「燈籠褲」或「短褲」，但都欽佩他的戰鬥精神。1877年他的父親艾倫尼二世和母親夏洛特·亨德森相繼去世時，十

(上) 1898年美西戰爭期間，軍隊守衛著卡尼角火藥廠。

(下) 因為經常身著燈籠褲和短褲，阿弗雷德‧杜邦一世（1864-1935）被戲稱為「燈籠褲」。即使退休後，他還經常組織曾在火藥廠為他工作過的工人去旅遊。

(最右) T‧科曼‧杜邦（1863-1930）是1902年收購公司的三位堂兄弟之一，公司當時原計劃出售給主要競爭對手，但他沒有在公司裡待很久，寧可專注其他的投資，如紐約房地產。

二歲的阿弗雷德是他們留在布瑞克街沼澤廳家宅的五個孤兒之一，沼澤廳距工人們的居所只有一百碼遠。亨利和家族的其他長輩決定把孩子們分送給親戚撫養，遭到孩子們的反對，他們手持桿麵杖、斧頭、手槍、弓和箭及獵槍，保衛自己的家園，阿弗雷德舉起了獵槍。被孩子們的勇氣和團結所打動，亨利最後妥協了，同意孩子們留在自己家裡。阿弗雷德的行為後來被家族獎賞，因為孩子們把自己管理得井井有條，一個個先後就學。

1882年，阿弗雷德和他來自肯塔基的堂兄科曼（T. Coleman）一起進入麻省理工學院，兩人都喜歡波士頓的夜生活，阿弗雷德還和具有傳奇色彩的拳擊冠軍約翰‧沙利文（John L. Sullivan）成了朋友，也因此提高了自己的拳擊技術。雖然阿弗雷德不是學者，但對自己感興趣的科目學得很快，他對電學尤其著迷，1884年曾自己動手在沼澤廳家裡裝了電線，後來又把電引到工廠。

1884年拉蒙特死於爆炸事故後，阿弗雷德決定中輟學業，回到工廠。10月，亨利安排他在廠裡當製造火藥的學徒，他做得很好，第二年，年滿二十一歲的阿弗雷德繼承了父輩在家族企業裡的權利，並結了婚，妻子蓓西‧加德納（Bessie Gardner）是耶魯大學一位教授的女兒，美麗且受過良好教育。1889年亨利派遣他去法國考察當地褐色火藥和無煙火藥的生產情況，這兩種火藥都燃燒極快，為軍隊所採用。當他和妻子返回美國時，亨利已經去世。家族生意合夥人為繼承人問題展開激烈討論，阿弗雷德打破順從長輩的家族傳統，不是被動地等著被邀請，而是透過自己艱苦的努力和爭取，成了較資淺的合夥人。正如他過去已經證明的，他絕不是那種受了欺騙而忍氣吞聲的人，面對任何挑戰也從不退縮。

1898年美國戰艦緬因號在哈瓦那港口爆炸，不久美國即向西班牙宣戰，三十四歲的阿弗雷德入了伍。當軍械處的官員了解到他高超的火藥製造技術時，勸他留在火藥廠，阿弗雷德答應了，但有一個條件：堂兄尤金和弗蘭克必須授與他戰時火藥生產的完全指揮權，別人不得插手。阿弗雷德跟堂兄同樣懂得技術的重要性，但他還懂得如何調度並保持工人的生產熱情，要完成戰時生產任務，這兩個因素缺一不可。

尤金和弗蘭克答應了他的要求，但對他如何能使這麼一個老式工廠每天生產出兩萬磅的褐色火藥心存疑慮。阿弗雷德以身作則，每天工作十八個小時，工人們大為感動，和他一起奮戰，不久就完成了軍械處設定的每天兩萬磅生產指標，而且為保險起見，每天還額外多生產了五千磅。這一切證明了阿弗雷德卓越的才能，也牢牢奠定了他作為一個真正杜邦家族火藥製造者的地位。為了獎勵，公司授與他只有偉大的成功才能享有的權力。

十九世紀後期，雖然引進了更有效率的管理辦法，尤金越來越感到一個人應付日益龐大的管理事務有點力不從心。看到尤金被大大小小的事務搞得焦頭爛額，亨利‧阿哲農‧杜邦建議實行公司化，重新分配決策管理權。在成立近一個世紀後，杜邦摒棄了舊的合夥人制，於1899年10月23日在德拉瓦州實現了公司化，尤金擔任公司總裁，弗蘭克和亨利‧阿哲農為副總裁，任副總裁的還有尤金和弗蘭克的弟弟亞歷西斯‧杜邦（Alexis I. du Pont），創辦人之兄維克多的曾孫子查爾斯‧杜邦（Charles I. du Pont）則任公司

（左）尤金・杜邦（1840-1902）在1889年叔叔亨利去世後接任企業的領導。

（下）尤金的弟弟弗蘭克・杜邦（1850-1904）在叔叔亨利去世後擔任企業的副總裁，幾年後，他和拉蒙特的兒子皮耶一起發明了供常規獵槍使用的無煙火藥，並獲得了專利權，這項發明使杜邦邁進現代炸藥生產的行列。

秘書兼出納，阿弗雷德被授與一個模糊的頭銜「主管」，沒有任何決策權。

舊制度沒那麼容易消亡，公司化對杜邦的運作機制幾乎沒什麼改變。決策層沒有吸收新人，沒有真正的權力重組，六名首腦持有杜邦公司全部股權，名義上變成了公司，但杜邦依然按舊的合夥人制度運行，尤金仍是企業唯一的領導者。由於不滿家族長輩們因循守舊的作風，拉蒙特的兒子皮耶・杜邦辭去在卡尼角的工作，到中西部去投資一個有軌電車生意。阿弗雷德對公司的領導機制同樣不滿，但令他欣慰的是，他還能負責生產火藥，且獲得公司百分之十的股份。

1902年，六十一歲的尤金意外死於肺炎，如同亨利的突然去世一樣，公司對繼承人選沒有任何計劃，更不幸的是，公司首腦聚在一起討論時，沒有人自願擔任總裁。出乎所有人意料，弗蘭克拒絕擔任此職，他沒有明講他的健康狀況很糟，事實上兩年後他便去世了。亨利・阿哲農也不願意接替尤金，他已開始從政，正籌劃競選參議員。亞歷西斯則表明身體狀況也不佳，兩年後他也去世了。於是只剩下年輕的查爾斯和阿弗雷德，不巧的是查爾斯也疾病纏身，於一年後去世。

阿弗雷德認為弗蘭克大概是一定會當選，便沒有出席選舉總裁的會議。他和弗蘭克的關係不是那麼融洽。阿弗雷德的缺席使其他與會者有機會討論他是否有能力擔負起領導公司的重任，弗蘭克提出反對，其他人也隨即附和。如此一來，似乎只剩下一個辦法了——把杜邦出售給友好的競爭對手拉福林暨蘭德公司。與會者就這一令人沮喪的提議達成一致意見，弗蘭克負責向阿弗雷德通報這一決定，杜邦公司將要易主了。

阿弗雷德平靜地接受了這個消息，沒有流露內心的感受。他曾經和家族抗爭過，而且勝利了，但想在今天這麼大的事上得勝，卻不再是獵槍和桿麵杖能辦得到的了。阿弗雷德立即去找他在麻省理工學院的死黨堂兄科曼，此時科曼已仗著財務上的敏銳，成為一個聲譽卓著的精明商人，他答應幫助阿弗雷德。2月14日，杜邦高層在布蘭迪公司總部開會，討論出售給拉福林暨蘭德的價格，正當弗蘭克宣讀出售公司的文件時，當年保衛過沼澤廳的阿弗雷德身著骯髒的燈籠褲，假裝很睏的出現了。弗蘭克宣讀完畢，環顧房間，期待著令人悲哀但又是預料之中的一致通過，但還沒等大家表態，阿弗雷德平靜地舉起手發表意見，提出一項看來是沒有大礙的修改——能不能不要指定把公司出售給拉福林暨蘭德，而是給「出價最高的買主」？雖然皺了皺眉，與會者還是同意修改方案。然後，正當弗蘭克起身要宣佈休會，阿弗雷德那隻被火藥弄得髒兮兮的手臂又舉了起來，然後站起身，平靜但又無比驕傲地宣佈，他準備收購杜邦公司。

弗蘭克表示強烈反對，阿弗雷德再也不能保持平靜，他憤怒而言辭激烈地進行反駁，宣稱自己生下來就有公司的繼承權，他是公司創辦人的長子的長子的長子，難道就不能給他一周的時間來籌措資金並出價嗎？亨利・阿哲農站起來發言，緩和了會議室內緊張的氣氛，他認為阿弗雷德的提議還挺有道理，阿弗雷德應該有個機會，其他與會者最終也同意了。二十五年前，亨利給沼澤廳的孤兒們一個機會，讓他們自己照顧自己，今天亨利的兒子把同樣的機會給了阿弗雷德，使杜邦公司仍然留在家族內。 ●

CHAPTER

3 「大公司」杜邦

亨利‧阿哲農‧杜邦隨著勝利而歸的阿弗雷德走出房間。阿弗雷德的提議，意味著家族傳統和杜邦的名譽將得以保留，這一點使他興奮不已，可是他也很清楚，阿弗雷德一向很衝動。看到四處無人，談話不會被人聽到，亨利很謹慎的問：「我猜，當然，科曼和皮耶會參與你提到的收購計劃吧？」阿弗雷德保證他們都已經答應參與，只是他還需要得到皮耶的最後確定。亨利答應有條件的支持阿弗雷德。於是仍不熟悉威明頓街道的阿弗雷德鑽進汽車，直接開向位於德拉瓦大道上的科曼家。

阿弗雷德數日前拜訪過科曼，商討收購一事，之後科曼一直在認真考慮這件事情。他的妻子和堂妹愛麗思‧杜邦（Alice "Elsie" du Pont）從小在布蘭迪河長大。愛麗思向科曼提出了簡短而理智的忠告：「你應該明白和你的親戚們做生意會是怎麼回事。」當年科曼的父親畢德曼和叔叔弗瑞德（Fred，即Alfred Victor）在美國南北戰爭爆發前，離開德拉瓦州的杜邦家族，去肯塔基州開拓事業。他們並沒有從事火藥這一行，而是經營造紙廠和煤礦。從此科曼一直經營這些事業，他所享受的自由，比起不斷聽說的亨利將軍、尤金和弗蘭克在布蘭迪河的經歷，有著天壤之別。科曼並不想回到火藥的老本行，但他對德拉瓦州的堂兄弟們有深厚的感情。當然，愛麗思的話也觸動了他，他是否明白和親戚們作生意會是什麼樣子呢？最後他的結論是：親戚們並不一定比其他生意夥伴更難對付。科曼在生意場上一向是贏家，他相信只要有正確的計劃，這次也一定能成功。

1863年12月11日，畢德曼和艾倫‧科曼（Ellen Coleman）生下了湯馬斯‧科曼‧杜邦（Thamos Coleman du Pont），當時南北戰爭的形勢越來越有利

於北方聯邦軍。日後他長成了一個六呎三吋高、兩百一十磅重的小夥子，健壯且自信滿滿。他在麻省理工學院學習採礦工程時，和堂兄弟阿弗雷德是室友。兩人流連於波士頓歌劇院的時間，遠多於用功讀書的時間，且兩人都沒拿到學位就離開了學校。科曼回到位於肯塔基州中央市的公司所在地，跟著父親學習煤礦生意。和阿弗雷德一樣，科曼領略了工人之間誠懇的同袍之情，且將他一貫的不拘小節精神發揮在監督和經營的職位上。對於他而言，高深的金融和一場激烈的拔河或足球賽沒什麼兩樣：勝利往往屬於能隱藏自己弱點和疑慮、並能面帶笑容挺身而出的人，尤其是能不斷隨環境而改變的人。

在中央煤鐵公司（Central Coal & Iron Company）工作八年後，科曼轉到位於賓州強斯城（Johnstown）的強森鋼鐵公司（Johnson Steel Company），主要為美國很多大城市中的新電車生產鐵軌。他叔叔弗瑞德為提攜後進，大量投資在強森（Tom Johnson）所經營的這家鋼鐵公司，當弗瑞德1893年去世時，把大批強森鋼鐵公司的股票留給科曼和科曼的堂兄弟皮耶。強森在1890年代初開始將興趣轉向仕途，後來成為眾議

（右頁上）莫克斯漢和科曼‧杜邦一起在位於賓州強斯鎮的強森鋼鐵公司工作。1903年他來到杜邦擔任開發部主管。莫克斯漢鼓勵研究人員進行化工生產的實驗，以幫助杜邦在新的領域發展。

（圖圖圖）皮耶‧S‧杜邦和堂兄弟科曼及阿弗雷德不同的是，他完成了在麻省理工學院的學業。他當過化學系學生的經歷，或許影響了杜邦的發展方向，因為他在第一次世界大戰之後建立了實驗部門。皮耶上大學時，應用科學才正開始成為一個受人尊敬的領域，但杜邦將有助於改變這一點。

院議員和克利夫蘭的市長。他決定步入政壇時，指定科曼擔任公司的總經理，當時的總裁，是曾幫助強森把鐵軌改裝成電車軌的莫克斯漢（Arthur Moxham）。

對於科曼而言，阿弗雷德收購杜邦公司的計劃提出得正是時候。強森鋼鐵公司在1890年代中期的大蕭條中受到重創，最終關閉。莫克斯漢加入了一家位於加拿大新斯科細亞省（Nova Scotia）的鋼鐵公司。科曼搬到位於威明頓一座平實的房子，開始經營兩個前途光明的鈕釦廠和來福槍廠。但是受到大蕭條的影響，這兩個廠也經營慘澹。科曼和阿弗雷德在他租來的普通房子裡會面，開出了他加入收購的條件。首先，他必須成為新公司的總裁；其次他必須擁有一半的股份；另外堂弟皮耶也必須加入。阿弗雷德同意了他的條件，科曼馬上拿起走廊裡的電話，打給俄亥俄州曾收購強森鋼鐵公司一家子公司的皮耶‧S‧杜邦（Pierre S. du Pont）。

皮耶非常安靜而很害羞，以至於他在費城唸高中時，校長給他取的綽號是「墓地」，但是儘管他沒有肯塔基堂兄那種毫無畏懼的勇敢，他仍一直不斷奮鬥。皮耶比科曼和阿弗雷德小六歲，同樣也進了麻省理工學院，不同的是，他一直唸到1890年拿到化學的學士學位。[1] 皮耶回到他父親的公司，正逢尤金和弗蘭克經營火藥廠的年代，他很快對他們的經營方式感到幻滅。在整個1890年代，布蘭迪河和卡尼角工廠實驗室的落後，使他和阿弗雷德難以忍受。1892年，皮耶和弗蘭克合作申請了用於獵槍的無煙火藥專利，但除此之外，弗蘭克策劃上的短視讓皮耶感到沮喪。冬天零下的溫度幾乎使整個卡尼角的生產中斷，硝化棉滴下的液體結成了冰，覆蓋了地面。皮耶在給他的兄

TELEGRAM

Received at

THE LORAIN STEEL COMPANY

(WHERE ANY REPLY SHOULD BE SENT.)

1B AU C 14 Paid.

Wilmington, Del. Feb'y 11th, 1902.

P.S.du Pont,   Lorain, Ohio.

Expect to have meeting tomorrow night. Will wire you Thursday morning,
I think yes.

T.C.du Pont.-7:50 A.

弟貝林（Belin）的信中寫道，「問題和從前一樣，這裡從沒有前瞻性，也不爲那些遲早會發生的事預做準備。」[2]皮耶考慮了一下自己的未來，也發現有一些機會，決定去西部試試看。

小時候年僅七歲的皮耶就注意到母親在商店採購時吩咐店家：「替我記在帳上，」以減少花費現金，他一直牢記這神奇的教誨，並多次在好日子之際「購買」自己想要的東西。但後來他發現，月底要結帳時，讓他領悟到「記帳畢竟不是變魔術」。[3]這是很好的一堂經濟課，但當時很多產業家都忘記這一點。皮耶看到強森鋼鐵公司靠舉債而勉強維持，完全受制於債權人。他決心要避免依賴外來資金所帶來的危險。

當莫克斯漢和強森在1898年把強森鋼鐵公司賣給摩根（J. P. Morgan）的聯邦鋼鐵公司（Federal Steel Company）時，他們邀請皮耶負責公司的清償，並且拿著公司的成功投資——位於俄亥俄州洛林（Lorain）一家電車軌公司——尋求下一個投資。皮耶有些猶豫，但是決定再給古老的杜邦最後一次機會。1899年1月26日，他和杜邦的合夥人見面，表明自己有一個在俄亥俄州工作的機會，詢問關於他在杜邦公司發展的前景。他起初或還指望他離開的可能性，會使對方不和他討價還價，可是他失望了。只有資淺的合夥人阿弗雷德和查爾斯鼓勵他留下來。因此當科曼和愛麗思去東部發展時，皮耶去西部闖天下。

現在，三年後，科曼再次邀請他健壯而可靠的堂弟加入，而皮耶也再次答應，爲了能回到布蘭迪河而感到高興。他和精明的年輕會計師助手拉斯克伯（John Raskob）來到威明頓，當時是2月，突來的暴風雪封住了路，道路清理好之前，皮耶和科曼在一起

兩天，然後同去沼澤廳和阿弗雷德見面。的確，在見到特立獨行的堂兄之前，他們需要好好的商量一下。

科曼和皮耶在強森鋼鐵公司學到了很多經營大型企業的知識，特別是深刻了解到仔細籌劃的重要性。製造高品質的商品並不是經營工廠的全部。身爲領導者必須向前看，緊密的關注國內的經濟形勢以及對市場的影響，從而確定生產和庫存是否和市場需求吻合。新的杜邦需要空前大量的會計、職員、秘書和律師。還需要大量的研究員，不斷的改進產品，並保持在科學開發上的領先地位。同時還需要專業的工程師，以不斷的把新的技術用於生產。另外也同樣需要了解並能接受在大公司工作規則和紀律的銷售員和經理人。杜邦迫切的需要變革。但是皮耶和科曼都不知道阿弗雷德能接受多少改變。

三個堂兄弟2月18日在沼澤廳會面，討論眼前的任務：大略估算公司的淨值，開始週轉資金，並擬出向杜邦合夥人提出收購的條件，確定新任經理人的職責。皮耶在給他弟弟的信中寫道，「過去的一兩個星期，財富之輪在布蘭迪河高速旋轉。」他然後打趣道，「我們一點也不清楚到底買到了什麼，但我並不覺得這意味著收購計劃對我們不利，因爲這家老公司同樣也一點都不清楚他們賣的是什麼。」[4]

按照事先的協定，科曼將成爲公司的總裁，並爲公司制定總體發展規劃。阿弗雷德將充分利用他在工廠的經驗，擔任公司的副總裁，負責火藥的生產。皮耶則充分利用他在鋼鐵和電車路軌生意中積累的金融知識掌管公司的財務。儘管皮耶估計杜邦的價值接近一千五百萬美元，而非之前業主提出的一千兩百萬美元，反正三個堂兄弟同意了一千兩百萬美元的價格。

當科曼（左）問皮耶（中）是否能幫助他接手家族事業時，科曼在電報上回覆道：「我想可以的。」一週後，他們碰面，這次會面決定了杜邦公司未來的命運。在最終決定之前，這對堂兄弟一直保持頻繁的電報聯繫。

（左頁右）二十世紀初，杜邦開始研究購買智利硝酸鈉的可能性，這樣公司將直接擁有火藥生產的原材料。拉斯克伯（右）是皮耶幾十年的好搭檔，他和阿胡加（Elias Ahuja）乘船去南美，調查杜邦此計劃的可行性。

DUPONT'S GUN POWDER

DU PONT

GENERATIONS HAVE USED DU PONT POWDER

1802 Du Pont. 1900

DU PONT

DU PONT POWDERS

Have been known, used and recommended,
Since 1802
THEY MUST THEREFORE BE THE BEST.

1905

DU PONT
MAGAZINE
AND AGRICULTURAL BLASTER

Vol. 1   JULY, 1913   No. 1

The Du Pont Army

Carrying the Powder to Perry

Exiling the Thawing Kettle

Explosives as Life Insurers

Farming With Dynamite

The Portable Gun Club

Manufactured Leather in the Automobile
Industry

PUB

E. I. du Pont d
ESTABLISHED 1802

DU PONT AMERICAN INDUSTRIES

How Many Hides
Has A Cow?

Not
Enough!

DU PONT
FABRIKOID

The Ideal Upholstery Material—Superior to Coated Split Leather

DU PONT FABRIKOID COMPANY
WILMINGTON, DELAWARE

DuPont
1901

Du Pont Smokeless
THE SPORTSMAN'S DELIGHT

DUPONT
MAGAZINE

AUGUST
1918

DUPONT
Magazine
Vol. 8   April 1918   No. 4

DUPONT
MAGAZINE
VOL. 8
NO. 2   FEBRU
191

INDUSTRIAL
EXPLOSIVES

SPORTING
MILITARY
POWDERS

THE
NATION
BUILDER

DUPONT

E.I. du Pont de Nemours Powder Co.
THE WORLDS LARGEST MANUFACTURER OF
EXPLOSIVES

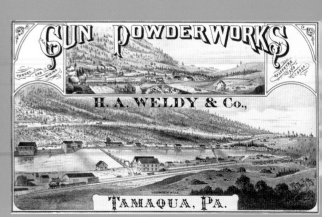

GUN POWDER WORKS

H. A. WELDY & Co.,

TAMAQUA, PA.

62

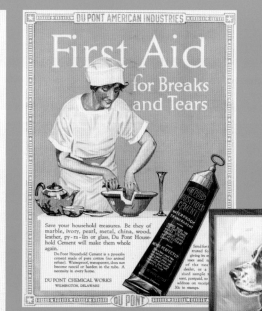

在整個十九世紀，杜邦爆破性產品的廣告大半是獨立的銷售代理商製作的，這些代理商只是藉此擴大自己的知名度。1909年，杜邦在銷售部內設立了廣告部，引導大家購買杜邦產品。透過推廣飛靶射擊，重振了狀況欠佳的運動火藥市場；又告訴農民使用杜邦炸藥是清除田中石頭和土堆的最佳方法，開闢了新的市場。隨著多角化經營，且在愈來愈多的領域建立競爭力之後，1907年設計的獨特商標，又協助杜邦在大眾心目中建立獨特性。《杜邦雜誌》於1913年創刊，推介杜邦的產品。

(右頁上) 隨著公司的不斷成長，位於威明頓的總部規模也不斷擴大。左邊最高的建築物即杜邦總部大樓。儘管科曼希望把公司搬到紐約，但最後他還是妥協，同意把公司從閉塞的布蘭迪河谷搬到威明頓的市區。

(右頁中和下) 堂兄弟們1902年取得公司的所有權後，布蘭迪河畔的院子裡都是各式各樣的陳舊設備。阿弗雷德推動了現代化，比如在1905年，新的機械廠房裡都是現代的設備和工具。但是機械廠房不像舊廠房一樣為杜邦服務那麼多年。1921年，哈格雷工廠停止了生產。

不過交易並不是用現金，而是將價值一千兩百萬美元的公司債券分配給包括阿弗雷德在內的六位前合夥人。同時將兩千萬的新股權分配給所有新舊合夥人。因此公司的獲利與否，關係到每個人的利益。杜邦就這樣沒用到半張美鈔，轉到新一代的手中。 2月28日，律師們提交了公司轉移所有權的最終文件。只有律師需要現金付酬，因此每個堂兄弟各拿出三分之一，支付兩千一百美元的費用。

第二天，象徵性的移交在布蘭迪河的辦公室進行。弗蘭克把早上的郵件拿給皮耶，和他握了握手，然後走出去。儘管對弗蘭克突然的離別感到驚訝，但皮耶已經作好了承擔新職責的準備。他很清楚杜邦的實際價值高於收購價，同時也很明白有效的組織和管理將會使公司的價值進一步提升。在杜邦的潛力被充分發掘之前，新的領導人需要整合並精簡散佈在美國各地的子公司，緊密的結合成皮耶所設想的「大公司」。

在火藥貿易協會的全盛時期，杜邦和主要競爭對手「拉福林暨蘭德」為了降低價格戰帶來的危害，聯合制訂貿易規則，並且彼此購買大量對方子公司的股票。因此一旦一方的利益受到傷害，另一方的利益也必然受到損害。結果是兩大行業巨頭平分市場。但是，重複上面這種把兩個公司利益拴在一起的辦法，顯然不利於實現科曼和皮耶對新杜邦所期盼並計劃實現的高效率經營管理。如果他們不能完全控制所有的資產，精確而仔細協調的管理系統將趨於癱瘓。

最令人擔憂的是，其實沒有一家炸藥廠是杜邦獨資的。相反的，杜邦擁有東部炸藥公司的股份，這是一家主要由東岸幾大生產商於1895年建立的控股公司，成立的目的和火藥貿易協會一樣。拉福林暨蘭德在東部炸藥公司中的股份是杜邦的三倍。對於皮耶和科曼而言，解決方法顯而易見：杜邦必須買下最可能收購杜邦的公司。皮耶意識到拉福林暨蘭德面臨和杜邦之前同樣遇到的困境：價值被嚴重低估，業主年老而且很疲憊，他們很可能被說服而賣掉這個公司。[5] 儘管皮耶督促科曼儘快完成收購，但是為了避免引起業主重新評估公司資產，或中途退出收購，科曼花了數月進行艱辛的談判，最終說服了拉福林暨蘭德的業主。一直到1902年 8 月談判結束，阿弗雷德才知道這段秘密艱難的漫長談判過程。杜邦以四百萬美元收購拉福林暨蘭德。收購之後，杜邦增加了八個炸藥廠，並且在自己的十一家黑火藥廠外，又多了十個火藥廠。加上杜邦在卡尼點和新澤西州龐普頓湖區（Pompton Lakes）的兩家無煙火藥廠，杜邦一躍成為全美最大的火藥生產商。

收購拉福林暨蘭德一事令阿弗雷德大吃一驚，他認為這一舉動根本無視於他在公司的地位。在杜邦完成收購數周之後，阿弗雷德和科曼的關係開始惡化。身為總裁的科曼很多年沒有視察火藥廠了。 3 月，他決定和阿弗雷德一起去工廠看一看。這次巡視使兩人間的裂痕與日俱增，科曼對於重工業的髒亂並不陌

生，但沒想到眼前是陳舊過時的馬拉車和水車，工廠就像年老體衰的工業格列佛般，被布蘭迪河兩旁數不清的繩子給綁住。回到辦公室，科曼毫不客氣的對阿弗雷德說，工廠必須關閉。他還說，如果杜邦公司真的想有所作為，必須把辦公室搬到紐約。

阿弗雷德也感到很震驚。他承認工廠過去一直缺乏有效的管理，但是他強調現在他已經不再受制於弗蘭克和尤金，承諾會不斷改進。最後皮耶出面調解，阿弗雷德繼續管理工廠。皮耶也支持繼續把杜邦的辦公室設在威明頓，但是更希望移到威明頓市區。科曼同意讓步。阿弗雷德說到做到，在保證安全的條件下，他進一步用蒸汽機替代馬匹，重新修繕機器廠房，加築上游的水壩，還維修了工人的宿舍。他甚至重新粉刷了聖約瑟夫教堂，又把威明頓的公車路線延伸到廠區。至於科曼，他把辦公室搬到位於第九街和市場大街的公正信託大樓最上面的兩層樓。這座於1888年竣工的建築有八層，堪稱是當時威明頓的第一座「摩天大樓」。

在最初的幾個月裡，公司的未來輪廓漸漸浮現。如同火箭發射台，阿弗雷德早晚有一天會被拋在後頭。充滿活力的科曼就像一個火箭助推器，將幫助杜邦登上新的高峰，但是在這段旅程結束之前，助推器肯定會掉下來。皮耶這個謹慎的決策者和耐心的協調者，將會把這個火箭送入穩定的軌道。

新的業主們很認真挑選能幹的班底，因為如果沒有外來的人才，「大公司」永遠無法離地升空。有很多職位仍虛位以待。新的發展計劃需要建立三個生產部門（高能炸藥、無煙火藥，和黑色火藥），六個職能部門（銷售部、軍售部、法律事務部、採購部、開

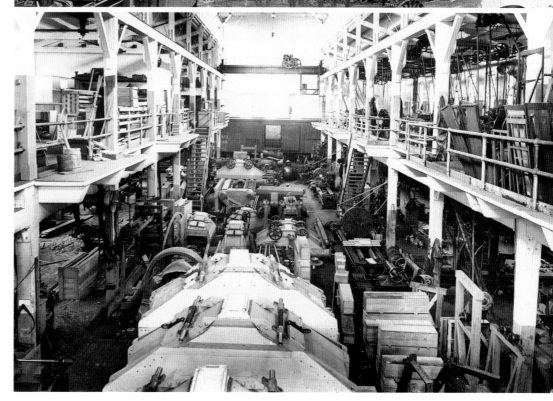

發部和房地產管理部）。每個部門都由一位副總裁直接統御。中央管理則透過三個委員會運作：管理委員會由公司的八個副總裁組成；財政委員會由公司的出納皮耶領導；1903年科曼成立了執行委員會，負責決定公司的長遠目標和全局決策。

巴克斯岱（Hamilton Barksdale）被任命為公司的副總裁，負責高能炸藥的生產。他曾接替阿默里·哈斯凱爾（J. Amory Haskell）成為瑞波諾工廠的總裁，妻子是查爾斯·杜邦的妹妹艾瑟兒（Ethel）。貝克斯岱馬上組織了一個研發隊伍，在他的部門內成立了「東部實驗室」。弗蘭克的兒子弗朗西斯·I·杜邦（Francis I. du Pont）接管了無煙火藥部，阿弗雷德繼續領導火藥部。來自加拿大新斯科細亞省的莫克斯漢負責杜邦的開發部。這一部門主要是觀察競爭對手的動態，尋找原料，了解相關領域的研究動態。莫克斯漢在老工廠旁邊組建了杜邦第二個實驗室——「實驗站」（Experimental Station）。[6] 哈斯凱爾負責杜邦的銷售部。這四個人連同杜邦三個堂兄弟，於1903年組成了第一屆執行委員會。

在科曼和執行委員會的領導下，杜邦開始步入常軌。即使當時已經收購了拉福林暨蘭德，整合美國的爆破性產品業仍舊是杜邦的首要任務。1903年的春天和夏天，科曼去了一趟舊金山，看能否再收購幾個競爭對手，包括規模龐大的加州火藥廠。但是這些業主證明自己很強悍，而且談判中小心翼翼。在此期間，疲憊不堪的科曼還在醫院小住幾天，以恢復體力並治療胃痛。7月底，他寫信給貝克斯岱，「如果有一份工作涉及如此多樣化的業務，和不同的發展階段，又牽涉這麼多的人事，假如有人想獲得這份工作，他們

千萬別把我當對手。面對這樣的一群人，除非你有三頭六臂，十分精明狡猾，否則你就是自投羅網。」[7]

科曼顯然沒有自投羅網。他最終帶著加州火藥廠的所有權回到德拉瓦州。杜邦正高速的成長，收購了最大的競爭者及其眾多的子公司，同時還兼併了數不清的小型火藥廠。杜邦執行委員會決定成立一個控股公司來管理眾多新收購的公司。1903年5月19日，杜邦火藥公司（E. I. du Pont de Nemours Powder Company）因此在新澤西州成立。科曼和皮耶的「大公司」繼續進行收購，到1907年底，杜邦已經驚人的收購了一百零八家小公司。科曼為此也付出了代價，他已經是疾病纏身，從胃病到眼睛疲勞，常常迫使他必須隱居在一個黑暗而安靜的屋子裡。1909年，科曼開刀取出膽結石，五年後做了腹部外科手術，但醫生們無法對他的各種病痛獲得一致的診斷。在此期間，皮耶逐漸接替科曼的總裁工作。

杜邦新的管理者的命令讓越來越多的職員、會計和秘書忙碌起來。1903年，公司辦公室成員是十二人，一年後激增到兩百多人。當初三個堂兄弟買下公司時，全杜邦沒有任何一個全職支薪的研究科學家。一年後，東部實驗室和實驗站共聘用了十六位科學家進行研究工作。在杜邦，科學從此再也不是個人的好奇和創新的過程，而成為一種全新的組織形態。這個變化非常迅速，到1911年，光是實驗站就已經有三十六個化學家。

1902年，科曼指派杜邦在辛辛那提州的銷售商瓦代爾（Robert S. Waddell）負責銷售。和杜邦其他部門一樣，團隊合作和嚴密的管理組織替代了各行其道。銷售員發現他們再也不能像以前一樣，依自己訂

G. Mathewson.......... 66 years   W. Rowe, Jr.......... 33 y

A. Burns.......... 63 "   J. A. McVey.......... 33

M. Foster.......... 54 "   J. Ward.......... 33

                     33

                     33

                     32

                     32

                     32

                     32

                     32

                     32

                     32

                     31

                     31

                     30

                     30

                     30

                     30

D. Fisher.......... 37   G. Ward............ 30

J. Stewart.......... 37 "   J. McKenna........ 30

S. Frizzell.......... 36 "   J. Farren.......... 29

A. Fleming.......... 35 "   D. Dougherty.......... 29

J. Maxwell.......... 35 "   J. McLoughlin.......... 29

B. Dougherty.......... 34 "   P. McDade.......... 29

D. Buckley.......... 34 "   M. Campbell.......... 28

G. Burns.......... 34 "   L. Kindbeiter.......... 27

的條款和客戶談生意，也不能隨意給喜歡的客戶折扣，而必須嚴格按照公司規章辦事。他們接受了最先進的技術培訓，按照標準化的日程安排報告，遵循公司統一的定價政策，他們還在威明頓學會如何做一個旅行推銷員。很多人因此成爲成功的推銷員，也有些人感到厭煩而另謀高就。瓦代爾開始覺得科曼的領導約束太多，他離開公司自立門戶，在伊利諾州成立了自己的火藥廠。他的職位之後由哈斯凱爾接替。

透過大量的收購，杜邦的工人從1902年的八百人激增到1910年 8 月的五千多人。[8] 如此大的規模和全國性的廣泛經營，對布蘭迪河工廠長達一世紀的自我約束機制形成巨大的挑戰。1902 年 7 月，在公司的百年慶典之後，一直從事火藥生產的詹提歐領著杜邦老一輩的經營者弗蘭克、亨利‧阿哲農、查爾斯，和亞歷西斯，對新一代的經營者表示歡迎，但也提出了告誡。「新的公司能達到什麼成就，我們還不知道，」詹提歐說，「但讓我們期望一百年之後，大家對待杜邦的評價，至少能像今天我們對杜邦上個世紀經營者的評價一樣好。」[9]

部分火藥工人不願接受以往慷慨鬆懈的經營管理模式就此告終，於是成立了工會來保障他們未來的福利。杜邦公司裡以前從未有工會組織存在。因爲工會的一般成立宗旨和杜邦傳統的利益共享、公司管理精神相違背，而以往的傳統是杜邦勞資關係的特色，但在1890年卻發生了零星的焚燒倉庫事件。由於杜邦在1902 年後在全美各地兼併了大量的公司，其中也包括一些已成立工會的公司，於是「美國火藥與高能炸藥勞工聯盟」的領導者們很快來到了布蘭迪河。

勞工組織瞄準阿弗雷德‧杜邦的「家庭糾紛」顯

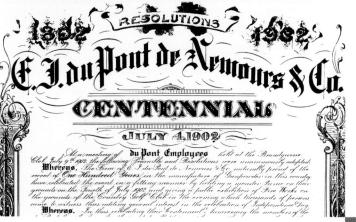

然不合時宜。對工人和他們的家庭而言，阿弗雷德就像父親一樣，耶誕節時他打扮成聖誕老人，夏季裡贊助組織工人們野餐和郊遊。他無法容忍工會動搖他在曾祖父所創建公司裡的權威。1906 年 6 月，一百三十名布蘭迪河工廠的當地員工罷工，阿弗雷德動用了平克頓的偵探，把工廠關閉了兩個月。解雇了十七個罷工工人，把他們和他們的家人趕出了工人宿舍區，且將之列入杜邦永不雇用的黑名單。

在和公會的抗爭中，杜邦不單依靠這些強硬的手段。比方說，阿弗雷德把工會最能幹、最有組織能力的幹部之一木工芬尼（William Feenie）先升爲工廠主管，然後把他調到遙遠的奧克拉荷馬州派特森

(左頁) 1906年科曼擴大了這裡所看到的銷售部，並改變了其運作方式。他要求銷售人員遵守公司定價政策和上交標準的報告。

(上) 1902年，三個堂兄弟擴大支援科學研究。到1911年，實驗站已經聘用了三十六位化學師。圖為實驗室所有成員的團體照。

(左) 在慶祝公司成立一百周年的典禮上，宣讀了代表火藥工廠工人心聲的決議，他們對公司過去善待工人表示感謝。

(上) 1902年 7 月 4 日，杜邦舉行一系列活動，慶祝公司成立一百周年。這次盛大的慶祝活動包括煙火表演、舞蹈和遊戲。

> 杜邦位於威明頓的新辦公處公正信託大廈（Equitable Trust Building）的工程是由芬恩（William Fenn）完成的，他是皮耶在麻省理工學院的室友。芬恩經營一家杜邦的子公司「生產合約公司」，當時東部炸藥公司位於公正信託大廈的第五和第六層，在1902年收購拉福林暨蘭德之後，杜邦擁有了這兩層樓。在科曼的要求下，芬恩又給公正信託大廈加了第七、八層樓。但是這些地方很快就無法容納杜邦急遽膨脹的員工隊伍。1904年，在執行委員會的批准下，又新建了一整幢大樓，以容納下杜邦總部的五百多名員工。一如往常，阿弗雷德、皮耶和科曼又無法就這幢建築的名字達成共識。不過科曼意識到無論他們決定什麼名字，大家都會把它叫做杜邦大廈（DuPont Building），所以在建築物的入口處就刻上這些字。

> 為什麼杜邦要建立兩個不同的研究實驗室呢？這是執行委員會特意作出的決定，為了滿足杜邦兩種不同的研究和發展策略。高能炸藥部的東部實驗室研究人員負責產品的改進，比如研製不會結凍的炸藥。實驗站的研究人員則進行更廣泛、適用於三個部門的研究專案。儘管這樣會造成一定的衝突和爭端，卻也使得杜邦很早就將應用和基礎研究區分開來，往後的歲月中，這個策略被證明是非常成功的。

> 二十世紀早期是一個「專業化」觀念普及的年代，各行各業開始建立各自的職業標準和職業協會。化學師和工程師們設置了更為嚴格的專業門檻，只認同少數美國知名大學的文憑。但是專業化是個不穩定的過程，過去的一些做法沒有完全消失，即使杜邦也不例外。化學家亞瑟‧拉莫特（Arthur La Motte）和芬‧斯巴爾（Fin Sparre）都上過大學，可是都沒有畢業。化學家哈得森‧馬克辛（Hudson Maxim，機槍原型發明者的兄弟）的化學訓練是來自於職業高中。還有像溫吉特（J. N. Wingett）這樣自學成才的發明家，他的外號是巫師，不僅僅是因為他的聰明，還因為他總是在一個全部漆成黑色、只有一個黑桌子和兩把黑椅子的屋子裡思考問題。

新的杜邦公司不僅透過收購競爭對手——光是1902-1907年就收購了一百零八家——來進行擴張，而且還修建了新的工廠，滿足特定的市場需求。1906年，杜邦在丹佛南部修建了盧威爾（Louviers）工廠，以供應科羅拉多州新興的採礦業。之後，杜邦在華盛頓州的普吉灣（Puget Sound）建廠，供應滿足西北部環太平洋地區。1912年，杜邦在維吉尼亞的詹姆士河畔修建了霍普威爾工廠，方便對歐洲的出口。霍普威爾和杜邦華盛頓州工廠在第一次世界大戰期間急遽膨脹，成為新興的工業城。

今天，皮耶·杜邦被公認為天才組織者，可是他是從並不那麼引人注意的地方獲得靈感的。1914年，當他正思考如何重組杜邦的管理時，他看到了紐約飯店複雜的組織結構圖。這家飯店是1910年在科曼的資助下建造的。這個輪軸形的組織結構圖，是以飯店經理為軸心。從經理發散開去，十六個部門的主管分管七十八個職能部門，還有二十個附加的服務部門，如理髮店、花店、手足病醫生、裁縫、以及藥房和書報攤。置身於這個蜂巢般活動繁忙的組織中，顧客當然會非常滿意。

1911年，杜邦出版了《杜邦火藥和樹木種植》，為果園種植者提供了「新穎且有價值的資訊」。在這個小冊子中，杜邦介紹了用炸藥炸一個洞比用鏟子挖洞更多優點。這個小冊子說，炸藥能夠幫助鬆動周圍的土壤，新植的樹將更容易吸收水分。其中一位滿意的顧客——波諾特兄弟公司（A. R. Bornot Bro. Co,.）的總裁說，他只花兩天就準備好一個果園。「即使是三個人花一個星期的時間，也無法挖鬆那麼多土。但現在土壤十分鬆，我開心得不得了，往後若沒有炸藥的話，我一棵樹都不會種了。」

（Patterson）。不過阿弗雷德主要是透過加薪，來贏得那些搖擺不定的工人們的忠誠。在罷工期間，他在給一個經理的信中寫道，沒有什麼比「誘人的加薪更能幫助工人們打消組成工會的念頭。」[10] 雖然科曼對於用加薪手段對付工會的辦法持保留態度，但退出工會的工人們都得到了加薪，杜邦公司隨即於1904年建立了養老金制度，適用於年資超過十五年的員工，及增加人壽保險。

1906年，瓦代爾給杜邦公司帶來了比工會更棘手的問題。他控告前雇主杜邦以不公平的貿易手段惡性競爭，造成了他的鹿眼火藥公司（Buckeye Powder Company）的倒閉，求償三倍賠償金，亦即一百萬美元。更糟糕的是，瓦代爾把他在辛辛那提為杜邦工作時所獲得的內部資料，交給了反托拉斯的法官們。1900年代，杜邦這類大公司的快速擴張，引起了很多美國人的恐慌。不管是在煙草業、石油業、糖業或是鋼鐵業，人們日益擔心「托拉斯」越來越大的影響力。漫畫家們把托拉斯描繪成有著長而可怕觸角的恐怖章魚。1903年塔貝爾（Ida Tarbell）在 *McCLURE* 雜誌上刊登的關於標準石油公司的文章，成為經典的新聞調查報導，激起了讓老羅斯福總統（Theodore Roosevelt）深惡痛絕的反托拉斯大潮。儘管羅斯福試圖讓大眾區分「有利的」托拉斯和「有害的」托拉斯，公眾要求制止托拉斯的呼聲卻不容忽視。[11]

法律上，謝爾曼反托拉斯法（Sherman Antitrust Act）於1890年開始實施，用來處理反托拉斯的案件，但其實前面二十年很少動用。其中最大的案件之一，就是1907年6月31日，美國司法部提出對杜邦的反托拉斯的訴訟。杜邦的律師陶森（James Townsend）早就預料到這一天。他認為火藥貿易協會不僅妨礙合併，也會給杜邦帶來法律上的風險。陶森警告杜邦的高層：火藥貿易協會很可能被視為「妨礙貿易的陰謀」，也因此違反謝爾曼反托拉斯法。1904年，杜邦退出火藥貿易協會，也表示此一協會在一夜之間解散，但是這個行動卻有點嫌太遲了。

皮耶面對險惡的商場，仍一直保持個人的正直。對他而言，收購擴張只不過是一個積極而具前瞻的生意手段，有助於提高效率和生產規模，而非不正當的傷害競爭者的利益。除了阿弗雷德以外，杜邦其他高級管理階層也都無法明白，為什麼司法部認為杜邦違法。更讓科曼感到不可思議的是，他動用了在華府的一切關係，也無法說服檢察官威克山（George W. Wickersham）撤銷起訴。科曼裝病以避免出庭作證，皮耶只有硬著頭皮在法庭上為公司辯護。不幸的是，阿弗雷德的證詞反而有利於政府對杜邦的指控。

或許這是因為阿弗雷德對當時的政治形勢過於敏感；但肯定也是因為他在公司的職位變動。阿弗雷德參加執行委員會會議的次數屈指可數，而且他在公司的影響力與日俱減，以致於在1911年，科曼、皮耶、莫克斯漢，和貝克斯岱重組了公司的管理階層，把所有的生產全權交給貝克斯岱負責，任命他為總經理。阿弗雷德在布蘭迪河工廠的職責被解除，實際上被發配到財政委員會副總裁的位置。這是一個很重要的職位，但是阿弗雷德沒興趣，他為此抗議過幾次，但是毫無作用。他在杜邦的高級管理階層中漸漸被孤立，也和工廠以及那些一直支持他的工人們越走越遠。1911年6月一個感人的歡送會上，布蘭迪河的工人們自己出錢，送給他一個銀盃，而這件事情似乎更強調

了他已經和堂兄弟們以及新杜邦越來越遠。

在這次反托拉斯訴訟案中，阿弗雷德對杜邦管理層制訂的對策和法律論據知之甚少，對新公司的收購也毫無興趣。但作為杜邦高層的一員，他在法庭的證人席上承認他對公司的業務並不了解。他還告訴大家大量關於公司運作的資訊，這些更使科曼和皮耶看起來像兩個陰謀家。1911年 6 月21日，聯邦法院最後做出對杜邦的不利判決，以及之後和司法部就補償措施而進行一年艱難的談判，讓皮耶感到痛苦不堪。

1912年 6 月12日，杜邦同意重新劃分資產，成立兩個新的火藥公司，即赫丘力斯和亞特拉斯（Atlas），並且提供足夠的資源，保證它們能夠生產全國50%的黑火藥和42%的高能炸藥。此外，杜邦同意在未來的五年內，與這兩家公司共享研究和工程設施。[12] 雖然法院的判決看起來更為嚴厲，其實不然。杜邦的軍售部經理巴克納上校（Colonel Edmund G. Buckner）成功的解釋了單一供應商對軍備質量控制的重要性，使杜邦保住了所有的無煙火藥工廠。杜邦還保住了位於愛荷華州穆阿爾的工廠，還有布蘭迪河的工廠，同時把幾家經營不善的企業轉給了赫丘力斯和亞特拉斯兩家公司。諷刺的是，當訴訟各方解決了瓦代爾所引起的法律糾紛之後，唯一明顯的輸家竟然是瓦代爾自己。1914

（左）巴克納上校是一次大戰期間的杜邦軍售部經理。

（下）1911年阿弗雷德被堂兄弟排擠出權力核心後，曾和他並肩合作數十年的工人為他辦了一個歡送會。

WESTERN UNION
WESTERN UNION
TELEGRAM

Form 260

GEORGE W. E. ATKINS, VICE-PRESIDENT   **NEWCOMB CARLTON**, PRESIDENT   **BELVIDERE BROOKS**, VICE-PRESIDENT

RECEIVER'S No.	TIME FILED	CHECK	

SEND the following Telegram, subject to the terms
on back hereof, which are hereby agreed to

Feb. 20, 1915

T. C. duPont,
    Blackstone Hotel,
        Chicago, Illinois.

Have arranged final conference with bankers Tuesday and
Wednesday. Propose purchasing your sixty three thousand
two hundred fourteen common at two hundred and thirteen
thousand nine hundred eighty nlne preferred at eighty,
paying eight million cash and five million seven hundred
sixty two thousand in seven year five percent notes of
company to be formed. Collateral on notes to be thirty six thousand
hundred shares common stock.   We to have prvilege of paying
notes before maturity.   Also prepared to close immediately.
Do you accept this proposition. Has Dunham full authority
and necessary power to act for you. Important this be kept
confidential for present.

                                            Pierre

年他的官司敗訴，陪審團認爲當年他建立鹿眼火藥廠的原因，只不過是想迫使杜邦收購。

這場漫長的反托拉斯戰爭理當提醒杜邦管理者警覺到公共關係的重要性，可是出自本能的憤慨使他們忽視了這寶貴的教訓。直到1916年1月初，一連串致命的爆炸事件才使皮耶意識到和新聞媒體保持有系統、審慎的溝通，才能幫助公司消除而非製造謠言。在幾次爆炸之後，當時任杜邦開發部主任的卡本特（R. R. M. Carpenter）建議成立一個宣傳部。[13] 執行委員會月底通過此提案，杜邦在大眾傳播新紀元的黎明之際，踏出塑造公眾輿論的第一步。這一步的時間點恰到好處，因爲不久後，杜邦公司和杜邦家族開始陷入公共關係的災難之中。阿弗雷德、科曼，和皮耶之間長期的個人恩怨和生意衝突開始浮出水面，佔據美國各大報紙的主要版面達數月之久。舊仇加上新恨，當年沼澤廳孤兒的阿弗雷德成爲爭議的焦點人物。

科曼本質上是個創業者，而不是一個耐心的經營者。到了1913年，他對杜邦公司已經愈來愈不耐煩，開始在曼哈頓尋求更多刺激，就像他之前曾在那裡建造了麥克艾平（McAlpin）飯店，那裡還有他的頂樓套房，每次去紐約他都住在那裡。他想爲公正壽險協會（Equitable Life Assurance Society）在紐約建造一棟三十六層高摩天大樓的心願也在掌握中。可是到1914年底，他已經花掉了所有手上可動用的資本，亟需更多資金。12月，科曼告訴皮耶他想出售手上的杜邦股票，希望皮耶轉告阿弗雷德這件事情。任何人只要得到科曼的大額股份，便可以在杜邦的經營方面擁有很大的發言權，皮耶的第一個直覺，是想保持自己對公司的控制。皮耶必須阻止這種威脅，也想抓住這

個機會，控制他堂兄弟的股份。他並不清楚阿弗雷德會有什麼反應，但是當科曼一月中旬住進馬約診所（Mayo Clinic）進行外科手術時，皮耶從此停止在堂兄弟的拔河賽惡鬥中斡旋，因爲這泥淖不但濺到拔河者雙方，連裁判也不能倖免。

一開始，阿弗雷德反對杜邦買回科曼的股份，卻不具體說明誰將獲得這些股份。同時他提出1914年科曼和皮耶建議每股一百六十美元的價格過高。皮耶和財政委員會其他成員則認爲或許還不夠高。最後，一次大戰盟國的訂單提升了股票價值。到1915年春天，股票價格衝到每股三百元，儘管沒有人知道戰爭將持續多久，也不知道何時一旦停戰，會像當年美西戰爭結束後留給公司大量剩餘的瞬間貶值的火藥。戰爭表現出來的不確定性，爲科曼股票的價值蒙上了陰影。

第一次世界大戰尚未陷入僵局，而科曼和財政委員會的談判已經陷入僵局。阿弗雷德的固執給皮耶創造了機會，皮耶和拉斯克伯避開財政委員會，透過摩根安排了一個複雜的交易，最後在1915年2月，以每股兩百美元的價格買下科曼的股票。大部分股票沒有轉入杜邦公司，而是轉入皮耶剛建立的一個企業合資組織：杜邦證券公司（DuPont Securities），後來更名爲克里絲蒂娜證券公司（Christiana Securities）。這樣做是爲了保持對杜邦的控制權，避免股權過於分散。[14] 這個合資企業的老闆是皮耶和他的兄弟艾倫內（Irénée）、拉蒙特（Lammot）、堂兄弟亞歷西斯·菲利克斯·杜邦（Alexis Felix du Pont）、杜邦現任的財務拉斯克伯，以及開發部的主任卡本特。

皮耶通知家族的股東，可以用手中擁有的杜邦股票換取新的企業聯合組織的股票。那些熟悉公司日常

（左上）位於田納西州的老胡桃樹鎮杜邦火藥廠，是第一次世界大戰期間全美最大的戰時工廠之一。杜邦為工廠修建了一千一百一十二座建築物，為鄰近的職工社區修建了三千八百六十七棟建築。

（右上）老胡桃樹鎮工廠在破土動工之後的一百一十六天，就生產出第一批火藥，比合約規定的日期提前了一百二十一天。

（左下）1918年11月，隨著第一次世界大戰告終，老胡桃樹鎮的一萬兩千五百個工人穿過付費亭，領取解雇通知和最後一次薪水，整個過程進行了五個小時。

（右下）1906年，杜邦在科羅拉多州的丹佛南部修建了盧維爾炸藥廠，供應當地採礦業。

（中）科曼和阿弗雷德離開杜邦之後，皮耶成為公司新主席。1919年4月21日，科曼寫信給皮耶，祝賀他當選為主席。

業務的股東大致都接受了，可是那些對公司運作一無所知的股東們則對阿弗雷德十分同情，因而拒絕了皮耶的提議。在阿弗雷德看來，最能代表家族眞正利益的是杜邦公司，而非新的企業合資組織。但是幾天後，皮耶成爲杜邦的總裁，半年後，也就是1915年9月，新澤西州的杜邦火藥公司（DuPont Powder Company）重新併入威明頓的工廠，回到原來的E. I. du Pont de Nemours and Company之下。

阿弗雷德再度大吃一驚，而且很氣皮耶和科曼再一次沒知會他就作出決定。他在杜邦公司的一些盟友仍然有一定的勢力。1915年9月，他的堂兄弟菲利普（Philip）向聯邦法院提出控訴，要求阻止科曼把股票出售給杜邦證券公司。

1917年4月，也就是美國加入第一次世界大戰後沒幾天，聯邦法官湯普遜（J. Whitaker Thompson）作出了有利阿弗雷德的判決。法官說皮耶在這個股票交易過程中並未如實說明狀況，他告訴科曼，阿弗雷德堅持以一百二十五美元的價格收購股票。湯普遜法官相信阿弗雷德本意上是想和科曼進一步協商的，可是杜邦證券公司已經對此達成了協定，而這一由皮耶達成的協定並沒有得到財政委員會的批准，儘管他是其中的一員。但湯普遜法官決定讓股東們投票來決定這個問題。1917年10月，公司四年來因戰爭而獲得的巨大收益顯然讓股東們很滿意，他們壓倒性的支持皮耶和杜邦證券公司，願意維持現狀。

對於阿弗雷德而言，這場官司似乎讓他取得了道德上的勝利，但事實上卻鞏固了皮耶的地位。更甚者，阿弗雷德因此失去了副總裁的職位和杜邦董事會的席位。科曼試圖在曼哈頓實現美夢，也付出了代

價。如果科曼多等半年再售出股票，那麼他所獲得將不僅僅是一千四百萬美元，而是五千八百萬美元。1915年10月，杜邦的股票飆升到每股九百美元，是杜邦支付給科曼的四點五倍。1913年，杜邦的淨利是五百五十萬美元，而1915年淨利增長了九倍多，達到五千七百五十萬美元。1916年的淨利繼續增長達到八千二百萬美元，超過了從1902年（即科曼、皮耶和阿弗雷德共同購買公司的那一年）至今歷年的總和。[15]

這些利潤不僅是漫長而激烈的戰爭帶來的，更是得利於富有遠見的運作。在美國加入第一次世界大戰之前，杜邦和歐洲盟國簽下的訂單，已足以支付公司所有建廠和擴張的成本，這個做法原本是爲了避免戰爭突然結束、或歐洲盟國臨時取消訂單，而遭致股東損失，結果十分成功，於是在1916年降低售價。1914年，杜邦的年產能達到八百五十萬磅火藥。四年後戰爭結束時，杜邦的年產能增長了十倍多，達到五億磅。大部分都是在維吉尼亞州的霍普威爾（Hopewell）和田納西州的老胡桃樹鎮（Old Hickory，靠近納許維爾）所新建的大型工廠生產的。倫敦軍火局說，正是杜邦提供的十五億磅火藥（也就是盟軍使用火藥總量的40%）拯救了英國軍隊。[16]

儘管杜邦公司的業務蒸蒸日上，可是公眾形象卻不是很好。在美國1917年加入盟軍之前，美國人在戰爭問題上有很大的意見分歧。有的人熱烈支持美國參戰，但其他人則希望不要捲入歐洲那些腐敗舊政權的血腥內鬥。儘管皮耶一直試圖使杜邦遠離政治，可是仍無可避免的捲入其中，主張和平以及同情德國的人民指責杜邦，以支援一場「準備已久」的戰爭，掩蓋其對利潤的貪婪。即使是在美國參戰之後，愛國主義

April 21, 1919.

COLEMAN du PONT
120 BROADWAY
New York

April 21, 1919.

Mr. Pierre S. du Pont,
Wilmington, Del.

Dear Pierre:

I want to congratulate you upon your election to Chairman of the Board of the Du Pont Powder Company, but not so much as I want to congratulate you for turning over the Presidency to a younger man.

Twice in my lifetime has the Powder Company been in dire distress by reason of the man at the head being so old that his death upset very very materially the even keel upon which any corporation should run; and I think it would be a broad-guaged and wise policy for each successive president (who, I hope, will always be a du Pont) to get out at fifty or fifty-five (preferably fifty) and put a younger man and younger blood in the saddle.

I am sincerely glad to congratulate you again for the great unselfishness you have shown and the real loyalty displayed by giving a younger man the chance. You know we all grow old sometime, and to keep the concern agressive and up-to-date, the personel should be young, agressive, and ambitious men.

Your affectionate cousin,

Coleman du Pont

E.

THE WILMINGTON
BARBER SHOP.

HOPEWELL ST.
AUG 8th 1915
HOPEWELL VA.

無煙火藥的關鍵原料就是硝化棉。1914年第一次世界大戰爆發之後，杜邦的產能是每月一百萬噸。在戰爭結束之後，杜邦每日的生產量是一百五十萬噸。大部分是有維吉尼亞州新建的霍普威爾大型工廠生產的。修建的設備可以生產硫酸和硝酸，可以軋棉清除棉花籽，還能夠把這些原料加工成硝化棉。霍普威爾鎮可以容納兩萬八千名工廠員工，因為很多人來自美國其他地方，他們需要住所。公司為一千八百五十個家庭蓋了住宅，為單身員工蓋了宿舍，還修建了教堂、馬路和商店。

的浪潮和反對德國的宣傳，還是沒有消除人們對火藥托拉斯之權勢、以及對老羅斯福總統曾稱作「財富掠奪者」的懷疑。國會為了從財政上支援美國的參戰，提高了三年前制定的所得稅，稅負大部分落在高所得的個人和公司身上。眾所皆知，這份「超額利潤」稅，絕大部份都是來自像杜邦這類戰時物資相關的生產者。1918年的聯邦稅收，一半以上來自這些公司。

有關杜邦老胡桃樹鎮龐大工廠的爭議，反映了美國大眾長期以來對大企業愛憎並存的觀感。這個工廠是以安得魯‧傑克遜（Andrew Jackson）命名的，這位好鬥的田納西州佬於1828年利用東部公司給白宮政治獻金事件，挑起大眾反感並加以抨擊，而成為政治上的風雲人物。九十年後，政府官員如作戰部長貝克（Newton Baker）也試圖以類似手法，指責杜邦的權勢和影響力，而獲得自己政治上的利益。在1917年秋季合約談判時期，貝克指控杜邦戰爭期間投機，且聲稱聯邦政府應該建立自己的炸藥廠。他堅持美國人民可以「為自己做點事」。[17] 在幾次嘗試未果之後，貝克開始妥協，和他所謂的「托拉斯」打交道。他和杜邦針對老胡桃樹鎮工廠於1918年1月29日簽約。十天後破土動工，四千七百英畝的農田立刻消失，即將成為世界上最大的無煙火藥廠。

杜邦工程部建構了一個有三萬五千人的工業城，其中包括學校、教堂、商店、銀行、消防隊和警察局、鐵路設施、公路，還有四百呎的高架橋和基督教青年會（YMCA）。老胡桃樹鎮的供水系統完全可以供波士頓或克利夫蘭這樣的城市使用，電力設施超過納許維爾周邊全部所需，而其冷凍廠也是當時世界上最大的。在8月份的巔峰期，老胡桃樹鎮的彌撒大廳

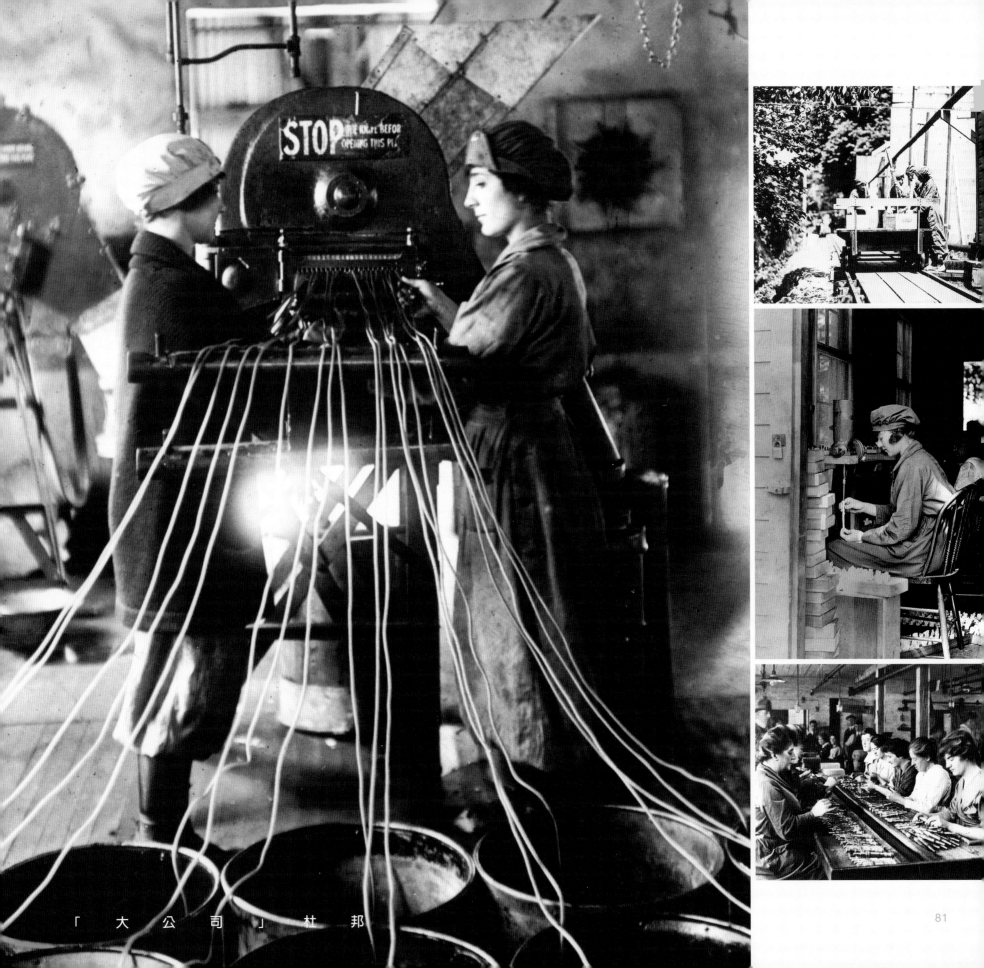

「大公司」杜邦

杜邦於1910年買下紐約州紐柏洛的法布里寇公司，購買這個基礎穩固的公司——工廠與專利完備，訓練有素的工人也齊備——意味著杜邦未來向新領域擴展的路線。法布里寇是一種防水纖維，以處理過的棉布圖上數層柔軟的硝化纖維素天然漆，從1895年就當成一種人工皮革販售。杜邦的化學家將產品加以改進，使之更堅韌、更柔軟，更不受油脂、汗水、霉菌和其他作用侵蝕而腐壞。

纖維塑膠——又稱皮瑞林（Pyralin）——隨著杜邦買下阿靈頓公司，也成為杜邦的產品之一。

可提供1,125,945份食物。

1918年7月2日，老胡桃樹鎮生產了第一批火藥，比合約規定的時間提前了一半。但當軸心國於10月投降時，九個生產廠房中只有六個開始了生產。在1915至1918年停戰協定之間，杜邦的雇用人數從五千五百激增到十八萬五千。停戰之後的數週開始，長達幾個月的遣散過程中，杜邦解聘了全公司90%的職員，老胡桃樹鎮成為鬼鎮。杜邦從這個工廠所獲得的淨利不到五十萬美元，遠遠低於建設成本一億三千萬美元的0.5%。而老胡桃樹鎮是在一百多位政府審計人員的監視下運行的，皮耶決心不給他們指責的機會。[18]

皮耶深諳戰時生產所帶來的風險和機會，也很快吸取這個大公司所教導他的公關經驗。從很多方面看，炸藥業已經變成高風險行業。反托拉斯的訴訟，戰爭投機的指控，都表明多樣化經營對杜邦而言應該是個謹慎的策略。自1903年科曼經營杜邦開始，執行委員會就在研究硝化纖維素產品的其他用途。1904年，杜邦收購了位於新澤西州帕林（Parlin）的國際無煙火藥和化學公司，從而取得了該公司的銅漆和溶劑業務。1910年，杜邦收購了位於紐約州紐柏洛（Newburgh）一家生產人造皮的法布里寇公司（Fabrikoid Company）。1915年到1917年之間，杜邦又迅速收購了生產硝化纖維塑膠的阿靈頓公司（Arlington Company），費爾菲德橡膠公司（Fairfield Rubber Company），以及哈里森（Harrison）油漆公司。這些收購有賴於杜邦豐富的實務經驗，加上一次大戰又給了杜邦將近三億一千萬美元。公司利用這些財富和大批科學專家，投入新的目標——為美國消費者服務。

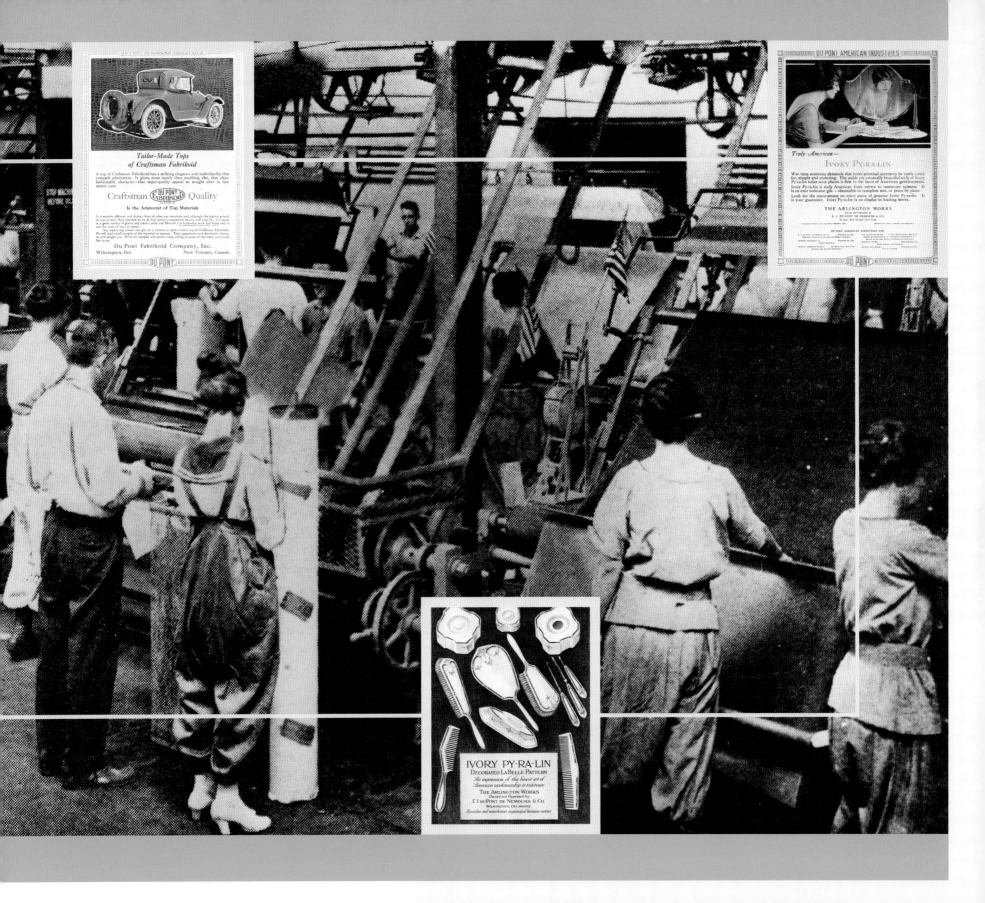

84

4　服務新顧客

(右) 通用汽車公司創辦人威廉·杜朗。

(最右) 杜邦在第一次世界大戰中嶄露頭角時，還僅是一家家族公司。公司接受來自如拉斯科伯等人可資信任的援手，但整個1920年代，領導層中的職位均由杜邦家族成員擔任。圖為1919年的財務委員會。

(信件) 杜邦財務主管拉斯科伯於1917年 9 月19日寫給財務委員會，建議購併雪佛蘭的信。

(下) 二十世紀，杜邦成為一家大公司，並設立各種委員會和副總裁職位，以協助管理日漸擴大的組織，其中執行委員負責一切重大決策。

伊賀內·杜邦　　　　　　拉斯科伯

亨利·杜邦　　　　皮耶·S·杜邦　　　　拉蒙特·杜邦

December 19th, 1917.

TO　FINANCE COMMITTEE
FROM TREASURER

GENERAL MOTORS-CHEVROLET MOTOR STOCK INVESTMENT

I recommend that our Company purchase Chevrolet Motor Company and General Motors Company common stocks in accordance with plan herein outlined and with a view to bringing this formally before our company I have asked for a special meeting of the Finance Committee to be followed as soon as possible by a special meeting of the Board of Directors to consider the following resolution:

RESOLVED that the President and Treasurer of this Company be and they are hereby authorized to purchase up to $25,000,000.00 worth of the common stocks of the Chevrolet and General Motor Companies paying for the Chevrolet Motor Company common stock an average price not to exceed $115.00 per share and for the General Motors Company common stock an average price not to exceed $95.00 per share; and

BE IT FURTHER RESOLVED that they be and are hereby authorized to do all acts and things necessary to finance and carry out this purchase in accordance with plan outlined in Treasurer's report to Finance Committee, dated December 19th, 1917.

「製造戰爭比製造和平更容易。」1919年，第一次世界大戰的轟天槍炮聲平息後，法國總理克里蒙梭（George Clemenceau）這樣說道。凡爾賽合約所造成的頭痛，總比凡爾登戰役造成的心痛要好，但和平就跟戰爭一樣，亦有其自身的種種艱難。雖然戰時生產創造了豐厚的利潤，但比起戰爭所形成的需求，杜邦的領導層更歡迎和平時期的挑戰。但是和平時期的需求並不少，也不容易滿足。

四年的戰爭期間，公司的資產增長了四倍。1912年，就在法庭判決將杜邦的黑色火藥和高能炸藥事業拆開之前，公司的總收益總計達三千五百萬美元，相當於現在的六億美元。這是戰前公司業績最佳的一年。1918年，公司總收益達到三億兩千九百萬美元。1918年股利發放完畢後，杜邦登入總帳的累計收益為六千八百萬美元，為1915年總額的七倍多。

當然，資產並不能僅僅以金錢來衡量。戰爭時期，杜邦所培訓的行政管理人員增加近三倍，從原來的九十四人增加到二百五十九人。工程部人員從八百人擴大到四千五百人。剛剛結束戰時不計其數的建造和擴張專案，這些技藝精良的專家連同他們所構築的設施，意味著杜邦絕不願喪失的龐大投資。杜邦必須為其業已擴大的物質和人力資源尋找和平時期的出路，而大體的答案則再清楚不過了：將市場從爆破性化學產品轉向消費產品市場。但是具體方式則一點也不清楚。應該開發什麼樣的產品？需要怎樣的新專業技能？公司是否必須調整其基礎結構？這一轉變的總成本將有多高？

對於這些問題，杜邦的答覆是採取了一連串精心籌劃的冒險計劃。財務委員會接納了財務主管拉斯科伯的建議，於1918年批准對通用汽車總值為兩千五百萬美元的投資，而當時，通用在其創辦人威廉·杜朗（William C. Durant）反覆無常的管理之下，其成功前景雖大有希望，但也絕非必然。拉斯科伯曾在一個月之前通知財務委員會，對於通用公司的大力投資，「無疑將確保我們整個Fabrikoid、Pyralin，以及油漆和釉漆事業，可以用在那些公司（通用－雪佛蘭）上。」[1] 拉斯科伯和總裁皮耶·杜邦都早在1914年 2 月就已買進通用公司的股票，皮耶還於1915年受邀加入了通用公司的董事會。

對於杜邦的財務委員會來說，以公司總裁和財務主管的利益來決定什麼對公司有利，也並不稀奇。然而1918年 1 月，杜邦正與聯邦政府就田納西州老胡桃樹鎮建造廠房進行頗有爭議的談判。投資在通用公司，則意味著將杜邦可用資本的四分之一投入一個並不熟悉的行業，而該筆資金正需用於履行美國政府空前高額的戰時合約。儘管某些董事表示憂慮，杜邦董事會仍然接受了財務及執行委員會一致通過的建議，於12月21日批准購進通用股票。

除此之外，皮耶和執行委員會還加速將杜邦戰前的努力分散到爆破性產品之外的領域，例如染料、塑

膠和油漆。公司準備好要承受某些短期虧損，以便從開發新產品上獲得長期利潤。然而戰後嚴重的經濟不景氣增加了杜邦的風險。當威爾遜政府削減政府支出，加上聯邦準備理事會緊縮貨幣供給，財政與貨幣政策雙管齊下，以求在1919年的戰後消費潮中減緩通貨膨脹時，經濟陷入了混亂狀態。經濟不景氣迫使杜邦開始削減寶貴的人力資源，延遲了消費者對於公司羽翼未豐的新產品的需求，同時也引發對於杜邦新近研發支出的種種疑慮。就連通用的前景也在不斷累積的債務和內部管理危機下迅速黯淡，杜邦規模可觀的投資也因此受到威脅，而可能化為烏有。1921年上半年度，杜邦爆破性產品部的入帳利潤為二百五十萬美元，但其他多樣化經營的產品則虧損近四百萬美元。

而曾在1917年末為通用投資心生擔憂的杜邦決策階層和顧問們，也無法從染料方面的經營得到任何安慰。開發部從1915年到1930年代中期試探性的探索，最終撤回所有染料業的投資，染料被證明是公司所經歷過最艱難、也最為關鍵的冒險投資。一次大戰期間協約國對德國出口的封鎖，創造了國產染料的巨大需求，同時也給杜邦帶來了涉足新行業的良機。美國是排在中國之後全世界第二大染料消費國，此時迅速成為「全世界最急需染料的國家。」[2] 合成染料的化學與製造中所使用「中間體」，與高能炸藥的化學十分接近。此外，由於這些染料是從煤焦油以及硝酸纖維素中提煉而出，其開發因此也就掌握著整個有機化學領域內有所新發現的誘人可能性。杜邦的科學家沒有錯過先機，致力於這類改善既有產品的研究，並伺機推出新產品。

早在1915年夏天，開發部主管斯帕爾和化學部主管李斯（Charles Reese）就強烈主張進入染料領域。其中風險很大：杜邦缺乏曾為德國公司贏得此領域數十年獨佔地位的專業知識。然而不進入這個市場的風險也一樣高——若杜邦將化學中間體銷售給英國染料生產商，或更糟，賣給那些可能用於戰爭目的的德國公司，那麼一旦被發現，美國消費者必然會發出憤怒的抗議。同時，人們可能會嚴厲指責杜邦將戰爭利潤置於美國消費者需求之前，執行委員會也慎重的考慮到這點。

歷史學家豪舍爾（David Hounshell）與史密斯（John Kenly Smith）對杜邦進入染料市場時的左右為難有恰當的描述：「很像一個無人看管的孩子，在海灘上漸漸越走越遠，直至突然之間就不見人影一樣，杜邦涉足染料行業也越來越深了。」[3] 1916年初，杜邦所擁有的Fabrikoid、Pyralin工廠生產部門報告染料短缺。於是杜邦實驗站和東部實驗室都開始進行染料研究。11月30日，杜邦還與英國生產靛藍染料的萊文斯丁有限公司（Levinstein, Ltd,.）簽約購買配方及製造方法，該公司因徵收德國專利而得到了這項技術。杜邦派出一支由化學家和工程師組成的隊伍，在英國待了兩個月學習萊文斯丁公司的運作，並做了詳盡的紀錄。1917年，由於德國揚言2月3日後要以魚雷攻擊所有在英國水域中發現的船隻，杜邦專家們的工作被迫中斷。2月2日，杜邦小組帶著預先準備的救生衣搭乘蒸汽船返國。

8月，拉蒙特·杜邦主管的雜項製造部向執行委員會報告，指出到當時為止，公司在染料業方面的支出已達近九百萬美元。1917年春，當杜邦的工程師們在新澤西州深水鎮（Deepwater）建立傑克遜實驗室

服 務 新 顧 客

（Jackson Laboratory）時，這項費用又增加了。兩年之內，公司在新實驗室支出逾一百萬美元。儘管擁有新的設施，但值此正需要穩定生產特定色彩的染料，以擴大規模進入量產時，研究人員仍不斷因種種難以預期的問題而喪氣。化學工程師明白，要從小規模的實驗室成功轉為大量生產，不單是要將所有的設備擴大而已。因此他們設計了被稱為「試驗工廠」的中等規模設施，以測試新染料量產的可行性。

　　1918年11月的停戰協定，使德國再次進入美國染料業的可能性增高，也令杜邦的前景更形複雜。在戰前，德國公司就已在美國取得染料專利，大力阻礙了美國的競爭者。但是美國參戰時，國會通過「對敵貿易法案」，允許政府中止德國專利，並交給帕莫（A. Mitchell Palmer）所掌理的「外國財產監管會」管制。而既然戰爭已結束，將專利歸還給德國公司，就可能削弱杜邦以及其他國內染料生產商的經營。1919年 1 月，杜邦法律總顧問拉費（John Laffey）與其他國內染料生產商代表與帕莫監管會會晤，討論有關已中止之德國專利的處置問題。他們決定設立一個非營利性組織「化學基金會」（Chemical Foundation Inc.），以二十七萬一千美元的價格，從外國財產監管會買下五千七百項專利。[4] 這些專利並沒有為掙扎中的美國染料生產者帶來多少助益，對解決大規模生產的問題沒有任何作用，其中還有許多專利資訊錯誤，是多年前德國公司為誤導未來競爭者而特意加入的。

　　幾個月後，即1919年春天，一名在歐洲的杜邦代表報告一家名為巴斯夫（B.A.S.F., 即 Badische Analin & Soda-Fabrik）的德國公司有意與杜邦合作，在美國成立合成氨工廠。杜邦認為一旦合成氨廠正式運行，

（左頁左上）新澤西州深水鎮技術實驗室的分析區，杜邦對染料產品進行了長達幾十年的測試，以提高其色彩品質。

（左頁右上）在深水鎮錢伯斯實驗室檢查染料顏色深淺。

（左頁下）在染料實驗室，貝奈特（Dorothy Bennett）將色錠染料在石版上混合，以確保其一致性。

（左）1944年為紀念亞瑟‧錢伯斯博士而重新命名為錢伯斯染料廠的深水鎮染料廠，是美國染料業的誕生地。新的染料業務標誌著杜邦進入有機化學領域。

> 從爆破性產品到針織品……是一條漫長的道路。雖然這些產品對化學家來說有相似之處，但想讓一般大眾將杜邦這個品牌與消費性產品連起來，卻還需要一次持續的行銷宣傳活動。當意識到家庭主婦將會是杜邦許多產品（如Duco漆、嫘縈纖、Pyralin梳妝用具）的主要購買群時，杜邦開始將目標群直接設定為中產階級女生。1920、30年代間，杜邦開始聘用室內設計師、女性雜誌（如《美好家事》）的作者、家庭經濟學者，和其他一些家庭顧問，作為其產品的代言人。1929年，室內設計師賴特（Agnes Foster Wright）出現在杜邦的一則廣告中，宣稱廚房「為懂得使用Duco漆與一點點心思去創造出迷人空間的女人，提供了更多有趣的可能性」。知名家庭經濟學者弗莉德麗克（Christine Frederick）也建議在浴室內廣泛使用Duco漆——鏡框、藥品櫃、杯架、毛巾架，為什麼不用其他顏色取代白色呢？或用刷子把每一樣東西都刷上了彩色的漆。浴室裡頓時就充滿了貴族、明亮、活潑的感覺。接著我開始處理我的水龍頭，甚至還有肥皂盤和海綿盒，隨你取悅吧。但是以前那個陰沉、甚至有點冰冷的浴室變得歡快明朗起來。想要如此改變，人就需要一品脫的油漆。」1930年代，杜邦繼續在家用產品方面的宣傳，廣柔部聘用《愛蜜莉的固針》的作者，同時也是禮儀專家的波斯特（Emily Post）主持關於薄膜的電臺節目，向一千三百萬聽眾提供室內裝飾建議。

> 杜邦位於錢伯斯廠址的傑克遜實驗室是以化學家奧斯卡·傑克遜（Oscar R. Jackson, 1855-1916）命名的，傑克遜曾於1884年擔任瑞波諾高能炸藥廠的廠長。1890年，傑克遜與他的助手勞倫斯（James Lawrence）改善了硝化甘油的酸回收流程，這是六年前曾引起拉蒙特·杜邦以及另外四人注意的事情。傑克遜在技術上的建議得到了廣泛研究和重視，因為他從未在尚有疑問的情況下，冒險地表示過任何見解。傑克遜的父親查爾斯·傑克遜博士（Dr. Charles T. Jackson）在1840年代發現了乙醚的麻醉作用，是第一位將之用於外科手術的醫生。

> 進入二十世紀後，杜邦的注意力開始轉向南方。1904年，公司為巴拿馬運河的修建提供了爆破性產品。1908年，應巴西政府的請求，杜邦在巴西建立爆破性產品廠。1910年，公司購進智利一家瀕臨破產的硝石礦奧菲西納·卡羅萊納，重新命名為奧菲西納·德拉瓦（Oficina Delaware）。

> 1920年代，美國人找到了享樂的新方式。杜邦立刻抓住這個機會，向人們出售所有參與新興休閒活動所需的用品，無論是用留聲機聽音樂或用收音機聽廣播，打高爾夫球或網球，看電影，去海灘，或是大學的美式足球比賽。為了替旗下兩種主要產品Fabrikoid（合成皮革）和Pyralin（塑膠）尋找市場，杜邦生產了一系列令人目不暇給的各色產品，讓美國人更能享受人生。杜邦為海灘娛樂製造了橡膠處理的沙灘球、沙灘鞋以及橡皮筏。為了激勵大學體育的發展和成功，杜邦為體育館製造了巨大的橡膠頂棚，以保護美式足球場地免遭雨淋，同時還為看臺生產了Fabrikoid座椅。公司開發出了Fabrikoid茶杯墊、留聲機箱、高爾夫球棒、霜淇淋容器、旅行睡袋，以及Pyralin收音機旋鈕和儀器弱音器。而另一種比Fabrikoid還要奇妙的產品，則找到了橋牌記分卡和皮夾的市場。杜邦努力尋找能夠將其發明最物盡其用的市場，但也願意讓每一個潛在的顧客群都能夠使用到其產品。杜邦的行銷人員認為考古學家可以使用杜邦的膠合劑接合古代的骨化石和藝術品，而杜邦的地毯「止滑裝置」則可用於防止家庭事故。杜邦為國際聯盟生產Fabrikoid椅套，也給小雞生產Pyralin腿箍。透過對每一種產品的可能應用方式進行實驗，杜邦最終在消費者革命中，找到了自己的一席之地。

> 化學工程師們把小規模的實驗室流程轉化成了大量製造運作方式。他們的專業技術始終處於杜邦成功的中心地位。1908年，化學工程師們建立了自己的職業社團——美國專業工程師協會，但是協會成員之一李透（Arthur D. Little）花了七年多時間，才正式描繪出這個職業的理論基礎結構。李透的領悟是：所有的化學過程都涉及到同樣的「基礎單位活動」，如加熱、冷卻、蒸餾、結晶和乾燥。1920年代，麻省理工學院的劉易斯（Warren K. Lewis）將精確的數學公式用於李透的單位活動概念，使得研究以及工廠設計和建設中，可以更加精確複雜。1926年，杜邦十名化學工程師中，有六名畢業於麻省理工學院。研究主管斯蒂恩很歡迎他們加入杜邦，參與研究工作。

服　　務　　新　　顧　　客

巴斯夫公司將與之分享某些染料技術資訊。然而當德國方面得知杜邦已參與化學基金會，並在華盛頓遊說政府延長對德國染料的戰時禁運令之時，他們的熱情就消退了。皮耶的弟弟艾倫內（Irénée）於五月成為杜邦總裁，此時杜邦已發現德國公司蓄意編造誤導性染料專利資訊的不誠實行為，因此艾倫內肯定了杜邦在延長禁止進口染料方面所做的努力。1922年，在一名德拉瓦州的新任參議員T・科曼・杜邦（T. Coleman du Pont）的幫助下，這些努力在「福德尼－麥克古伯關稅法案」（Fordney-McCumber Tariff）中取得了成果。禁運和關稅將有助於保護剛起步的國內產業，卻不能發明出任何染料。過去的難題仍然困擾著杜邦的研究人員，而這些問題又隨著1920年的經濟不景氣而惡化。

從全國範圍看，1920到1921年，染料生產下滑了45%。深水鎮染料廠聘用的員工從1920年的三千五百人降至1921年的九百人。僅僅幾個月間，傑克遜實驗室的員工總數從五百六十五人精簡至二百一十七人。所有的實驗室助理都被解雇，沮喪而心不在焉的化學家們只能自己清洗玻璃容器，等候令人氣餒的下一步。經濟的不確定性，也使得從事研究工作的化學家和試圖解決量產問題的化學工程師之間的關係更加緊繃，這一現象刺激化學部的阿勒姆（C. Chester Ahlum，他曾是訪問英國萊文斯丁公司的工作組成員）寫了一個備忘錄，提醒傑克遜實驗室的化學家必須與工程師合作。[5]

對於杜邦和許多其他公司而言，這個後來被稱之為「喧嘩的二〇年代」（the Roaring '20s）的十年，無疑是一個慘澹的開端。紡織業、印刷業、皮革業以

及其他相關產業的上百萬個就業機會，都有賴於成功破解合成染料製造中的諸多秘密，然而眼下，答案卻彷彿空前的遙不可及了。就連並不高度依賴染料的公司，也因嚴重短缺紅墨水，以至於簿記人員不得不改換他們標示經營虧損的顏色。由於未能從德國專利中獲益，也未能與德國化學公司達成有效合作關係，艾倫內與財務執行委員會終於在1920年7月同意一個高風險的賭博：杜邦願意嘗試聘用德國染料專家爲傑克遜實驗室工作。

染料專有技術與爆破性產品緊密相關，更可怕的是，它與曾在一次大戰中造成新恐慌的毒氣也緊密相關，杜邦公司因此說服了美國政府協助其招募計劃。然而此時德國正努力恢復其戰前繁榮的染料業發展，並透過有法律約束力的合約安排，將專家留在德國公司內。最後十名德國專家打破合約，跨過德國邊境來到美國，在杜邦找到了新事業。其中最早的兩名是弗拉許蘭達（Joseph Flachslaender）和倫格（Otto Runge），他們離開拜耳公司，成功地抵達荷蘭。他們的兩名同事恩格曼（Max Engelmann）與喬登（Heinrich Jordan）卻連同滿滿一箱的技術資料，被一紙德國逮捕令扣留在荷蘭。接下來的幾個月，美國駐德國的佔領軍在國務院官員的協助下，成功地讓恩格曼和喬登得到釋放，兩人於7月5日抵達新澤西州。[6]但這些德國專家並沒有爲杜邦錯綜複雜的染料問題帶來魔法；他們在強大的壓力之下離開德國，能帶的只有腦中極其有限的資訊。此外，由於許多美籍研究人員已在經濟不景氣中被解雇，這四名德國專家是在極其艱難的時刻來到，且年薪爲兩萬五千美元，約爲大多數美籍化學家的五倍。然而他們的幫助仍然得到

了傑克遜實驗室化學家們的讚賞，克服了最初的疑慮，接受這些新聘專家成爲同事。

經濟不景氣也促使中階經理人更加抱怨杜邦的高度集權化結構。例如，中央銷售部的銷售人員發現自己推銷的不同標籤的好幾個油漆品牌，全都來自杜邦購併的公司：哈里森兄弟（Harrison Brothers），布里奇堡·伍德（Bridgeport Wood Finishing），以及新英格蘭石油、油漆、釉漆公司（New England Oil, Paint, and Varnish）。銷售人員同時還在重複彼此的工作，造成了零售商的困惑。令人同樣擔憂的是，杜邦監督部門未能作好工廠品管，引起競爭對手的嘲笑，也對公司的名譽構成了威脅。

1919年3月，杜邦執行委員會公佈一份調查報告，其中是關於公司在多種產品領域失望表現的述評，以及一份有關諸如油漆生產等問題的調查研究。然而當時，執行委員會自身也正處於過渡階段。皮耶正預備辭去總裁，並尋找年輕的下一代領導者來執行戰後的擴張計劃。4月，戰時委員會中唯一期滿後繼續任職的拉蒙特·杜邦被任命爲董事長。幾名相當有才華的主管加入了委員會，包括三十一歲的新進經理小卡本特（Walter S. Carpenter Jr.），以及數月前接替拉斯科伯財務主管職位的唐納森·布朗（F. Donaldson Brown），拉斯科伯則轉至通用公司擔任全職的職務。

在接下來的一年中，由開發部麥魁格（Frank S. MacGregor）主持的審查委員會向執行委員會報告，就公司內部結構的重大調整提出建議。之前麥魁格藉協助安排油漆生產，得以獲取公司結構上弱點的第一手資料。他建議將公司經營權力分散，並進行重組。

公司將不再把採購、製造與銷售這類功能統籌在中央，而是以產品為中心，進行重組。例如，過去單一的中央銷售部門，要負責推銷多種產品；新的計劃則把產品分成幾大類，有各自的銷售人力，專門針對目標明確的市場。

總裁艾倫內‧杜邦一開始抗拒審查委員會建議的改變。艾倫內、皮耶以及其他高層主管已經辛苦了十年，吸引到有才能的經理人，並將他們留在杜邦。他們擔心把各個職能的部門人員分散到各生產線、由一個經理掌管，會削弱原來集中在中央各部門的專業技術。儘管執行委員會的布朗、斯普朗斯（William Spruance）和皮卡德（Frederick Pickard）支持委員會的建議，但主席拉蒙特、小卡本特和艾吉（J. B. D. Edge）則和艾倫內同樣持反對意見。1920和1921年的大部分時間裡，權力分散管理的計劃都拖延下來。[7]

同時，杜邦的領導層從通用公司及其新總裁皮耶‧S‧杜邦那裡學習到寶貴的經驗（皮耶於1920年11月接替威廉‧杜朗擔任總裁）。與杜邦過度的中央控制相比，通用的幾個分支部門事實上是以獨立的實體在運作的。由於缺乏協調和指揮，各部門只是各行其是地向前發展。當汽車市場在1920年的經濟不景氣中崩潰時，獨立的各個分支便如同失修的水龍頭，還不斷地吐出新汽車來。到了10月，通用的存貨已超過五個月前為所有聯合分支部門制定的總存貨限量的40%。11月，銷售自夏天以來下降了75%。奧斯摩比爾（Olds）、歐克蘭（Oakland）和雪佛蘭（Chevrolet）等分廠已完全歇業，而較為成功的別克（Buick）和凱迪拉克（Cadillac）分廠也已大幅降低產量。在戰時擴張的興盛期，杜邦的財務委員會曾應拉斯科伯的懇求，對通用增資。到1919年 8 月杜邦最後一次購進將近五百萬美元時，公司持有的股份總計已達五千萬美元，為通用普通股的約30%。11月，杜朗被迫辭職，皮耶放下他長久以來在賓州長木莊園（Longwood estate）開墾花園的願望，接任杜朗的位置，以協助挽救杜邦的鉅額投資。

當時的通用在經濟和體制上都處於混亂狀態。皮耶認真地聽取了當時四十五歲、畢業於麻省理工學院的副總裁小阿弗雷德‧P‧斯隆（Alfred P. Sloan Jr.）所提供的方案，根據市場性質，整合通用各分廠，以進行更大規模的中央規劃和預測，並利用委員會來協調這些中央職能部門及通用的幾個生產分部——幾乎等於麥魁格委員會當初為了協調杜邦總部和其日益多樣化的生產經營部門所提的建議。

1920年12月29日，通用董事會批准了斯隆提出的重組計劃。到了1921年 9 月，通用公司的例子以及經濟不景氣所形成的壓力，使得艾倫內和杜邦執行委員會的一些成員重新考慮自己當初對公司重組的反對意見。在權衡變化所帶來的風險，以及維持現狀所能帶來的利益後，他們決定實行重組計劃。艾倫內等人將杜邦的製造經營部門劃分為五個主要的產品部門：爆破性產品、纖維素產品、Pyralin（塑膠）、塗料和染料，並各設一個總經理，總經理負責日常採購、生產和銷售。而廣告、產品開發、工程及法律服務不再委任給部門管理，而是保留由中央運作管理。研究與開發任務大半繼續由中央化學部的實驗

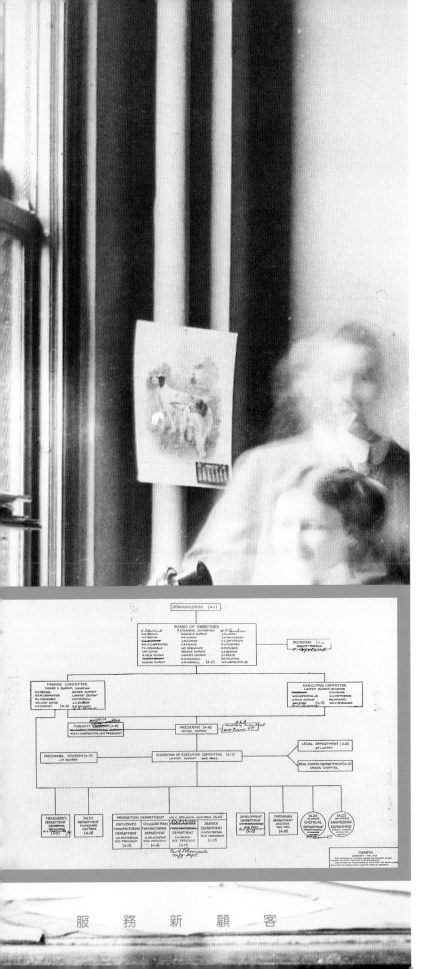

服 務 新 顧 客

站負責，但1921年的重組，也肯定了杜邦各實業部門多年來產品導向的研究價值。由於公司的需要和美國經濟狀況都在隨時變化，如何在中央化和部門研究活動之間找出最佳關係，仍然是杜邦的研究主管所面臨的挑戰。

杜邦與通用的關係，很快成為管理資訊和人才的雙向輸送線。幾位杜邦的行政執行官，如哈斯凱爾、唐納森・布朗，和普瑞特（John Lee Pratt，杜邦開發部中汽車開發部一名年輕的工程師）都在通用公司找到了自己的事業。杜邦工程部為通用完成了許多建造和設計案，包括底特律的一家大型凱迪拉克分廠，以及在密西根州佛林特與龐蒂亞克鎮為一千五百名工人所建造的住宅區。然而1921年底，雙方關係是否仍繼續互惠互利並不明確。當兩家公司都在進行勢如破竹的重組計劃時，杜邦同時也在努力為市場帶來新產品，並焦急等待美國蟄伏中的消費者市場甦醒過來。

1922年，美國經濟出現復甦的跡象。1922年，杜邦的收益近乎1921年不景氣低谷中七百五十萬美元的兩倍，1923年跳升至二千一百萬美元，1926年達到四千三百萬美元。其中逾半為杜邦在通用投資的紅利，直至1929年，這一來源繼續占杜邦全部收益的一半之多。該年度杜邦的入帳收益達到八千兩百萬美元。

到1929年，美國製造商平均每年生產近五百萬輛汽車。美國人擁有了世界上80%的汽車，以平均每五人擁有一輛汽車的水準，遙遙領先其後的第二大汽車消費國英國。到1920年代末，英國平均每四十三人、擁有一輛汽車。眾多相關產業從公路建設到橡膠、石油和旅遊業，都必須利用汽車。由於借錢依然令人感到尷尬，於是美國人開始求助於「分期付款」這一合

> 第一次大戰剛開始時，杜邦走訪了擁有專利的德國工廠，試圖學習其合成染料的奧秘。化學家錢伯斯（Arthur Douglas Chambers）即為1916年4月赴萊文斯丁公司（英國曼徹斯特近郊）工作組的成員之一。1916年11月他和艾默里‧哈斯凱爾（J. Amory Haskell）帶著購買合成染料化學原理與生產相關資訊的協定返回美國。第二個杜邦工作組在萊文斯丁度過了1916年的12月和1917年的1月，由於德國U型潛艇的新威脅，成員們必須迅速回國，在此之前，他們忙碌地進行有關的記錄。但錢伯斯在杜邦的工作並非一向如此嚴肅。1909年10月9日，他參加了由杜邦爆破性產品部在新澤西州大西洋城為員工舉辦的一場歌舞表演，為期一天。錢伯斯與穩定五重唱一同演唱，並與哈斯凱爾的弟弟亨利共同朗誦了他原創的作品〈所有單身漢都得過且過〉，伴奏則是汽車的「轟，轟」喇叭聲。1944年，深水鎮染料廠為紀念錢伯斯，而將廠名命名為錢伯斯廠。

> 戰後，杜邦為傑克遜實驗室的研究和開發工作招募了幾位德國染料專家。1921年2月，杜邦安全部的斯爾維斯特（Richard Sylvester）和化學部有機組友善親切的紅髮主管伯爾登（Elmer K. Bolton）特意前往停靠在新澤西州霍波肯的荷蘭客船林丹號，迎接弗拉許蘭達和倫格的到來。「伯爾登，」斯爾維斯特信心十足地說，「我們去那裡接這些德國人。」然而，當所有的乘客都已經上岸，他們仍沒有看到弗拉許蘭達和倫格。由於德國方面發出了通緝令，因此林丹號的船長不能釋放他們。斯爾維斯特大步走上甲板，向船長出示了一整套名目嚇人的證件：理查德‧斯爾維斯特少校，國際警官協會名譽主席。但是船長並未因此改變心意。於是斯特維斯特和伯爾登衝向最近的電話，向威明頓方面求助。在威明頓、華府和艾利斯島移民當局之間的幾次電話往返後，弗拉許蘭達和倫格終於獲准，可以開始他們在杜邦的新生活。最後，又有八名德國染料專家加入了杜邦的研究隊伍。

> 1919年，杜邦採用創新的團體壽險計劃，為幾乎每位服務六個月及以上的員工，投保金額一千至一千五百美元的免費保險。

> 阿弗雷德‧斯隆和皮耶‧杜邦引入通用公司、後又由皮耶和艾倫內‧杜邦帶進杜邦的「以產品種類為依據的職員組織結構」，成為二十世紀後半葉美國各產業的典範。這種模式源自軍事管理，要求對全體職員進行集中化管理，而行政執行人員則從日常的管理職責中解脫出來，得以全力關注公司更長遠目標的制定。同時，公司眾多部門和小組裡半自治性質的產品主管，則對日常的生產負責。產品線和各部門經理之間的例行會議，則有助於維持中央控制和部門自治之間的平衡。

> 1926年，諾貝爾集團（Nobel Group）與三家英國化學公司合作組成了帝國化學（ICI），以求更能與I. G. 法爾本（I. G. Farben）這類大型化學財團抗衡。杜邦立即與這家新公司達成專利協定，並於1929年簽署了範圍更廣的專利與製程共用協定。

> 氮氣是我們呼吸的空氣和腳下土壤中的一個組成部分。它既是生命物質的重要組成元素，同時也是爆破性產品、特定的塑膠和其他有機材料中的關鍵成分。但是在被作為天然有機體使用前，必須先透過固化或與氫或氧結合的方式，把氮從空氣中提取出來。土壤中的一些細菌能夠對氮進行固化，從而使植物吸收，並透過食物鏈進行傳遞。接著，大量的氮又在動物糞便中由細菌轉化為植物可加利用的氮，以氨（氮與氫的化合物）的形式出現在土壤中。印度和智利大量含有硝化鉀和硝化鈉的田地，大多因鳥類的糞便而形成，十九世紀，這些田地為爆破性產品和肥料的生產提供了固氮來源。但是這些天然來源畢竟有限且難於獲取。1900年之後，杜邦開發部密切關注歐洲學者在氮的一種珍貴來源——合成氨——研究上的每一步進展。1910年，哈伯（Fritz Haber）和波許（Carl Bosche）在高壓合成氨方法上取得成功，接著1917年，克勞德（George Claude）在法國研製出了另一種合成方法。1924年，杜邦採用克勞德的合成方法，與一家名為L'air Liquide的法國公司在美國開設合成氨廠，並於1925年5月開始，在西維吉尼亞的貝勒建造工廠。杜邦在貝勒所獲得的工程和專門技術，對日後種類紛繁的產品都顯得彌足珍貴，這些產品包括甲醇防凍劑、尿素肥料和尼龍。

服　務　新　顧　客

法的貸款方式來購買汽車、冰箱和其他一些高價位的商品。1919年，皮耶‧杜邦的密友和合作者拉斯科伯成為汽車貸款的先驅，創立了通用汽車承兌公司。到1925年，約65%的新汽車是以分期付款方式購買，而到了1920年代末，消費貸款已成為美國第十大行業。每年廣告商花費二十五億美元，吸引消費者走進琳琅滿目的市場，購買電器、電話、收音機、香煙、肥皂和漱口水。

1920年代早期，杜邦的化學家協助解決了汽車業最令人困擾的問題之一：當時所使用的油性（且不耐久的）外漆晾乾所耗費的時間長度。汽車裝配線可加速汽車的生產，但沒有人能夠找到使油漆更快乾的答案。這一問題成為汽車業的瓶頸，一度使用過的方法是將多達一萬五千輛汽車在製造商的停車場停放數週，等候那些油性漆晾乾。杜邦與其他公司生產出了耐久快乾、以硝化纖維素為主要成份的油漆和塗料，但是卻過於黏稠，難於噴塗。因此，這些產品的用途被限制在浸刷柄和玩具等範圍。大規模的工業運用則還有待於開發新的硝化纖維素油漆，這種油漆必須有足夠的厚度以耐久，同時還必須保持一定的稀薄度，以便快速噴在大面積的汽車表面上。結果，杜邦新澤西州帕林分廠的研究者在一次做壞的試驗中，沒有視之為失敗，反而看到了可能性，汽車漆的問題因此找到了解決方法。

正如傑克遜實驗室的化學家正逐步將煤焦油化學製劑轉化為各種新染料所形成的彩虹一樣，纖維素也被證明是一種奇妙的豐富來源，可用於製造有用的材料。若加入特定的酸，並以恰當的方式處理，這種植物生命的基本建構材料便可以轉變為爆炸物、塑膠、

人造皮革與人造絲，或者釉漆和油漆。若是將之鋪展成薄片，並覆之以低敏感度的感光乳劑，它甚至就成為電影軟片。早在1912年，杜邦就曾考慮進入軟片製造業，但直到一次大戰結束後，其纖維素產品部才開始大規模生產。1920年冬，因捲片時所產生的靜電出現火花，大量杜邦軟片毀於一旦。杜邦紅路軟片實驗室的化學家很快發現，在硝化纖維素中加入少量的醋酸鈉，有助於在出現火星前導出靜電，7月，他們為大規模試行運轉準備了一大桶黏稠的混合物。

關鍵的時刻，帕林出現電力故障，花了好幾天才修復。工廠停工期間，大家都沒注意到有蓋圓桶內的膠片溶液在夏日陽光的緩慢光線照射下，竟然沸騰了。在桶內，醋酸鈉悄悄地以熱學與化學定律的過程，靜靜翻騰。等到工廠電力終於恢復時，工人們將圓桶搬到軟片廠，打算傾倒成形。結果一打開桶蓋，發現幾天前混合的稠厚膠狀物已經變得出奇稀薄，且像油漆一般呈糖漿狀。化學家希爾斯（J. D. Shiels）與廠長弗拉第（Edmund Flaherty）進一步研究這個神秘的化學反應。他們很快確認一件可以獲取專利的妙事發生了。纖維素產品部的紅路膠片實驗室在不經意間發現了製造低黏度、高硝化纖維油漆的方法。

經過歷時三年的廣泛測試，包括延長在陽光下的暴露時間，與泥土、機油和公路柏油混磨，一種淡藍色的Duco漆在通用公司奧克蘭分廠的汽車裝配線上首次使用。接下來的一年，即1924年，通用將Duco漆引入所有的分廠中。Duco漆和相關的木面釉漆也對家具經銷商貢獻很大，他們可以藉此宣傳防汙防水的家具表面。現在消費者可以不再擔心濺在家具上的水，以及磕磕碰碰之類的煩惱了。

（左上）杜邦的化學家們偶然間發現製造Duco漆的方法。圖中的這組攪拌器製造出了最後的產品。

（下）Duco漆改變了汽車業。和過去曾使用的易裂、易鏽、易擦損，且需幾周才能晾乾的油漆不同，Duco漆乾燥速度快，且較不易損壞。

（右上）1920年代，杜邦開始向好萊塢電影供應纖維素軟片。

然而要打開市場，使Duco漆成爲家用商品，卻遠比杜邦的銷售人員所想像的艱難。這種漆乾得太快，家庭使用者（內行人士稱爲家用罐裝銷售）發現他們無法像以前使用油性漆那樣來使用。他們還沒有刷完之前，漆就已經乾了，造成了表面的不均勻。儘管銷售人員考慮過發起一次活動，教導消費者如何在木製品和其他表面上塗刷Duco漆，但實驗站的化學家們則已開始著手設法在Duco漆中添加一種油狀樹脂，在不降低油漆耐久性的前提下，提高其可塗性。他們的努力，引導杜邦開始生產Dulux純酸樹脂漆，Dulux於1929年同時進入家用罐裝市場和工業市場。1930年代初期，Dulux超白漆成爲冰箱的首選外漆，還有個愉快的巧合，這種漆還在通用的弗里齊代爾（Frigidaire）分公司找到了市場。

杜邦最早關注人造皮革是在1909年，當時聯邦反托拉斯訴訟案威脅到杜邦的無煙火藥製造，也刺激杜邦加快多角化的腳步。人造皮革基本上是由硝化纖維素與蓖麻油混合，形成一種網狀織物，以增強力度。染色和壓花則使其呈現出皮革的外觀。當時任開發部主管的艾倫內·杜邦相信，杜邦在該領域的研發比不上紐約州紐伯格的Fabrikoid公司，於是在1910年說服執行委員會買下Fabrikoid。但實驗站的首席化學家斯帕爾前往視察紐伯格的工廠時，卻覺得沒什麼。無論如何，憑著非凡的預知能力，皮耶認爲這種產品或許將會對汽車製造商有一定用途。杜邦兼併了Fabrikoid，將紐伯格的設施升級，在產品方面做了一些改善，並在書籍封面、家庭裝修、雨衣，以及汽車行業找到了適當的市場。Fabrikoid合成皮的汽車頂篷比真皮頂篷要便宜得多，但在戶外環境中使用壽命卻

不夠長久。作為座椅靠墊的外層，Fabrikoid的產品在經常拉扯後就會產生裂縫。儘管如此，1923年，與汽車有關的銷售仍使Fabrikoid的業績增長66%，在1920年代接下來的幾年中，其多樣化的產品也贏得適當的利潤。

繼1904年的塗料和1910年人造皮革兩次購併後，杜邦又購進了另一家硝化纖維素生產公司，並在1920年代的汽車業創造了豐厚的利潤。1913年一場歷時長久的罷工，激起了美國最大的塑膠生產商新澤西州阿靈頓公司內部的管理問題，也嚴重影響了員工對公司的信心。兩年後，已失去信心的業主將創立三十年的公司以六百七十萬美元現金支付的方式，出售給杜邦，也將美國40%的塑膠市場轉讓過去。[8] 多年來，阿靈頓所生產的白色Pyralin襯衫硬領、袖口，及大批的梳子、刷子、假髮以及眼鏡框等產品，已為公司贏得了穩固的利潤。除此，這家公司還生產硝化纖維漆，為早期的敞篷汽車供應簡潔的塑膠邊窗簾。1909到1920年間，隨著封閉式汽車越來越受歡迎，Pyralin車窗的銷售量也隨之下降，但1929年杜邦又開始以這種簡潔的塑膠產品為公司賺得利潤，新產品形式是用作安全窗雙層玻璃之間的防碎層。1925年，杜邦將位於麻州里奧敏斯特（Leominster）的維斯科勞德公司（Viscoloid Company）加入杜邦的塑膠生產行列，並將所有的牙刷和盥洗用品的生產轉移至該處。

杜邦在1920年代的茁壯成長，並不完全是因為汽車業的大幅增長。1924年，杜邦與一家名為L'Air Liquide的法國公司合作，開設一個合成氨工廠，生產價格昂貴的氮類化學品，以用於肥料、爆破性產品和冷媒中。次年，杜邦的工程師開始在西維吉尼亞的貝

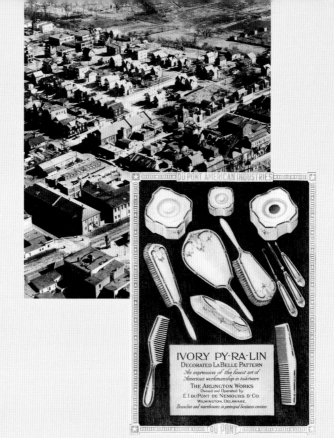

（左頁）Duco漆的製造從簡單的手工充填，擴大到在密西根州弗林特的工廠內全面生產。杜邦開始為其家庭用途如廚房和家用器具，進行廣告宣傳。杜邦為汽車內部和外部都開發了輔助產品，包括為雪佛蘭生產的Fabrikoid合成皮汽車靠墊。

（上二張）1915年，杜邦購進新澤西州的阿靈頓公司，進入正在崛起的塑膠業。整個1920年代，工廠生產Pyralin襯衫領口和袖口，同時還穩定生產鏡子、梳子和牙刷等塑膠梳洗用具。

（下二張）Fabrikoid人造皮汽車頂篷，在實驗站經歷了氣候測試。1923年，一篇關於Fabrikoid人造皮汽車頂篷的雜誌文章這樣說道：「即使翻覆也不會損壞頂篷。」

爾鎮（Belle）建設合成氨廠。1928年，杜邦的資產又
因購進歷史悠久的克利夫蘭Grasselli化學公司，而加
入了二十三個重化學品、塗料和爆破性產品廠。與此
同時，Duco漆、Fabrikoid和Pyralin等品牌，在汽車業
之內和之外尋找到了雙重的利潤空間，而如嫘縈
（rayon®）和薄膜（cellophane®）等，也在無需汽車業
協助或極小協助的情況下，獲得了成功。嫘縈和薄膜
基本上是同樣化學物質的不同形式，其中一種是把處
理過的纖維素通過酸性電解槽的小孔，即成為合成的
絲線；另一種則是在其中加入丙三醇以防止纖維脆
裂，然後將其拉長乾燥，成為狹細的透明薄片。1920
年，這些材料並不屬於新事物，但也尚未普遍使用。
要有能力從國外實驗室成果看到商機，加上開創性的
研究、生產創新以及堅定的市場宣傳，才能使嫘縈和
薄膜成為家喻戶曉的名詞。

　　正如1903年科曼成立杜邦開發部時所希望的，該
部門始終密切注意著公司的長期發展機會。七年後，
杜邦初次涉足纖維領域。1909年，在艾倫內・杜邦的
領導下，開發部派化學家斯帕爾赴歐洲，考察人造絲
之類的奇特新產品。法國化學家巴斯德（Louis
Pasteur）的門生伯尼高（Louis Bernigaut）1880年代
在法國南部進行有關蠶的研究。有「夏多內伯爵」
（Comte de Chardonnet）頭銜的伯尼高發現蠶從桑葉
中食取纖維素，再以絲的形式吐出。1891年，夏多內
在實驗室內成功地複製了這一過程；次年兩名英國人
克勞斯（Charles Cross）和伯梵（Edward Bevan）發
現了一種方法，可以製造出更粗更牢固的線，稱為黏
膠纖維（Viscose）。[9] 十五年後，一名在法國工作的瑞
典化學家布蘭登伯格（Jacques Edwin Brandenberger）

試圖為自己發明的纖維膠片找到更實用的用途，向康普塔人造纖維公司（Comptoir des Textiles Artificiels）尋求幫助，但最終只能將他的「薄膜」當作昂貴的禮物包裝紙出售。

1910年，英國的一家紡織品公司寇陶德有限公司（Courtaulds Ltd.）在美國成立黏膠纖維廠，兩年內，全部投資就回本近80%。1916年，杜邦試圖買下該廠，作為其戰後多元生產計劃的一部分，但是寇陶德公司不願放手，因為美國黏膠纖維公司獲利太高。無論如何，1919年末，杜邦實驗站開發出了自己的人造絲生產方法，而康普塔人造纖維公司也提議與杜邦合資成立新公司。於是杜邦公司派開發部的化學工程師及助理主任耶克斯（Leonard A. Yerkes）前往法國考察，在考察報告中，耶克斯贊成成立合資企業，1920年 4月，耶克斯成為杜邦人造絲公司的首任總裁。1921年 5 月，該公司在紐約州水牛城（Buffalo）工廠內生產出第一批人造絲，這個工廠是杜邦之前從費城橡膠製品公司（Philadelphia Rubber Works Company）買來的。三年後，紡織業決定推廣這種新的合成產品，並命名為「嫘縈」（rayon），其中ray（光線）是喻其光澤，on則取自「棉花」的英文cotton。因此，人造絲在文字上取消了與蠶的淵源，成為一種獨立產品。與此相應，杜邦人造絲公司也在1925年 3 月改名為杜邦嫘縈公司。

水牛城工廠開業後幾個月，來自康普塔公司的人員提到他們有另一種產品，或許杜邦會感興趣。1923年初，杜邦執行委員會的新成員斯普朗斯赴

The high luster and delicate softness of luxurious garments made of rayon appeal strongly to women

查奇博士嘗試了二千五百種配方，進行了數百次試驗，開發出使薄膜具有防潮功能的塗漆層，使該產品在消費者中產生了爆炸性的衝擊力。

（右頁上）隨著杜邦在1920年代的發展，公司開始聘用越來越多的辦公室職員。

（右頁左下）1925年，班傑擔任杜邦嫘縈廠化學主管，聘用查奇進行防潮薄膜的開發研究。

（右頁下中、下右）在維吉尼亞州溫斯波羅廠的薄膜檢查。

法購買樣品回到威明頓。這種法國人稱為賽璐仿（cellophane，法文意為透明的纖維素）的細薄半透明物質，在遠洋航行後不能直立，時任杜邦開發部主管的斯帕爾反覆檢查後仍然不能恢復，他誇張地把這些黃色的薄片捏成一團堆在桌上。儘管斯帕爾持保留意見，1923年 6 月，杜邦還是與法國公司簽署了合作協定。1924年，正當杜邦的研究人員仍在努力，想將布蘭登伯格的發明物熨平之時，杜邦薄膜公司（DuPont Cellophane）已在水牛城的工廠開始生產。

新型連鎖雜貨店的數量在1920年代成長了三倍，這種店由顧客自助式從架上取貨，而非由店員服務，因此也為包裝吸引人的商品創造了一個龐大的市場。到1920年代末，A & P每年十億美元的業務，就占全美零售食品銷售額的10%。但到了1924年，薄膜還僅用於包裝餅乾和巧克力。由於薄膜不能防潮，杜邦的銷售人員無法把產品打進高利潤的自助雜貨店。事實上，普通的蠟紙更便宜，且防潮能力比薄膜高98%。用薄膜製成的紙袋可以防止裡面的水滲漏，但是水蒸汽卻可以從其表面的微小孔洞中蒸發出來。杜邦在行銷上宣稱該產品防水，技術上沒錯，但也有點誤導，因為薄膜的確防水，卻並不防潮。在這個問題解決之前，杜邦在薄膜產品上的技術並未勝過布蘭登伯格。

1925年的一天，杜邦嫘縈公司的化學主管班傑（Ernest Benger）正神情嚴肅地翻閱查奇（William Hale Charch）的簡歷。查奇年僅二十七歲，剛剛被通用裁員，在通用，他曾經與工程師米吉雷（Thomas Midgley）共同工作了兩年，研究汽油添加劑。除了從俄亥俄州立大學獲得的博士學位和個人魅力的評語外，查奇沒什麼其他任何資歷。班傑對這份簡歷沒有

太大的興趣，但是他答應了秘書的懇求，給這位年輕科學家一次機會。

查奇仿效米吉雷在通用所使用的實驗技術，嘗試了任何一種可能增加薄膜防潮功能的添加物，包括乳化橡膠、蠟以及各種硝化物質。在助手普林道（Karl Prindle）的協助下，查奇很快專注於硝化纖維素與蠟的結合。他所面對的挑戰是將超稀、混入蠟的硝基漆塗在薄膜上，待溶劑蒸發後，蠟膜就會附在薄膜上，卻不會改變其透明度或強度，而且不會產生黏稠感。查奇與普林道在一年之內，找到了蠟膜與溶劑的適當搭配方案，其厚度僅為十萬分之五吋，附於薄膜的兩面。十八個月後，杜邦的工程師們設計並建造了必需的製造儀器。

1927年 1 月獲得這項防潮薄膜的新專利後，杜邦在《週六晚郵報》（Saturday Evening Post）上展開了一次歷時三年的昂貴廣告宣傳活動。現在杜邦的銷售人員可以誇耀一個防潮能力為蠟紙兩倍的產品了。長期的投資、創造性的革新，以及高技術的產品開發，帶來了可觀的報酬，公司與查奇分享了這些報酬。1929年，這位數年前才剛勉強進入公司的年輕化學家，收到了公司有史以來數額最高的個人紅利。除了他所開發出的有用產品外，查奇本人也證明他本身就是另一個杜邦所進行的物有所值的冒險。

1920年代，杜邦愈來愈願意冒這類風險，正是因為大膽冒險都得到了回報。就連令人喪氣的染料業，也推動杜邦進入了開發的新時期。在傑克遜實驗室，恩格曼的才能被用於開發消毒劑和木材防腐劑，而弗拉許蘭達則協助杜邦建立起製造四乙基鉛汽油添加劑的程序。戰後，深水鎮分廠生產出了合成樟腦，是用

於硝化纖維素醋酸塑膠生產準備過程中的關鍵成分，同時還有各種「橡膠催化劑」使得橡膠加速硬化。甚至染料開發過程中所付出的努力也得到了回報。到1923年，杜邦的染料部門至少已經不再虧損，而1928年，染料部門已獲得些許利潤。然而杜邦從染料開發上所獲得的利潤，遠遠不止是單純的資金數額增長，在漫長的染料投資過程中所需的經驗和專門知識，都造福了許多其他的專案和生產線，所增加的價值也絕非會計數字可以表達。杜邦的成功不單是因為產品多元化，根本的原因，是由於這些產品所運用的化學原理都十分相似。

對於這一核心事實，沒有人比化學家斯蒂恩（Charles M. A. Stine）更能夠、也更頻繁的表達。斯蒂恩曾監督化學部有機組的染料研究，並於1924年 5 月接任李斯的主任職務。斯蒂恩堅持，杜邦的各種產品之間，是「化學上的親屬」，這個說法激起研究人員對自己的工作有了新的觀點和欣賞。1925年冬天，在威靈頓舉行的爆破性產品部門宴會上，他對在場的來賓說，「這個公司利益的邏輯性發展，是跟隨產品的化學特性而走的。」[10]

1926年，拉蒙特接替艾倫內的總裁職位後，斯蒂恩的觀點形成了杜邦下一個新時代的研究工作基礎。斯蒂恩將其稱為「基礎研究」，並非因為這是一種純粹的、脫離實際應用的研究，而是因為此觀念可能在杜邦龐大的產品家族網路中，以一定方式、在一定的領域發生作用。隨著產品網路在1920年代逐步成長繁榮，新化學關係和新產品的開發也愈來愈有可能。杜邦對於計畫性冒險和放長線賭博的偏好，很快就帶領這個公司進一步深入化學奧秘的發現之旅。　●

CHAPTER

5　發現

（上）皮耶·杜邦和艾倫內·杜邦的弟弟拉蒙特·杜邦（1880-1952）於1927年出任杜邦總裁。

（背景）在威明頓，大家都知道拉蒙特騎自行車上班。圖為1920年代，拉蒙特與妻子伯莎（Bertha）在佛羅里達州輕鬆的騎車。

（下）1924年就任化學部主管的斯蒂恩博士說服了董事會撥款用於基礎研究。1930年代，他的實驗室引領杜邦進入了新的領域。

114

對於查爾斯・斯蒂恩而言，化學發現就如同在一次家族團聚中，將所有的陌生人聚集起來。他知道它們相互間有關聯；而他必須探尋如何相關。杜邦的許多產品是他所認識的親戚；而在更廣闊的有機化學世界中，則是他尚未遇見的陌生人。斯蒂恩的觀點是組織起化學上的家族團聚，引入一流的譜系學者，然後開始製造新的聯繫。他確定，遠景大有可為，可以找出有利潤的產品。

斯蒂恩讓這一切聽起來似乎很容易，「去探求有關各種物質的特性與作用，不必考慮這些發現到的事實該如何應用。」[1] 但是1926年12月，當他在艾倫內和執行委員會面前，提出要進行一個基礎研究計畫時，他被問到如下的問題：要探索哪一類化學組類？此類研究是否更應該由大學、而非杜邦這類產業來做？這個計畫應如何組織研究人員？要花多少成本？委員會缺乏斯蒂恩那樣的視野和信心，他們需要更充分的詳情才能放心。

1927年3月31日，斯蒂恩把詳情提供給委員會和拉蒙特・杜邦，拉蒙特在1月接替退休的艾倫內，成為杜邦總裁。拉蒙特與他的哥哥一樣，在麻省理工大學學科學，接著在杜邦學經營管理。但身為公司多種製造部的最高決策者，拉蒙特對於杜邦各種產品間所存在的「化學親緣關係」也有充分的了解。他的展望是把純理論的研究與實際、甚至是直截了當的實用性，進行一種有趣的混合。和斯蒂恩一樣，拉蒙特・杜邦確信杜邦可以在兩方面都獲得成功，展望和實用性並不會產生衝突。

斯蒂恩為第一年的研究爭取二十萬美元資金，其中大部分將用於實驗站的新實驗室。他堅持研究資金一定要持續撥出，不受景氣起伏影響——他稱之為「耐心錢」。因為基礎研究須長期持續進行，才會有回報。斯蒂恩主張，經濟不景氣時期，研究工作經費不應受管理部門砍預算的影響。他提出一個方案，在化學研究的五個主要領域進行探索：催化作用、膠質化學、聚合作用、化學工程以及化學合成。斯蒂恩堅持，這類很可能對產業有用的研究，不能依賴大學，但是他提議從學術界聘用一流的研究者，領導每一項研究。4月初，執行及財務委員會批准了斯蒂恩的計劃，使得杜邦躋身於柯達、貝爾、和奇異這類大公司之列，建立了自己的基礎研究計畫。斯蒂恩曾希望在同業雜誌《工業與工程化學》上發佈消息，但拉蒙特抑制了斯蒂恩的熱情。這位言語簡潔的新總裁對他說：「我們只管埋頭工作，宣傳則順其自然吧。」[2]

和執行委員會一樣，哈佛的卡羅瑟（Wallace Hume Carothers）起初也對斯蒂恩的計劃持懷疑態度。卡羅瑟是斯蒂恩在實驗站的同事坦柏格（Arthur Tanberg）和布瑞德蕭（Hamilton Bradshaw）想聘用的小組成員之一，他在中西部出生、成長、受教育，於1924年獲得伊利諾大學的化學博士學位。這位28歲的年輕人被教授和同儕稱為化學研究的天才，1926年接受哈佛大學的職位之前，曾在伊利諾大學執教一年。哈佛提供他獲得新研究設施的希望，和一份聲望

不凡的職業。但是身為教授，他必須教書，而內向的性格讓卡羅瑟覺得講課很折磨。杜邦為他提供逃離教室的機會，和一份更加豐厚的薪酬，然而卡羅瑟仍然不相信能夠真正自由地進行自己感興趣的研究。

1927年 9 月底，在參觀了位於威明頓的實驗站後，卡羅瑟回絕了杜邦的邀約。坦柏格隨即又發了一封信，鼓勵他重新考慮，而卡羅瑟冗長的回信結尾，卻出乎意料地說出了個人的原因：「我正因精神官能症所引起的能力衰退而感到苦惱，而這種情況在杜邦將會引起的不便，可能要比在哈佛更嚴重。」[3] 原來卡羅瑟正飽受嚴重的憂鬱症所苦。然而，布瑞德蕭一星期之內趕到哈佛所在的劍橋鎮，再次向猶豫不決的教授保證，在實驗站他可以完全自由無壓力，免受商業利益的干擾。態度溫和的布瑞德蕭說服了卡羅瑟。結束在哈佛該學期的工作後，1928年 2 月 6 日，卡羅瑟來到位於中央實驗站228樓的新實驗室報到，這幢建築因研究者們在其中所進行的「純」科學研究，而被公司裡的人戲稱為「純粹樓」。卡羅瑟將負責杜邦的聚合物研究計畫。

聚合物（polymer）是指由所謂「單體」（monomer）的小單位相互聯結所組成的大分子，並形成一些有機物質如橡膠、塑膠和纖維素等。在卡羅瑟所處的時代，曾出現過關於聚合物化學本質的激烈理論辯論。它們是如1920年德國化學家斯陶丁格（Hermann Staudinger）所假設的大分子，由小粒子以首尾相接的互補聯結方式所組成的鏈狀分子嗎？還是僅僅是由某種未知化學力量將小分子堆積而成的大型凝聚體？後者是整個1920年代人們所接受的一種觀點。總之，正如一名反對斯陶丁格觀點的人曾經在

1926年所說的，「我們震驚得像是動物學家聽到有人說非洲某處發現了一千五百呎長、三百呎高的大象一樣。」[4]

卡羅瑟同意斯陶丁格的觀點，他來到威明頓的部分原因就是為了證明他是正確的。然而卡羅瑟沒有試圖將複合聚合物分解為其各個組成部分，而是計畫從另一個角度去試圖解開問題，將聚合物合成，相互鏈接為史無前例的長度和重量。這種超聚合物的產生，將可能將所有過去的舊觀點一次解決。畢竟一團零亂糾結在一起的環形體，成為一條項鍊的可能性只有一半。無論是或不是，都不可能有確定的答案。但是如果一條項鍊可以可以一環一環地串起，然後堆在一起，形成同樣糾結的團，那麼無論它是三呎、三碼，還是三百碼長，其基本組成結構都不會有疑問了。

杜邦對於聚合物合成的興趣，可以追溯到1920年代中期，當時杜邦染料部門意志頑強的總經理哈靈頓（Willis Harrington）判定染料部的研究預算還足夠支持一個長期計畫。他向傑克遜實驗室的研究主管波頓（Elmer K. Bolton）諮詢意見，波頓回想起一件他在德國的學生時代所發生的事。他誤以為威廉二世（Kaiser Wilhelm II）的汽車輪胎是用合成橡膠製造的，當時還認為這是德國化學界的又一勝利。德國化學家的確研究出了橡膠聚合物的合成，但由於這種橡膠的品質太差，於是一次大戰後便停止生產。[5] 此後，生產合成橡膠便成為工業化學家們的目標，而在得到了哈靈頓的贊許後，波頓提議，聚合一種叫作丁二烯的碳氫氣體，製造合成橡膠。丁二烯可從同樣由碳和氫組成的、很常見且高度易燃的氣體乙炔中抽取而得。然而在1925年的一次會議上，聖母大學

發　現

A story of

MAN-MADE

RUBBER

（University of Notre Dame）的化學教授及乙炔專家紐蘭德神父（Father Julius A. Nieuwland）提出直接聚合乙炔的可能性，波頓開始重新考慮這一計劃。杜邦的化學家柯林斯（Arnold Collins）在傑克遜實驗室著手開始負責進行乙炔研究。他沒有能夠研製出合成橡膠，但是發現了一種能夠防止金屬在不利環境中腐蝕的油膜。由於這項成功所獲得的專業聲譽，柯林斯於1930年初被派往卡羅瑟的聚合研究組。

在聚合研究中，橡膠是打結項鍊問題的好例子。1860年起，化學家們就已知道橡膠的基本分子組成是一種叫作異戊二烯（isoprene）的物質。但由於沒有人能夠將複合異戊二烯分子連結起來製成橡膠，因此，橡膠是由異戊二烯分子首尾整齊銜接爲鏈狀、形成一個巨大的異戊二烯分子？還是僅僅是互不連接的異戊二烯分子以一種神秘的力量凝結而成？這個問題還沒有確切的答案。在卡羅瑟的指引下，柯林斯試圖利用由紐蘭德神父驗證過的乙炔化合物和催化劑，從異戊二烯的同類物質丁二烯（butadiene）中，製造出一種分子橡膠鏈。

1930年 4 月17日，柯林斯在一隻燒瓶的底部撬鬆一小塊固態的物質。他把這塊柔韌的東西放在手指間擠壓，接著又扔在地板上。如他所想，那一小團東西彈了起來，接著又抖動著停住了。柯林斯和同事希爾（Julian Hill）拿給卡羅瑟看，他命名爲氯丁二烯（chloroprene），因爲這種物質中含有氯。然而一些研究者挖苦的稱之爲另一種「爆米花聚合物」，在實驗室裡一夜之間孵化出來，可能並不具有任何價值。[6]

兩個月後，斯蒂恩邀請染料部——後來被重新命名爲有機化學品部（Organic Chemicals Department）

（左頁左）1930年不尋常的4月，卡羅瑟的研究團隊發現了DuPrene和尼龍的前兆物。

（左頁右）從DuPrene到合成橡膠（neoprene）的名稱轉變，某種程度也反映了杜邦可能無力控制其使用。杜邦通稱的合成橡膠，表達這只是一種成分，而非最終成品。

（左）發現合成橡膠多年以後，柯林斯博士在杜邦的一間實驗室內展示了製造的過程。

——的橡膠專家海頓（Oliver M. Hayden）參觀他在總部大樓內的辦公室。當他們開著他的Studebaker Roadster跑車時，斯蒂恩從口袋中掏出一塊琥珀色像果凍一樣的東西遞給海頓。海頓拉了拉，擠壓，又聞了聞。「它通過牙齒的試驗了。」他說，證明了它顯而易見的橡膠特質，但是斯蒂恩已經知道了這一點。他想從海頓和有機化學部那裡得到的，是為柯林斯的氯丁二烯進行一次更嚴格的檢驗：它夠好嗎？

有機化學部的小橡膠工作室很快就確認，「純粹樓」的樣品只是無用的碎屑團。這不是一個順利的開端，但是經驗豐富的海頓在其中加入了木樹脂和氯化鎂，很快得到了一種可用性更強的物質，他稱之為合成橡膠（neoprene），或「新橡膠」。下一個挑戰就是在深水鎮的一個試驗廠，從頭開始生產新橡膠。這涉及到要處理divinyl acetylene（一種爆炸性極高的乙炔副產品），同時還要克服不計其數的技術困難。例如，柯林斯的合成橡膠在儲存中往往還會繼續自發地進行聚合反應，這使得其長長的分子鏈嚴重糾纏成結，造成材料發硬，失去價值。有機化學部的研究者們必須找到一種方法停止，同樣也能開始這個過程。

合成橡膠還會釋出腐蝕性的有毒氣體氯化氫，一天海頓拉開書桌抽屜時發現了這點，他在抽屜中的紙張上放了幾張壓扁的合成橡膠片。當他拿起紙時，紙在他的手指間變成了碎片。最後、也是最重要的一點是，合成橡膠很臭。海頓描述那種惡臭是「洋蔥與大蒜香精再加入了大量臭鼬油的混合物，然後撒入一些松節油。」[7]除了明顯的惡臭，這些合成橡膠通往成功商品化的道路障礙都被克服了。1931年11月2日，在美國化學協會的會議上，杜邦驕傲地宣佈其深水鎮試驗廠很快就會開始生產一種商標為「DuPrene」的新合成橡膠。

1930年4月17日，當柯林斯的彈性聚合物所引起的轟動在中央實驗站的實驗室中平靜下來後，希爾回到自己的工作檯前，繼續進行關於聚合酯的研究，這是一種由酒精和酸所形成的化合物。希爾正嘗試著研製出一種長鏈聚合物，但由於一種水性副產物在某一特定的點隔斷了連結而失敗。他和卡羅瑟希望，如果能夠在一種高溫蒸餾室中進行這個過程，可以將水分蒸發掉，而聚合酯鏈就會不斷地增加，產生一種高強度的超聚合酯。之前他們使用從約翰·霍普金斯大學所獲得的特別蒸餾室，進行的研究工作相當成功。而現在，發生了令人驚異的巧合，希爾生產出第一批聚酯超聚合物，和他的實驗室同伴並駕齊驅。在這裡，同一個星期，同一幢大樓內，產生了斯陶丁格關於聚合物理論的兩個有力證據。卡羅瑟、柯林斯和希爾急切為發表其研究成果做準備。

希爾在他的分子蒸餾室中工作了兩個多星期，製造出了更多的強效聚酯。接著，4月28日，出於一種本能的好奇，他將一支玻璃棒放入從蒸餾器中取出的燒瓶中，輕輕地攪拌瓶底的熔化物，然後慢慢地舉起玻璃棒。他驚奇地發現，一絲稀薄的樹脂狀聚酯物隨著玻璃棒

（左頁上）1930年發明的合成橡膠又經過了幾個月的實驗室測試，於1931年公開發表。並在新澤西州的杜邦錢伯斯廠上線生產。

（左頁中）早期製造過程中，合成橡膠從機器裡面製造出來。

（左頁下）1930年 4 月，杜邦化學家希爾重新研究第一批超聚合纖維的冷卻拉伸。

卡羅瑟展示neoprene的樣品，這是最早成功商品化的合成橡膠。

發現

帶了起來。聚酯絲被拉長了，它不是那種脆弱易碎的物質，不會變硬或斷裂。事實上，當希爾把聚酯絲從燒瓶拉到冷卻的空氣中時，一些不可思議的現象發生了。這根稀薄、柔韌的細線變得比分子首尾相連形成的有序聚合鏈還要強韌。「你可以感覺到氫鍵緊緊地結合在一起，」希爾後來描述這個現象，稱之為「冷卻拉伸」（cold drawing）。[8]

　　儘管結合了張力和彈性，但要作為一種商業纖維產品，希爾的新聚酯還存在著嚴重的不利因素。這種聚酯在熱水中會彎曲，在正常熨燙溫度下會熔化，而且不能接觸普通乾洗化學清潔劑。儘管如此，希爾和卡羅瑟還是來到杜邦位於紐約州水牛城的螺縈廠，向防潮薄膜的發明者查奇呈交了一份樣品，希望得到進一步的評估。[9] 這份樣品引起了查奇和總經理耶克斯的極大興趣。「好吧，各位，」最後耶克斯對「純粹樓」的研究人員說，「這是一個有趣的觀察結果。每一兩年都請讓我知道你們的進展如何。」[10] 卡羅瑟和希爾回到了威明頓。

　　在實驗站，波頓已經接任斯蒂恩的研究主管職位，而已成為副總裁的斯蒂恩加入執行委員會，成為研究顧問。波頓關於基礎研究的觀點與斯蒂恩相去不遠，但是研究專案所處的整體環境卻正急遽改變。美國正處於1929年10月股市大崩盤後的經濟蕭條初期階段。杜邦1930年的淨利比起1929年已下降30%。同時銷售額下降18%，而且面臨拉蒙特所謂的「商業普遍停滯」，杜邦於1930年解聘了三萬五千名員工中的四千人。

　　儘管如此，執行委員會仍尊重其保護基礎研究計畫的承諾，免受經濟衰落的干擾。此外，公司還購併

了羅斯勒暨海斯拉契化學公司（Roessler and Hasslacher Chemical Company），並與通用汽車公司聯合投資了一家金內提克化學公司（Kinetic Chemical Company），生產由米吉雷發明的一種新型氯碳氟化合物冷媒：氟里昂®（Freon®）。消費者對毒性氣體二氧化硫等舊式冷媒小心翼翼，但杜邦的專家對氟里昂®進行了大量的測試，以表明在大多數條件下不會燃燒也沒有毒性。這提高了大眾的信心，並在十年內大大促進了冷媒的銷售，不受蕭條的影響。包括杜邦的董事在內，幾乎沒有人想到大蕭條會持續那麼久。他們相信經濟會很快復甦，就像以前一樣。

　　1931年末，曾在剛進公司前警告杜邦說自己有憂鬱症的卡羅瑟給希爾看他繫在錶鏈上的一顆氰化物膠囊。希爾認為這「太可怕了」，尤其是卡羅瑟熟稔地提起了一些已自殺的著名化學家的名字，但希爾仍只是當成虛張聲勢，拋諸腦後。卡羅瑟眼中的前景的確是黯淡的，從水牛城回來後，他曾告訴一個朋友，他和他的團隊不僅研製出了一種合成橡膠，還有合成絲。但他憂心忡忡地說，「如果這兩種東西可以確定成功，」他厭倦的說，「這輩子也就夠了。」[11] 卡羅瑟病態的陰鬱非常明顯，但他如此聰明，實驗站的聚酯研究也進展得十分順利，因此同伴們很難看出他的憂鬱這麼深，甚至完全沒意識到。

　　從全國水準看，前景同樣黯淡。胡佛政府勉為其難地承認，有必要使用聯邦基金激勵國內瀕臨崩潰的私人企業，當局掙扎著試圖在政府節儉與這種勉為其難之間達到平衡。「蕭條」（depression）在過去就曾被用於描述經濟衰落現象，但胡佛的頻繁使用，才使得這個詞語開始與真正嚴重的衰落產生必然的聯繫。

但諷刺的是，胡佛的意圖恰恰相反。他希望通過使用「蕭條」，而非習慣的「危機」、「恐慌」等他認為過於危言聳聽的詞語，使大眾的精神振奮起來。[12]

1931年，人們期盼已久的經濟復甦仍未到來。拉蒙特承認，「我們正歷經一場不尋常的蕭條。」[13] 一些主要產品線，如爆破性產品、塗料、薄膜、氨和其他重化學品等，通常占杜邦銷售額的60%，但隨著礦業、汽車和其他耐久品等基礎產業陷入低潮，這些產品的銷售也出現了10%的下降。使用多種杜邦產品的建築業，在1929至1933年間衰退了78%。但如同當時許多開明的企業，杜邦開始在其所有營運部門縮短工時、降低薪資，以保住工作機會和技藝嫻熟的工人。即使如此，1931年杜邦必須再次裁減員工兩千人。

儘管經濟不利狀況不斷加劇，1931年杜邦還是出現了一些樂觀的時刻。杜邦重工業產品的市場需求下降，但幾乎被消費性產品如薄膜、嫘縈、染料等的市場需求增長抵銷。同時，DuPrene的發現，也證明杜邦對斯蒂恩基礎研究計畫的支持是正確的。當杜邦於8月購進新港化學公司（Newport Chemical Company）時，曾成功開發了氯丁二烯且將開始量產的有機化學品部，其染料研究和產能也大大加強了。同月，杜邦又在子公司格拉賽利化學公司組織下，將購併所得的克瑞伯顏料與化學公司（Krebs Pigment and Chemical Company）改組，成立克瑞伯色料公司，為其室內用漆生產增加了鋅基和鋇基（即鋅鋇白）的白色塗料。這家公司將生產在室內牆面上產生更好塗層的二氧化鈦白色塗料。

在1932年的杜邦，或者說甚至在全美國，都極少出現這樣的高亢音符。到1932年底，美國的工業產量已縮減至1929年中期水準的50%，美國工資與薪水自1929年以來下降了40%。勞動大軍的25%即一千兩百萬工人，處於歇業狀態。全國的企業利潤在1929至1933年間下降了90%。1932年杜邦的銷售額低於本已下落的1931年水準27%。1932年公司將薪資降低10%，再次裁減一千名員工，留用人員為1929年總數三萬五千人的80%。杜邦1932年的淨利縮減至二千六百萬美元，低於上年總額的一半，僅為1929年淨利潤的三分之一。而杜邦股票的每股盈餘也從1929年的7.09元跌至1932年的1.82美元。

對於數以百萬計的美國人來說，1933年3月4日小羅斯福總統（Franklin Delano Roosevelt）在就職演說中所說的「我們所恐懼的只是恐懼本身」敲響了一記充滿希望和信心的音符。然而杜邦的決策人員相信，他們對小羅斯福仍需心懷戒備。拉蒙特曾因1932年胡佛提案的「收益法案」（Revenue Act）大感警戒，該法案使得杜邦的利潤稅增加了33%，這是美國歷史上和平時期的最大增幅。雖然拉蒙特很早就對他稱之為「FDR（小羅斯福）對大蕭條的冒險打擊」表現出謹慎支持（事實上是謹慎多於支持），但他很快就因聯邦開支計劃感到了苦惱。在他看來，這些計劃「衝擊了我們的判斷，同時也是對常識的藐視。」[14] 他尤其厭惡政府以「更高效率的製造方式會提高失業率」為由，提出減少產業研究經費的建議。拉蒙特向波頓保證，「維持研究要比分配紅利更加重要。」[15] 但是就連這種帶有反抗意味的支持，也未能讓杜邦的基礎研究計畫免受大蕭條的影響。波頓從他在染料部與哈靈頓共度的歲月中了解，支持是一條雙向道，而杜邦對於純理論的研究信念，最終不得不以有獲利可

能的結果爲基礎。斯蒂恩的願景的確鼓舞人心，然而正是波頓的平衡管理策略，才使得杜邦能夠保持後來斯蒂恩所說的「對研究堅持不懈的信念」。[16]

用比喻法來說，艱難時代迫使波頓將斯蒂恩「大門敞開」式的化學家族聚會，轉換成了「持請柬者方得入內」的聚會。在卡羅瑟的實驗室裡，這意味著更大的壓力。研究人員必須找到一種更有行銷實力的超聚合纖維來取代嫘縈人造絲，後者的表面光澤對於服裝設計師和消費者而言，忽然間已顯得過時。從1930年起，卡羅瑟一直忙於出版自己的著作，同時還有大量的專業職責如校閱書籍和期刊文章等。除此之外，他估計自己與他的研究團隊已提交了約六十份美國本國和外國專利申請。然而就像波頓喜歡說的，這其中沒有一項讓他聽到了「收銀機的叮鈴聲。」[17]「華萊士，」波頓建議，「你只要能找到性質更好的東西，就能研製出一種新型的纖維。」[18]卡羅瑟爲商品化成果的壓力焦慮不安，但他也知道公司雇他就是要他能賺錢，於是很快爲波頓帶來了一些有希望的想法。

酯是由酸和乙醇組成的。另一組有機物質胺基化合物則由酸和氨的衍生物胺所形成。和酯一樣，胺基化合物可以從又長又牢固的碳分子鏈中聚合而成；但與酯不同的是，胺基化合物的熔點較高，因此化學處理也較爲困難。卡羅瑟的設想是製造一種超聚合纖維，其熔點必須夠高，以作爲日常纖維織物，但同時這一熔點又必須夠低，以便大量加工與紡織。然而首先，他必須找到一種製造超聚酰胺（superpolyamide）的方法。

1934年 5 月23日，卡羅瑟的助手考夫曼（Don Coffman），一名來自伊利諾大學的化學家，生產出了一種堅韌但可加工的超聚酰胺，成功地實現了他的主要設想之一。卡羅瑟和考夫曼證明了他們的想法是可行的，但是他們所使用的稀有昂貴的成分，也意味著這種產品將永遠僅限於實驗室。卡羅瑟與他的研究組成員，列出了酸和胺的八十多種可能的結合方式，繼續尋找適當的超聚酰胺。

7 月27日，化學家彼德森（Wesley Peterson）合成出一種超聚酰胺，因組成的胺中有五個碳原子，而酸中有十個，研究組成員將其稱爲「5-10聚合物」。卡羅瑟宣佈「5-10聚合物」已完全成功，並希望立刻將這種物質投入開發，但是波頓一看到其中的十個碳原子必須來自蓖麻油，便否決了這個想法。但並不是因爲蓖麻油的氣味，而是預期的費用破壞了波頓對「5-10」的興趣。若是拿蓖麻油主要用來當成一種氣味難聞的藥物，那麼就仍是熱帶蓖麻的一種價格低廉的副產品。但是一種成功的合成纖維需要大量的蓖麻油，在這種情況下，成本就會直線上升。無論5-10纖維的品質有多好，其原材料的成本都必須保證獲利的可能性。因此波頓再次請卡羅瑟的化學家們回到實驗室的工作檯前。

七個月有條不紊的研究和探索於1935年 2 月28日結束，卡羅瑟從科羅拉多大學聘用來的波爾切（Gerard Berchet）從六甲己二胺（amine hexamethylene diamine）和己二酸中研製出了6-6聚合物。卡羅瑟認爲6-6不如5-10好，雖然6-6可以承受乾洗劑，但其攝氏二百六十五度的熔點仍然相當高，使得材料難以加工。而且，它的纖維在經過噴絲頭針眼大小的孔洞擠壓後，就會迅速斷裂。這種最初被稱爲「66纖維」的新型超聚合物仍需要改進。然而波頓推理出其胺和

酸成分來日也許可以從原油裡的苯中，以低廉的價格獲取。後來，杜邦的化學家和工程師們，利用氨產品部在西維吉尼亞貝勒的工廠裡所開發出的一種高溫高壓的催化技術，找到了從現成的己二酸中製造大量稀有六甲己二胺的高效率方法。[19]

1936年，杜邦的狀況開始改善。自小羅斯福總統就職以來，公司的利潤、員工人數和股票價格都開始穩步上升。具有遠見的管理方式、良好的勞資關係、多元的產品線以及富有創造力的研究活動，都使杜邦得以度過了大蕭條最困難的時期，而「新政」（New Deal）儘管面對重重障礙和爭議，還是幫助全國人民建立起了信心。事實上，杜邦唯一的財力好轉到1938年才來到，即羅斯福終於應拉蒙特和許多其他企業領導人的催促，決定削減聯邦開支。國家經濟立刻又一次下滑，這次經濟下滑後來被稱作「羅斯福蕭條」。杜邦的銷售額下降了17%，淨利下降40%，股息則減少近一半。真正的復甦直到美國開始準備參與第二次世界大戰時才出現。

儘管杜邦在大蕭條期間整體呈現出繁榮景象，1934到1935年間，公司在公共舞臺上卻遭到重創。一系列大環境的因素綜合起來，使公司和幾位領導人招致了一般大眾的反感。其中包括歐洲和日本軍國主義的崛起，這讓許多美國人開始警惕，擔心被捲入戰爭。即便軍火在杜邦多元的產品結構中，已縮減到微不足道的比例，大眾的注意力仍然再一次集中到了曾在第一次世界大戰中以軍需品謀得豐厚利潤的杜邦公司。此外，拉斯科伯、斯隆和拉蒙特，以及艾倫內、皮耶・杜邦都在籌建「自由聯盟」（Liberty League）中扮演舉足輕重的角色，而自由聯盟正奮力迫使羅斯

福下臺並試圖廢除新政。在大蕭條的整體環境下，這些因素使得杜邦看起來像一個不體恤的公司，在別人挨餓時自己卻愈長愈胖。

大公司普遍受到革新主義者如加州醫生唐森（Francis Townsend）和民粹主義者如路易斯安那州參議員隆恩（Huey Long）的強烈攻擊。杜邦被底特律一名利用聽眾的恐懼和偏見擴大自己的追隨者的電臺蠱惑者考夫林神父（Father Charles Coughlin）特別點名批評。但敵對情緒還來自一些更難化解的群體。1934年底，皮耶、依賀內和拉蒙特被傳喚至美國參議院軍火調查委員會，對有關第一次世界大戰期間牟取暴利的控告進行答辯，該委員會由北達科塔州的孤立派共和黨參議員奈伊（Gerald Nye）擔任主席。還未來得及答辯，杜邦就已被貼上了「死亡商人」的標籤。

一次大戰間，杜邦也曾承受類似的指責，但最終以其效率及專業的運作，獲得了四面八方的讚賞。然而1930年代的情況有所不同，許多在掙扎中謀生並擔心出現另一場歐洲戰爭的美國人早已做好準備，甚至是迫切地願意相信對於杜邦和其他公司的指控。1935年全年，隨著奈伊所主持的委員會不斷舉行聽證會，杜邦面臨著出其不意的公共關係慘敗，而且第一次的危機使第二次更嚴重。拉蒙特特別堅持不向公共關係危機屈服，然而小卡本特卻迅速找到了問題的癥結所在與採取行動的必要性。「我們為什麼不採取些行動啊？」1935年2月，他滿心挫折地對執行委員會的一位董事喊道：「沒有什麼事是百分之百正確的，但什麼都不做卻是百分之百錯誤的。」[20]

從第一次世界大戰到奈伊委員會的聽證會，杜邦

CHEMISTRY

BETTER THINGS FOR BETTER LIVING THROUGH CHEMISTRY

的產品組合已從97%為爆破性產品，轉變為非爆破性產品占95%的比重。但是一般大眾眼中，杜邦的形象仍是與現實全然不符的軍需品製造商。1935年5月，紐約Batten, Barton, Durstine & Osborn廣告公司的巴頓（Bruce Barton）在與拉蒙特接洽時強調：「你們身為和平時期製造商的形象越深入人心，大眾接受你的新產品的速度也就越快。」[21] 巴頓提議製作一個耗費50萬美元的廣告活動，改變杜邦的形象。

懷著複雜的情緒，拉蒙特和執行及財務委員會請巴頓開始著手安排這次宣傳。拉蒙特所偏好的公關活動是大西洋城海濱舉辦的公司產品展示，以及貿易商展，如1935年在孟菲斯（Memphis）舉辦的全國棉製品展。當時在杜邦宣傳部的工程師泰勒（Chaplin Tyler）協助拉蒙特對抗那些偏好廣泛基礎公共關係的反對派，他策劃以一個資訊性的「技術宣傳」活動，目標針對人們的頭腦、而不是他們的心。[22] 而巴頓精心策劃的宣傳活動，恰恰繞過了這兩種方式。巴頓認識到，就像奈伊參議員這類政治人物一般，不僅要揣測人們的想法，更應明瞭他們的感受。

巴頓的公共關係概念之一，即杜邦的著名口號：「透過化學，生產優質產品，開創美好生活。」這個口號誕生於BBD&O廣告公司的辦公室裡，並出現在《週六晚郵報》的秋季廣告和由杜邦贊助的每周一次的電臺節目「美國遊行」（The Cavalcade of America）1935年10月9日的首播中。這個富教育性的節目是以活潑的風格展示美國的生活與歷史，避開了政治爭議，以低調但積極的方式提及杜邦的產品，最終消除了拉蒙特與其他人起初的疑慮。1952年，「美國遊行」成為電視節目，並自此一直播至1957年6月4日。節

（左頁）這幅壁畫是為1939年紐約世界博覽會繪製的。它闡釋了新口號「透過化學，生產優質產品，開創美好生活。」這幅畫寓指了化學的工業應用為人類帶來的利益。
1940年，這幅由佈蘭迪學院的藝術家麥克伊（John W. McCoy）創作的壁畫，由世界博覽會遷至位於威明頓的納慕爾大樓。1999年，公司將壁畫捐給了哈格雷博物館與圖書館。

（上）從1916年至1955年，超過二千六百萬人參觀了杜邦在大西洋城海濱舉辦的展覽。1948年，展覽宣佈名為「化學研究對汽車進步的貢獻」。

（下）杜邦在大西洋城的展示，為參觀者提供了這個龐大公司運作情況的資訊，包括這張杜邦十個工業部門的圖表。

發　現

杜邦決定將尼龍作為一般產品的名稱,而不當作商標使用。之前兩年,西維尼亞(Sylvania)公司稱其自產的防潮包裝材料為薄膜(cellophane),杜邦對該公司提起訴訟,但最後敗訴。杜邦無法說服法庭說杜邦已盡了充分的努力來保護「cellophane」這個商標,相反地,它已經允許這個名稱被廣泛使用,這和金西利(King-Seeley)在熱水瓶和拜爾在阿斯匹林上的做法如出一轍。事實上,尼龍一詞迅速成了女性針織品的普遍說法,如果杜邦當初將其作為商標使用,則勢必會耗費無數的精力和巨大的開支,同時又無法確保法庭上的最終勝訴。

1938年10月27日,斯蒂恩在紐約世界博覽會上宣佈尼龍織品試用於新式長襪後,大眾又等待了整整一年的時間。第一批產品的銷售是在威明頓的百貨公司。杜邦在德拉瓦州威明頓的《每日晚報》上刊登了整版廣告,吸引威明頓的婦女來參觀並購買這種人人都在談論的絲襪。當時每人限買三雙,且需提供當地住址,於是來自全國的婦女都盡量確保在城區內預訂一個旅館客房。實驗站試驗廠生產出的所有產品在貨架上頃刻之間銷售一空。杜邦密切注意的市場回應是積極的,並且導致了1940年 5 月15日的全國銷售日被稱為「N Day」,這一天,在精心挑選的大商場內進行。儘管每人限買一雙,五百萬雙絲襪的庫存還是在當天全數售罄。

杜邦對新66纖維抱有高度的期許。公司急需為產品取一個具有吸引力的名字,並因此組成了一個特別委員會篩選相關建議。嫘縈部的格雷丁博士(Dr. Ernest Gladding)提出 "Duparooh" 時必定做了個鬼臉,其意為「杜邦從帽子中變出了一隻兔子」,其他建議有: "Wacara" 以紀念華萊士·卡羅瑟; "Delawear",這是拉蒙特·杜邦最喜歡的一個名字;以及另外三百五十個創意,如Dusilk,Moursheen,Rayamide和Silkex。格雷丁的第二方案「不脫絲」(norun)因新纖維確實有脫絲現象而未被採用,之後由格雷丁、總經理耶克斯及其助手梅伊(Benjamin May)組成的命名委員會決定使用nu這個字首,但是第二音節仍懸而未決。norun的變體nuron聽上去太像神經解剖學。果斷的格雷丁刪去了u和r,代之以i和l。但 "nilon" 發音也可能像是 "neelon" 或 "nillon",於是 y 取代了 i,Nylon便成了最終採用的名字,杜邦確定這種產品將成為其產品線的一個奇蹟。

> 1930年，杜邦化學部主管波頓注意到一些公司會聘用大學研究人員擔任顧問，一旦有商品化的可能，便以專利對他們的研究工作進行保護。「研究領域的競爭從來沒有像今天這麼激烈過。」他說。杜邦也聘用了研究顧問，如來自伊利諾大學的羅傑·亞當斯（Roger Adams）和馬維爾（Karl Marvel）。這兩位學者在杜邦實驗室擔任顧問分別長達四十年和六十年，並引導許多有前途的化學家在杜邦開創了自己的事業。

（化學遺產基金會圖像檔案）

> 為了在大蕭條時期保留工作機會，杜邦分散了工作職位，並縮短領薪員工的工作時間。公司還採取了領薪工人每週上班五天制，並降低薪資10%，同時保持時薪制工人的日常工資標準。1934年，公司批准所有服務一年以上的員工每年可享受一週的假期，這是美國工業中最有進步性的計劃之一。

> 1936年，杜邦放棄了DuPrene商標，此後稱其合成橡膠為neoprene。杜邦自己只生產這種材料，以及為數不多的一些產品，而如絕緣電線、灰耙和鞋底等，均由製造商購買DuPrene，然後按照他們的需要進行形狀修改。杜邦的營銷人員如布里吉華特等人擔心，杜邦可能無法控制賣給消費者的實際最終產品的品質。在這種情況下，產品種類名稱DuPrene對於杜邦的角色而言，就顯得更為貼切。根據有機化學部海頓的說法，撤回商標另一個更為有趣的理由是，西岸的一名演員投訴杜邦侵犯了她的藝名DuPrene。海頓說，也許她認為杜邦會用錢來解決這個問題，但當時杜邦已經撤回了商標。

> 1925年，聖母大學化學教授紐蘭德神父宣佈，他發現了一種使乙炔連接形成聚合鏈或大分子的催化劑。杜邦的化學家們認知到這項成果與他們自己合成橡膠研究之間的聯繫，於是前往位於印第安那州南彎（South Bend）聖母大學的實驗室，拜訪了紐蘭德神父。三年後，杜邦聘請紐蘭德擔任研究顧問。1930年，柯林斯發現了杜邦的合成橡膠（後命名為DuPrene），為感謝並回報紐蘭德神父的貢獻，杜邦公司決定幫助他處理專利申請事宜。紐蘭德神父曾立過賓窮誓，因此不能接受顧問費。於是杜邦每年捐贈給聖母大學價值一千美元的訂閱報刊以做為報償。

發　現

目因其上乘的表現而得到了廣泛好評。但當巴頓於
1956年總結節目對杜邦形象的積極影響時，他認為
「美國遊行」還必須與另一重要事物分享人們的讚
譽，即尼龍襪，而溯其在杜邦的化學祖先，甚至比巴
頓的公共關係宣傳計劃還要久遠。

1936年 4 月30日，卡羅瑟入選聲名卓著的國家科
學院，成為首位獲此殊榮的工業研究部門的科學家。
一個月後，他被送往費城一家醫院接受重度憂鬱症的
治療。波頓將卡羅瑟的實驗室交由葛雷夫斯（George
Graves）管理，但66纖維的開發已由波頓部門的幾十
位化學家和工程師如耶克斯和氨產品部的威廉斯
（Roger Williams）接手。在往後四年中，這個計畫吸
引了二百多位技術專業人員。畢業於麻省理工學院、
於1922年加入杜邦時年僅二十歲的化學工程師格林沃
特（Crawford Greenewalt）開始負責66纖維的工程。
他立刻感覺到來自執行委員會的壓力。一天深夜，同
事們發現他穿著小禮服出現在實驗站的66纖維試驗
廠；原來他在一次晚會結束後，順路到試驗廠檢查設
備等情況。委員會對研究進展的渴望是可以理解的，
但格林沃特與同事們還有一些重要的問題要解決。

首先，超聚醯胺必須用絕對純淨的成分製造，並
在控制精確的溫度下熔化，以防止分解。接著，將之
過濾，抽入噴絲頭中，紡成細線，經冷卻拉伸再均勻
地纏繞，或用某種材料覆蓋，以便在紡織品生產的各
種機械運行中加以保護，最後則是染色。以上每個階
段都會出現問題，例如在壓力泵浦中會出現氣泡，造
成纖維在紡織過程中分解。考夫曼和葛雷夫斯通過為
泵浦加壓，使氣體在熔融的纖維中溶解，解決了這個
問題。用技術人員拉博夫斯基（Joseph Labovsky）的

（左頁上）「美國遊行」廣播節目的特色之一，是由杜邦工人組成的合唱表演。

（左頁中）杜邦聘請了歷史學家莫納根（左，Frank Monaghan）、小說家卡莫（中，Carl Carmer）及傳記作家詹姆斯（Marquis James）研究並撰寫每週一次的「美國遊行」三十分鐘廣播劇的素材。

（左頁下）「美國遊行」節目表達了對醫生、戰鬥英雄、發明家和其他著名人士的尊敬之情。廚房科學家法默（Fanny Farmer）成為1947年一次節目的主題人物，音樂監製為阿姆布魯斯特（Robert Armbruster），演員為艾達·盧比諾（Ida Lupino）。

杜邦利用「美國遊行」宣傳其非爆破性產品，同時也表達了對獨創性和愛國熱情的讚許。

（上）Neoprene合成橡膠是美國政府二次大戰「最重要物資」清單中唯一的非金屬品，最初是在肯塔基州的路易斯維爾製造。

（左）Cordura® 嫘縈繩用來做輪胎帶。在圖中維吉尼亞州里奇蒙市（Richmond）郊外的斯普朗斯（Spruance）廠，人們正從軸架中抽出嫘縈絲，纏繞在一支卷軸上。這些細絲將在一家紡織廠內捲成繩索，運往輪胎製造商處。

（右）牙刷有幸成為第一種從尼龍的發明中獲益的產品。在這項發明出現之前，全世界都依靠西伯利亞、波蘭和中國的野豬生產牙刷的刷毛。50年代，杜邦以Tynex® 註冊了其尼龍刷毛的全球專利。

THE DU PONT MAGAZINE
BETTER THINGS FOR BETTER LIVING...THROUGH CHEMISTRY

NOVEMBER 1940

"Cordura" Rayon Yarn
SEE PAGE SIXTEEN

話來說，為紡織66纖維所付出的努力，讓工程師們明白了這是一種「善變的纖維」。經過了三年的嘗試後，拉博夫斯基與其他專家已能夠使66纖維連續紡織達十分鐘。1937年 5 月，連續紡織時間已達到八十二小時。[23]

66纖維的成功恰巧與卡羅瑟的悲劇同時發生，卡羅瑟於1937年 4 月29日清晨住進費城的一家飯店，在接下來十二個小時內的某一時刻，吞下了他隨身攜帶多年的致命氰化物藥丸。波頓後來說，「卡羅瑟解讀了有機化學領域內我所從未看到的奧秘。」[24] 這位著名的化學家從他自己的個性深淵中解讀出了什麼始終是個謎，雖然他許多朋友都認為，最令他恐慌害怕的是他不再有好的構想。卡羅瑟服毒的日子就在他四十一歲生日的兩天後，他是化學的大師，也是化學的受害者。

雖然卡羅瑟最偉大的商品化成果「合成絲」尚未實現，但威明頓的檔案中記錄了他在合成橡膠領域的成功，且杜邦在1932年的首次商品化生產後，繼續進行改進。1934年，研究人員使用德國染料業財團費班公司（I. G. Farben）授權的一種水性乳膠流程，去除了DuPrene的異味。這一年有機

化學部的布里吉華特（Ernest Bridgwater）和科斯勒（Vic Cosler）進行了一項很有創意的促銷活動，為DuPrene開發潛力豐富的新市場。他們的計劃十分成功，到1939年，杜邦已擁有美國國內合成橡膠消費78%的市場佔有率。到1941年時，由於戰爭的相關需求，公司在肯塔基州的路易斯維爾（Louisville）開設了一家新工廠，使杜邦合成橡膠的每年平均產量增至一萬噸。

奈伊參議員後來將此稱為「杜邦霸權」（DuPontocracy），杜邦引進了一種新的高強韌度的螺縈產品Cordura®用於汽車輪胎籬帶；在德拉瓦州的埃吉摩爾（Edge Moor）開始建設一家二氧化鈦塗料廠；同時還在實驗站建造一個醫藥部的全新部門：哈斯凱爾工業毒理學實驗室（Haskell Laboratory of Industrial Toxicology）。這兩個機構均於1935年開始運作，不過1953年哈斯凱爾實驗室遷往德拉瓦州紐沃克（Newark）的新址。

儘管面對大蕭條時期的不景氣和奈伊委員會的聽證會，其他開發專案仍同樣突出了杜邦一個接一個的研究成果，和持續發展的商業實力。1936年，杜邦工人的薪資水準上升了17%，工人們也第一次享受到了兩週的帶薪假期。雖然某些人對之不屑一顧，認為只是公司的工會，但杜邦的工廠評議會還是在1933年成立了。這個評議會以和平的方式，詳細考察了大蕭條時代混亂的勞工管理問題，對杜邦的全面成功頗有貢獻。1936年，杜邦新成立的塑膠製品部推出了丙烯酸聚合物Lucite®，與Rohm and Hass有機玻璃競爭。

杜邦在威明頓市中心新建的全空調納慕爾大樓（Nemours Building）於1938年竣工，將容納中心總部

"Have you got socks made out of coal, or was somebody ribbin me?"

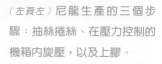

（左頁左）尼龍生產的三個步驟：抽絲捲絲、在壓力控制的機箱內旋壓，以及上膠。

（左頁右上）杜邦的志願者敷裹後在皮膚上測試尼龍的效果。

（左頁右中）1939年，威明頓布勞斯代恩（Braunstein's）百貨公司的幸運顧客排隊購買尼龍絲襪。

（左頁右下）「你的襪子是用煤做的嗎？還是誰在唬我？」

（上）威明頓的杜邦飯店以這套尼龍套房為其產品促銷，套房中有尼龍窗簾和有尼龍罩布的家具。

（中）1940年 5 月15日，美國各地的顧客們終於能夠買到尼龍絲襪。

（下）「我傷害了你嗎？」一隻尼龍蒼蠅對絲製大象說道。

在洛杉磯，為了替尼龍產品促銷，女演員瑪麗・威爾森（Marie Wilson）坐在一架吊車頂部，看著一條以她的腿為原型的重兩噸、高三十五呎的鑄造模型被揭開幕布。

擴大後的三千二百名員工。大樓由八樓的一條走道與原杜邦大樓相連。原大樓於1907至1934年已經擴建，佔據了一整條街。公司推出一種新的名為Butacite® 的聚乙烯丁酸酯塑膠，因能夠承受極低溫度，立刻被汽車製造商用於擋風安全玻璃的內層。然而杜邦最熱中的新產品出現在1938年7月，當時實驗站的試驗廠生產出了現在稱為「尼龍」（nylon）的第一批66纖維。

杜邦撥款八百五十萬美元在德拉瓦州西佛特（Seafort）建立新尼龍廠，二百五十萬美元在西維吉尼亞州的貝勒建立一家尼龍中間體（hexamethylamine diamine and adipic acid，即六甲己二胺和己二酸）廠。之後，杜邦又於1939年派斯蒂恩前往紐約世界博覽會，首次公佈杜邦的最新產品。1938年10月27日，斯蒂恩出席博覽會中一個女性俱樂部聚會，宣佈尼龍「像鋼一樣牢固、像蛛網一樣精細，但彈性又勝過任何普通的天然纖維。」[25] 傳統絲襪往往容易變形並且脫絲。尼龍在種類上屬於純粹的針織品，也並非不會損壞，但1940年5月，當產品最終開始向一般大眾出售後，在短短的七個月內為杜邦帶來了三百萬美元的利潤——已足夠支付嫘縈部用於66纖維的所有研發經費。

尼龍是在偶然之間開發出來的奇特產品。二次大戰大幅削減且最後徹底截斷了日本絲的供應，1939年12月12日，位於西佛特的工廠投入生產，以彌補日本絲的需求市場。杜邦的嫘縈部在紡織品生產問題方面經驗豐富，其氨產品部則在製造尼龍成分所需的複雜流程上具有嫻熟技術。不久，當戰時生產開始，杜邦的這些優勢成為國內的資產。然而與此同時，女用長襪的市場規模龐大，足以證明為尼龍生產而建立一個

（左頁上）1939年，首批尼龍在德拉瓦州的西佛特開始量產。

（左頁下）德拉瓦州西佛特被確定為第一家尼龍廠廠址時的頭版新聞。這個城市被稱為「世界尼龍之都」。

（左上）除擋風玻璃外，Butacite® 還被發現可用於安全窗、玻璃門、浴缸圍欄、商店櫥窗、天窗及桌面。

（左下）1939年在舊金山舉行的金門博覽會上，試管中的杜邦小姐所展示的衣物、帽子、錢包以及長襪，均可在化學實驗室中製造出來。

（右上）1939年紐約世界博覽會，杜邦一百呎高的研究塔是對化學研究的抽象表現。這座塔的特色在於以升騰的氣泡生動地表現了分子活動。

（右下）（由左至右）艾倫內・杜邦、亨利・B・杜邦、小卡本特、威廉・杜邦及拉蒙特・杜邦在世界博覽會中杜邦展覽的開幕式上。

發　現

（上）二次大戰期間，尼龍被用於滿足戰時需求而非女性針織用品，其首要的用途之一即取代絲，用於製造降落傘。

（中）為了世界博覽會上的杜邦展覽館，一名技工花了八天時間，將一塊八磅重的Lucite®切割成一顆直徑九吋的精確鑽石形。

（下）杜邦的試管小姐意在向人們展現科學無需畏懼，這在1930年代是一條重要的訊息。

（右頁左上及橢圓圖）1939年世界博覽會，一般大眾首次看到了穿在杜邦模特兒身上的尼龍長筒襪。

（右頁中）杜邦總裁拉蒙特・杜邦（右）與博覽會策劃者沃特・提格（Walter Teague）。

（右頁右上、右下）在世界博覽會上，杜邦以「化學的神奇世界」展示了科學，激勵了參觀者。同時使人們相信，杜邦公司的意圖在於利用科學改善他們的生活。

完整的工廠是正確的，它恰恰是杜邦治療其在公關疾病「死亡商人」頑疾的良藥。[26] 還有什麼比為女性提供了精巧舒適的衣飾，更能夠移轉杜邦為「男性」交戰國提供軍需品的惡名呢？

1939年 4 月30日，紐約世界博覽會於長島正式開幕。展覽中包括了杜邦的「化學的神奇世界」，其中的焦點就是尼龍；九又二分之一吋的鑽石形Lucite®；一個巨大的鋼球撞在一片Butacite Princess Plastics公司的產品上，卻沒有造成任何損壞；一位模特兒從頭至腳穿著杜邦生產的合成材料製成的衣物；以及一部以展覽為名的電影。

1939年 9 月 1 日，當希特勒的坦克侵入波蘭時，世界博覽會才剛開始四個月。兩天後，英國與法國均向德國宣戰。在公開場合，美國聲明保持中立國地位；而暗中，羅斯福則在想方設法支持同盟國，其前提是避免驚擾為擔心流血傷亡而焦慮不安的美國人民。在尼龍開發成功和戰爭逼近的混雜氣氛中，小卡本特於1940年繼拉蒙特・杜邦之後接任總裁，成為非杜邦家族成員出任該職位的第一人。

1941年12月 7 日，美國終於因珍珠港事件而被捲入戰爭。剛剛開始提高美國人生活品質的各種化學奇蹟，立即被用於滿足戰事所帶來的需求。尼龍絲襪不見了，取而代之的是尼龍降落傘、尼龍繩和尼龍帳篷。不久，美國與全世界將從希特勒的黑暗政權中體會到「死亡商人」的真正含義。然而當杜邦將其尖端發現和開發技術用於人類衝突這一古老的問題時，也將面臨新的風險。

WORLD OF CHEMISTRY

u materials

THIS TOWER, A
YMBOL OF MODERN
CHEMISTRY, IS A GIANT
REPRODUCTION OF AN
EXTRACTION UNIT,
AN INDISPENSABLE
TOOL OF CHEMICAL
RESEARCH...

發 現

139

CHAPTER

6 科學與富足社會

（背景）1942年，一位《芝加哥論壇報》的藝術家畫下了科學家們在芝加哥斯塔格運動場觀察世界上第一個核反應爐的情景。

（右）第一個核反應爐的燃料被嵌在一個斯塔格反應堆的塑膠複製品中。

（下）身為一名杜邦的工程師，格林沃特夾在曼哈頓計劃的科學家們與包括工程部在內的杜邦威明頓管理層之間，擔任雙方的聯絡人。1948年，格林沃特成為杜邦總裁。

（右）諾貝爾獎得主及物理學家費米領導一組人，建構出第一個鏈式反應器。

格林沃特與其他幾位客人在一個能看到整個壁球場的包廂上各自就座。這個沒有暖氣的場地，是在芝加哥大學斯塔格運動場（Stagg Field）西面看臺下方闢出的一塊空地，早在幾個月前就已徵用，以準備今天的活動。格林沃特下方的地板上有一只用灰色織布製成的防護氣球，氣球的下方則是一塊重四百噸的石墨，它正靜靜地等待物理學家費米（Enrico Fermi）的操作。整個上午，費米和助手們已從這個神秘的龐然大物中緩緩地拖出十五呎長的鎘控制棒，從而釋放了數以百萬計的亞微觀中子（submicroscopic neutrons），撞擊著嵌在石墨中的六噸鈾。

工作進行得很慢。1942年12月 2 日，當杜邦的工程師格林沃特在下午三點左右抵達時，專家們已吃過午飯，距離費米核反應爐中的第一根控制棒抽出已有四個小時。現在，測量儀器斷斷續續的滴答聲加快了速度，又漸漸模糊，接著融入一片紛亂的噪音中，這標誌著核鏈反應在石墨塊平靜的表面下正翻滾著達到一個高潮。讓費米的賓客們感到欣慰的是，一根被助手們戲稱為「拉鏈」的安全控制棒帶著噪音進入反應堆，吸收了逃逸的中子，停止了鏈式反應。格林沃特和邀他來的物理學家康普頓（Arthur Compton）一同走過芝加哥大學寒意襲人的校園。他們興奮談論的不是炸彈和戰爭，而是電力與未來的可能性。康普頓看著朋友臉上閃現的光彩，也覺得溫暖起來。格林沃特看到了康普頓希望他能看到的一切，並領悟到這不僅是科學史上的第一次，而且是一個新時代的誕生。

當時距離珍珠港事件一周年僅五天，二次大戰則已進行了三年之久，不過自從德國1939年 9 月入侵波蘭起，杜邦就一直在準備。由於在一次大戰期間向盟國供應軍火而受到了批判，杜邦公司和全國人民一樣，不願再捲入歐洲的災禍之中。然而，當法國於

1940年 6 月淪陷，被圍困的英國在德國空襲之下孤軍奮戰時，美國國內的輿論也開始傾向於給與這個島國以積極的支持。1940年至1941年間，杜邦開始為英國和正緊張備戰的美國製造軍火。到珍珠港事件爆發時，分佈在十四個州的杜邦工人正向同盟國供應黃色炸藥和其他爆破性產品。位於西佛特的工廠生產降落傘和繩索所需的尼龍，同時杜邦在肯塔基州的路易斯維爾為政府蓋了一家合成橡膠廠。在此期間，公司還提供了豐富的軍用染料產品，證明了一次大戰期間的染料研究投資是正確的。

但是不斷逼近的核武威脅，讓這些成就黯然失色。西拉德（Leo Szilard）和維格納（Eugene Wigner）等從希特勒殘暴的第三帝國逃出來的科學家警告，德國在原子彈研究方面已取得了一定的進展。畢竟，德國的科學家已在1938年末首次完成了原子核裂變。情報部門確認了科學家們的警告後，美國政府迅速開始了自己的核研究，並將其置於軍方控制下。

1942年11月，最高機密曼哈頓計劃（Manhattan Project）的負責人陸軍准將格若伏斯（Leslie Groves）到威明頓拜訪了疑慮重重的杜邦執行委員會。他是陸

軍工程師團的成員，曾與杜邦合作過軍事專案。他認為，杜邦是美國唯一能擔負起製造原子彈所需的鈈和鈾任務的公司。[1] 但對於公司總裁及委員會主席小卡本特來說，格若伏斯的請求會再度引發「死亡商人」的公關危機，好像沒必要冒這個險。而副總裁哈靈頓和斯蒂恩則認為，這件事似乎不單是有風險，而是幾乎不可能。

杜邦的一組科學家和工程師剛剛應格若伏斯的邀請，去芝加哥參觀過費米那個代號為「冶金實驗室」（Metallurgical Laboratory）。斯蒂恩、威廉斯、蓋瑞（Thomas Gary）以及切爾頓（Thomas Chilton）對該實驗室的人才濟濟印象深刻，其中包括諾貝爾獎得主費米、西拉特、維格納、希爾伯利（Norman Hilberry）和同為諾貝爾獎得主、指導曼哈頓計劃所有研究的康普頓。然而，成長於布蘭迪河工廠、熟悉合成橡膠和尼龍的資深專家們發現，這些物理學家對待大型工程的問題，表現出令人擔憂的漫不經心，有時甚至是輕忽的態度。維格納有一些工程背景，然而在歐洲與納粹打交道的經歷，使他懷疑所有企業與政府之間的專案都會威脅到科學的尊嚴，他一度氣沖沖地說：「給我幾把鋼鋸和兩隻錘子，我們就能做得比什麼杜邦公司都要出色。」[2] 這類情緒，基本上無助於讓杜邦執行委員會更願意接受格若伏斯的懇求。

但格若伏斯仍把他的想法灌輸給了執行委員會。一旦德國戰勝後果不堪設想。美國的成功將意味著縮短戰爭，拯救同盟國眾多生命，更不必說對自由的維護了。只有杜邦具備大規模軍事生產、設備設計和建造的經驗，還有化學工程方面的專業技術，能夠引導冶金實驗室的天才們取得實際操作的成功。同樣重要的是，格若伏斯信得過杜邦。他確信杜邦坦率正直的工程師們不會抄近路走捷徑，弄虛作假。

正如格若伏斯預料的，執行委員會透過他洋溢的愛國情操，明白了他提議的具體細節。物理學家希爾伯利陪同格若伏斯前往威明頓，看到了執行委員會對中將的質詢。「你會明白為什麼杜邦是這樣一個公司，」他後來說道，「他們是你所能遇到最務實、最有洞察力的一群人。」[3] 杜邦的強項是化學和化學工程；對新元素鈈（plutonium）還沒有經驗。

的確，除了少數幾個高度專業化科學實驗室的專家外，沒有人了解鈈。1941年 1 月，西博格（Glenn Seaborg）和他加州大學的物理研究小組用柏克萊的迴旋加速器，在低於百萬分之一克的錼（neptunium）中發現了一種新元素的痕跡。一年後，西博格將其命名為鈈。這種元素極難分辨，只有超精密的實驗室設備才能偵測。現在西博格受聘於曼哈頓計劃，想找出大量製造鈈元素的方法。杜邦的任務是將他的設想轉換成鋼筋水泥的工廠，進行大規模的鈈生產，然後建立一家工廠生產鈾同位素U-235。在製造原子彈的競賽中，這兩種高度可裂變的材料都要試驗。

斯蒂恩通常很樂觀，但這回他卻直截了當地告訴格若伏斯，成功的希望只有一半。[4] 事實上，戰爭結束前——大約是在1945年——斯蒂恩估計失敗的機率還要遠大於此。儘管疑慮重重，最終執行委員會已不能將格若伏斯拒之門外。在等待董事會於12月中旬的會議上批准時，委員會同意設計、建造並經營一個製造U-235的試驗廠以及一個大規模的鈈生產廠。同時，一個由麻省理工學院知名化學工程師劉易斯（Warren K. Lewis）擔任主席、杜邦的蓋瑞和格林沃特、標準石油公司的墨弗利（Eger Murphree）所組成的委員會，將前往參觀曼哈頓計劃位於柏克萊的研究

杜邦的工程師和建設人員花不到兩年的時間,就將六百平方哩的山艾沙漠建成了一個鈽生產基地。建設經理馬提亞斯多年後回顧說,專案的一大部分建設都走在工程設計的前面。工人們按照草圖和大概方向,向前開掘,直到杜邦設計組的圖稿從威明頓送達。

實驗室，在那裡，西博格和恩斯特·勞倫斯（Ernest O. Lawrence）等其他科學家正在探索生產U-235的方法。杜邦執行委員會願意參與這項事業，但他們希望能夠把雞蛋放在更牢靠的籃子裡，使自己的努力能夠有更強有力的保證。格若伏斯已經說服杜邦，這個籃子將會是用鈈做成的。

從加州返回的路上，以劉易斯為首的委員會成員在芝加哥的冶金實驗室稍做停留。他們來得正是時候，費米正計劃於12月 2 日在空球場上進行一次實驗。場地有限，康普頓只能從委員會中邀請一位客人。在深思熟慮後，他選擇了格林沃特，他當時四十歲，可能比所有人活得要長久，因此他將成為這個歷史事件的見證人。維格納帶來了一瓶他保存了數月、且戰後禁運的義大利奇昂第（Chianti）葡萄酒。維格納因為妻子是猶太人而被柏林大學解聘，1935年到了普林斯頓大學，他打算向費米敬酒——費米於1938年攜猶太裔妻子和兩個孩子逃離了墨索里尼統治下的義大利。當安全控制棒終於噹啷一聲就位後，維格納拔開了奇昂第葡萄酒的瓶塞。沒有人致敬酒詞，相反地，人們以紙杯安靜的碰杯，表達了對當天成果的滿意，這正是人們所期望的戰爭結束的開端。

1942年12月 2 日的成功，幫助冶金實驗室說服了杜邦董事會批准在田納西州克林頓（Clinton）靠近橡樹嶺（Oak Ridge）處，建造一個生產U-235的試驗廠，以及一個鈈製造廠，其廠址將由杜邦與陸軍工程師團共同選擇。但董事會提出了三個條件：整個計劃杜邦在成本之外只收取一美元；政府擁有在研究中產生的所有專利；政府對杜邦的負債和虧損進行補償。小卡本特不願讓他的公司受到從戰爭中牟取暴利、或是無休止地製造武器軍火之類的指控。在接下來的兩

年裡，他不斷提醒鈈製造廠的業務經理西蒙（Watler O. Simon）：「整個公司都在你的手裡。」西蒙當時還太年輕，不懂得擔憂。日後他回想起來，覺得當初自己應該被嚇呆了才是。[5]

杜邦將曼哈頓計劃中擔負的任務冠以代號TNX，這個代號是源自李斯在一次大戰期間為海軍研製的一種已被淘汰的炸藥三硝基二甲苯（trinitroxylene）之縮寫。TNX計劃被安排在由威廉斯主管的爆破性產品部。實際上，這已經成為杜邦第十一個產業部門。威廉斯的任務令人氣餒，格林沃特也同樣如此；他將充當杜邦和冶金實驗室思維獨立的物理學家之間的聯絡人。當威廉斯、格林沃特和工程師蓋瑞得知他們在TNX計劃中的任務時，便直奔杜邦飯店的酒吧喝了一杯。「主啊，請幫助我們！」格林沃特在日記中這樣寫道，「我們成功的機會不超過四分之一。」[6]

二十一個月後的1944年 9 月27日，在投入了三億五千萬美元後，杜邦工程師們慣稱為「反應體」的三個核反應爐中的第一個已準備就緒，可以啟動。哥倫比亞河（Columbia River）附近六百平方哩的山艾荒漠和華盛頓州漢福德（Hanford）小村內的灌溉果園，成了巨大的工程場地。三個立方體的反應堆，每個約五層樓高，每邊寬四十呎，沿哥倫比亞河向北相隔六哩依次排開。它們生產出的放射性鈾，像是被金屬包裹的小塊狀物，閃著紅光，其中含有微量珍貴的可裂變副產品鈈。手電筒大小的金屬塊被暫時置入水槽中冷卻，然後將放在塗有鉛內層的容器內，由鐵路運至六至十一哩以外的下游，用化學技術將鈈從金屬塊中分離出來。在那裡，三座巨大的、八百呎長的分離塔從沙漠中平地而起，約十層樓高。這些孑然而立的龐然大物可能曾讓人聯想到古代金字塔的形象。分

（左上）「我們任何事情都要排隊，」漢福德工廠的一名老工作人員回憶道。圖為藥房。

（圓形圖及右上）在漢福德，發薪車每週來一次，一站站向建築工人發放工資。

（左下）鈾塊送達漢福德後，需先秤重量。

（下中）漢福德的八個食堂每天負責四萬五千名建築工人的用餐。

（下右）許多漢福德的工人在工地附近的西部聯合車站匯款回家。

離塔的建造者選擇了更為熟悉的暱稱「瑪麗皇后」和「大峽谷」。

在分離塔中，隔著七呎混凝土防護牆的專家透過遙控裝置，移動放射性的鈾經過貫穿於整個「大峽谷」中的多個加工環節。一噸鈾塊僅能分離出近七十九磅的硝酸鈽，是一種棕色的樹脂狀沈積物，然後用卡車運至新墨西哥州白楊城（Los Alamos）的曼哈頓計劃實驗室，接受最後加工環節，成為武器級的純鈽。

如同過去在老胡桃樹鎮一樣，杜邦的工作人員以及工程下包商在漢福德建了一座小城，來安排戰爭高峰時期四萬五千名工人的食宿和娛樂休閒。這些工人中有許多死於這個被稱為「終結粉末」的細小沙粒所堆積而成的區域——兩年建設期間，重型機械共挖出了二千五百萬立方碼的泥土，浮土隨著風飄散。威廉斯認為哥倫比亞河周圍的砂礫土是上帝給杜邦送來的成功禮物，因為這種砂礫土可以很方便地用於製成高品質的混凝土。但是工人有時會因這些常年的沙粒感到沮喪，沙粒滋擾著他們的衣物、頭髮和皮膚。格若伏斯說：「一開始就有人想回家。」[7]

杜邦盡了最大的努力來改善漢福德的艱苦條件。當女性職員抱怨粗糙不平的路面會損壞她們的鞋子後跟時，杜邦工程師里德（Granville Read）就在路面鋪上瀝青。當酒吧中出現麻煩時，杜邦的職員們就為窗戶裝上了鉸鏈，讓警察可以很方便地朝裡面扔催淚彈，恢復秩序。漢福德因沙塵而乾渴的建築工人每週的啤酒消耗量為一萬二千加侖，氣候過熱對核反應爐的後果更為嚴重，為了冷卻，每個核反應爐每分鐘消耗七萬五千加侖哥倫比亞河水。

漢福德是戰爭中最大的建築工程。各種場所設施佔用的空間，是一次大戰中最大的工程老胡桃樹鎮工

廠的七十一倍多。雖然杜邦擔心與武器製造的聯繫過於密切，但漢福德鞏固了該公司作為美國能夠承擔大型複雜技術工程的首選企業的聲譽。

1945年 2 月初，第一鋼瓶膠狀硝酸鈽運抵白楊城。很快地，U-235也從田納西州的橡樹嶺運到。7月16日，一顆鈽試驗彈在新墨西哥州的阿拉莫高多（Alamogordo）成功爆炸。U-235彈則無需測試，因為人們對其裂變過程較為了解。1944年 6 月 6 日，同盟國在歐洲諾曼第登陸，為自己包紮了以往的傷口，並繼續向前挺進。1944年 8 月，巴黎解放。納粹在比利時突出部之役（Battle of the Bulge）進行了激烈但失敗的反攻，這場戰役一度使同盟國的攻勢受到遏制，但之後德國最終於1945年 5 月 8 日投降。大膽的挪威抵抗戰士的破壞活動，使第三帝國在挪威的原子彈研究化為泡影，而德國自身的資源匱乏，也阻礙了納粹的核研究發揮其危險的潛能。

但太平洋戰爭仍是如火如荼。日本的最終戰敗已不可避免，但美國人必須付出重大傷亡。[8] 2 月和 3 月在硫磺島的死亡海灘上戰鬥的六萬名海軍陸戰隊，有近一半人傷亡，這是陸戰隊歷史上最高的傷亡比率，而預計奪取日本本土的戰鬥會同樣殘酷。小羅斯福總統於 4 月12日逝世後，戰爭最後決策的重擔落在杜魯門（Harry Truman）的肩上。8 月6 日，一架名為艾諾拉·蓋（Enola Gay）的B-29型轟炸機在廣島投下一顆重四噸的U-235彈。但日本的軍事指揮部傳來的僅僅是沈默。沈默是驚愕中的困惑，還是勢不兩立地抗拒？三天後，另一架B-29型戰鬥機「啤酒車」（Bock's Car）投下一顆暱稱為「胖子」的五噸重鈽彈，穿過雲層，落在長崎。次日，日本天皇終於通過了軍事指揮官的重重阻礙，決定投降。在對猶太人的

（左頁左上）一頂紅色的高強度人造絲降落傘攜帶著空降部隊的補給品。

（左頁上中）一位杜邦的操作員正在檢查一組用於炸彈頭錐的Lucite®丙烯酸樹脂。

（左頁右上）二次大戰期間，許多杜邦員工都穿軍裝工作。

（左頁左下）杜邦員工捐血給紅十字會。

（左頁下中）汽油配給始於1942年5月，威明頓的拉蒙特·杜邦騎著自行車上班。

（左頁右下）一個曾在十九世紀製造杜邦炸藥的鐵質滾輪作為廢金屬，被捐出用於戰時之需。

（左）二次大戰期間為杜邦工作的女性被稱為「WIPS」（Women in Productive Service），意為「為生產服務的女性」。WIPS對德拉瓦州西佛特尼龍廠的運作非常重要。

1945年 8 月14日，紐約人慶祝二次大戰太平洋戰爭的結束。

（右頁左上）身為杜邦的總裁，沃特‧S‧小卡本特指引公司的戰時生產，以及其後回歸到和平時期的製造。

（右頁右）1945年12月 6 日，杜邦威明頓的全體員工正忙於重新調整計劃，以滿足民間產品的需求。

154

大屠殺、汽油彈轟炸，和五千萬人付出了生命後，第二次世界大戰在太平洋戰場的上的核火葬堆上劇烈地顫動了兩次，隨即沉入了記憶。

沒有人比小卡本特感到更輕鬆，1946年在對杜邦戰時活動的總結中，他提醒持股人，比起一次大戰的85%相比，這次戰爭期間的軍事爆破性產品低於公司總產量的25%。[9] 小卡本特沒有忽略杜邦龐大的軍火生產，二次大戰期間，杜邦共生產

了四十五億磅的軍用爆破性產品，比一次大戰多出三倍。但他更樂於強調那些減輕痛苦的救生產品：救生筏所用的DuPrene；磺胺類藥品成分；尼龍蚊帳和外科手術縫線；氟里昂氣霧劑和冷媒；薄膜食品包裝紙；X光片；以及塑膠義肢。卡本特說，如同數以百萬計的美國人一樣，杜邦爲了履行愛國職責，也中斷了自己的正常活動。而現在是回到和平，追求繁榮的時刻了。

小卡本特準確地掌握了全國性的情緒。[10] 聯邦政府在二次大戰期間總計一千八百六十億美元的支出，有效地結束了大蕭條，這經常被稱爲是二十世紀美國最大的一次所得重分配。[11] 1939至1944年之間，工資和薪酬水準增長了兩倍多，足以抵銷戰時的通貨膨脹。百貨公司的顧客蜂擁而至，1944年，他們購買那些因戰時配給而變得稀少的商品，如布料、金屬製品、皮革、橡膠製品、糖、咖啡和汽油，花的錢是1939年的五倍。漢福德關於路面磨損鞋根的抱怨不是無病呻吟，因爲辦事員和秘書們穿的是配給的鞋

子。到戰爭結束時，消費者已有一千四百億美元的購買力，是珍珠港被襲時水準的近三倍。除此之外，「退伍軍人法案」在學費和抵押貸款方面的優惠政策，紓解了近一千三百萬退伍軍人的就業和房屋問題，在兩年之內，這些退伍美國軍人和其家庭占了美國人口的近四分之一。

戰爭使大公司獲益匪淺，雖然聯邦政府也適度的努力，將利潤豐厚的軍事合約分配給小公司。戰爭生產委員會將其合約的30%分配給十家最大的公司，並確保到戰爭結束爲止，這些公司不會受到反托拉斯起訴。如同曼哈頓計劃所表現出來的，一些專案過於龐大且嚴格要求時效，不可能冒險將任務分散造成效率低，或爲了嚴格的公正而使得戰時生產緩慢。但是，司法部反托拉斯處的首席檢察官助理阿諾德（Thurman Arnold）仍然指出1942年杜邦與美國鉛製品公司（American Lead Company）設計限制貿易。

杜邦悄悄地繳付了一小筆罰款，沒有承認違法，但1943年，杜邦又受到另外兩項指控，其一涉及到二氧化鈦塗料，另一項則是關於杜邦與ICI的長期專利分享協定。這些訴訟拖到了戰爭結束。

眾所周知，在小羅斯福總統於1943年將阿諾德調到上訴法院之前，阿諾德起訴的案件是驚人的一百八十項——爲1890年「謝爾曼法案」通過

（下）杜邦-通用的反托拉斯官司歷時十二年之久。圖為1955年1月法庭情景。

（右頁）1951年，杜邦將一車高中學生送至中央實驗室參觀。透過觀看科學家工作，鼓勵學生學習科學。

以來，反托拉斯起訴案總量的一半。然而，戰爭的結束不僅恢復了一些懸而未決的舊訴訟，還引發了針對杜邦油漆塗料、薄膜、木製品磨光劑、煞車油以及其在通用汽車持股等問題的一連串新指控。1951年，杜邦面臨著六項主要的反托拉斯起訴。其中兩項勝訴，包括一宗上訴到美國最高法院（薄膜案）的案件，另外有兩項被駁回。1952年，專利分享一案的判決不利於杜邦和ICI。兩家公司被迫終止其協定，並分割其在巴西、阿根廷和加拿大的共有資產。在通用汽車公司持股一案中，聯邦檢察官指控杜邦在通用22%的持股，使得它在銷售多種汽車相關產品時，有不公平的優先權。

通用案的訴訟和判決拖了十二年。儘管1954年，杜邦在聯邦芝加哥地方法院贏得了這場官司，三年後美國最高法院的裁決卻不利於杜邦，這並不是因為杜邦和通用公司聯合排斥其他競爭者，而是因為杜邦的通用持股形成了得到優惠待遇的「合理的可能性」。在接下來的四年中，最高法院作出了一項艱難的判決，確保杜邦以最低稅罰將六千三百萬股的股份出售給股東。

杜邦並不是1945至1964年間唯一因反托拉斯法而在最高法院被起訴的公司，但卻比其他任何公司都要頻繁地出現在最高法院。在戰後最高法院的二十宗重大反托拉斯裁決中，杜邦涉及三宗，其中薄膜一案勝訴，但在關於通用汽車股權的另外兩宗中敗訴。[12] 由於杜邦對身為良好企業公民和可靠股票投資的歷史聲譽極其敏感，通用股份的訴訟和貫穿1940年代的一連串反托拉斯官司，給杜邦帶來了不小的打擊。1947年，小卡本特的憤怒之情在公司素來穩重的年度報告中表現了出來。「可能，」他寫道，「杜邦和其他公司都必須重新考慮以較低價格為公眾帶來更新更好產

品的歷史悠久方針。」[13]

　　小卡本特曾對杜邦一位因職務不稱心而猶疑不決的年輕工程師說：「年輕人，既然他們給了你機會，你就應該接受挑戰。」1948年1月19日，小卡本特將公司總裁職位這一挑戰交給了這位年輕人。格林沃特曾幫助杜邦成功地研發出尼龍；曾說服了對曼哈頓計劃至關重要的冶金實驗室的物理學家們團結合作；他還曾經協助解決了一些複雜的設計問題，確保了該計劃的成功。現在，作爲新任總裁，格林沃特將管理史無前例的研究與生產，同時要保證公司日益增長的規模不會有損個人主義和自由競爭的精神。[14] 在杜邦原本與1950年代美國經濟之間步調一致的和諧中，聯邦反托拉斯行動聽起來彷彿是一個不和諧的低鳴。

　　杜邦的成功素來是一場深思熟慮的冒險，尤其是1920年代晚期全力支持斯蒂恩的基礎研究計劃之後，更是如此。到1950年，對於一個有競爭力的化學品公司而言，科學研究已不再是一種選擇，而是必要。「我們進行研究，是因爲必須如此。」1945年繼斯蒂恩之後進入執行委員會的研究顧問威廉斯說道，「如果我們停下來，競爭者就會擊敗我們。」[15] 當面臨曼哈頓計劃25%的成功機率時，格林沃特曾請求上帝的幫助。現在，他將調用三千萬美元的資金用於中央實驗室的擴建，而在實驗站孵化的專案中，二十項中也許只有一項能成功。1951年，中央實驗室的十九幢新樓啓用後，杜邦投入了四千七百萬元研究經費，這個金額比通用汽車和貝爾電話的研發預算少幾百萬美元，但相當於標準石油公司的兩倍多。到1956年，杜邦十個製造部門都在中央實驗室內擁有一個複雜的實驗設施。

　　這樣龐大投資的風險是顯而易見的，但背後的周

密計劃也同樣複雜。各部門的研究委員對專案縝密的審核，再加上對各項研究投入回報的詳細統計和追蹤報告，以確保一發現有利潤的產品，能將潛力發揮到最大。每個月執行委員會都要開會，對掛在頭頂小車內的三百五十份業務成績圖表進行審核。運氣和直覺也起了作用，有許多年，杜邦的運氣一直很好。畢竟1947年時，杜邦產品中有四分之三是斯蒂恩重視基礎研究以來的二十年中開發並引入市場的。現在，杜邦又一次將科學的豐盛果實交給日益富足的社會。

1949年，當南卡羅萊納州坎登（Camden）的五月工廠（May plant）還處於建設之中時，研究人員開發出了一種類似於羊毛的丙烯酸纖維Orlon®，杜邦認為出這種纖維可以染上適當的顏色。「回頭看去，」執行委員會成員辛尼斯（Lester Sinness）後來回憶道，「我們就像是密西西比河船上的賭徒。」[16]Orlon®出現了一些技術問題，如抽絲及切絲以使其羊毛質感達到最佳效果。但在投入近六千萬美元之後，因為寬鬆針織衫的流行，Orlon®前期的投資開始得到回報。1956年，杜邦將五月工廠的產能擴大了一倍，並開始在維吉尼亞州的溫斯波羅（Waynesboro）建造一家新的纖維紡織廠。

杜邦下個貢獻是免燙聚酯達克龍®（Dacron®）。發展成聚酯達克龍的特殊聚合物早在1934年就已由一名與卡羅瑟共事的化學家斯帕納吉爾（Edgar Spanagel）開發成功。但杜邦將這項發現暫時擱置，以集中進行手頭更有希望的尼龍研究。六年後，兩位熟知卡羅瑟出版專著的英國研究者同樣發現了這種聚合物，並以達克龍之名申請了專利，之後他們將這項專利出售給了ICI，時效為二十年。然而，當時杜邦已恢復了其聚酯研究，並於1945年初從ICI手中購進

（左頁上及背景）南卡羅萊納州坎登的五月工廠，Orlon® 紗線軸正接受檢查。在證明Orlon® 非常受歡迎後，工廠於1949年啟動，1956年生產量加倍。

（左頁圓形圖）1951年的廣告表明，圖中的這件Orlon® 丙烯酸纖維織成的經典針織衫手感出奇地柔軟。

（左頁左中）執行委員會每個月在圖表室集合一次，審核公司業績。

（前左頁左下）1949年，杜邦總裁格林沃特（中）及四位前總裁（由左至右）：小卡本特；皮耶·S·杜邦；艾倫內·杜邦及拉蒙特·杜邦。

（上）因為耐穿且無需熨燙，達克龍® 制服很快普及。

（圓形圖）這件速乾泳衣是用達克龍® 和棉製成的。

（下）達克龍® 最初在德拉瓦州西佛特的試驗廠生產，接著在北卡羅萊納的金斯頓投入量產。

了達克龍®專利的美國使用權。障礙清除後，杜邦繼
續進行被稱爲「五號纖維」的研究與開發。

1950年，位於德拉瓦州西佛特的一家試驗廠用修
改過的尼龍技術，生產出達克龍纖維。1953年，杜邦
啓動位於北卡羅萊納州金斯頓（Kinston）的大工廠生
產五號纖維，也就是達克龍®。和Orlon®一樣，達克
龍®也存在一些問題，但並不明顯，直到潛在的消費
者使用後才顯現出來。例如，杜邦起初希望達克龍®
用於輪胎帶，但輪胎製造商對這種新產品很失望。在
織成紡織品時，達克龍往往會起毛球。於是，1954
年，在威廉斯的建議下，杜邦在威明頓附近建立了
Chestnut Run紡織品研究實驗室，尋找合成纖維在使
用中具體問題的解決方法。1960年，杜邦在老胡桃樹
鎮的人造絲廠附近建立了第二家達克龍廠。

當然，爲滿足絲襪捲土重來的巨大需求，尼龍開
始以創紀錄的產量生產。到1950年，杜邦十個製造部
門中，已有五個是合成纖維或相關的化學品。此外，
儘管1952年全國紡織品市場出現暫時性不景氣，但
1950至1953年的韓戰所再次形成的軍事需求，使得杜
邦的尼龍和人造絲的產能吃緊。1949年，杜邦的銷售
總額首次達到十億美元。1951年十五億美元；1953年
十七億五千萬美元；1957年，創造了近二十億美元的
銷售紀錄。

在杜邦，產品多元化的意義遠遠超出了新合成纖
維的範圍。研究工作還產生了一批新的塑膠產品，如
Delrin®和Zytel®，其強度足以在傳動裝置、工具和汽
車零部件中替代金屬；此外還有農業產品，如肥料、
殺菌劑、除草劑和種子殺菌劑；以及達克龍®的兩種
後繼產品聚酯薄膜Mylar®和Cronar®。Mylar®用於多
種產品，如磁性錄音帶和專業包裝；而Cronar®則可

New York Times February 6, 1946

Yesterday Macy's sold
50,000 pairs of nylons...
★
An apology to those
who didn't get theirs...

Yesterday, for the fourth time since early November, Macy's put nylons on sale. We had 50,000 pairs. We started selling at 9:45 in the morning, and stopped at 3:12 when the supply ran out. As you might expect, there were customers still on line who were disappointed.

To them we want to say that we're terribly sorry. As the world's largest store, we have proportionately large shipments of nylons—but we have, by far, so many more customers than any other store that it's impossible to supply more

科　學　與　富　足　社　會

> 美國參戰後，廢金屬對美國軍方就成了一種珍貴的商品。杜邦犧牲了一部分自己的歷史，捐贈了二十八部鐵製滾輪用於戰事。原哈格雷火藥廠已於1921年關閉，過去碾粉末並將其混合的三十個大型滾輪從此閒置。這些每部重七噸、直徑六呎、寬二十吋的滾輪擱置了二十年，彷彿杜邦在布蘭迪河一個多世紀火藥生產的靜默紀念碑。但1942年，一支廢物回收隊用拖車把它們從火藥廠運出，打算弄碎。「這麼做似乎很遺憾，」焊工奧格登（Jim Ogden）說，他用乙炔噴燈將成對的輪子分開來，「就像在拆毀墓碑。」諷刺的是，填塞在這些廢品中的低爆炸性炸藥，竟然是將這些鐵質的龐然大物拆解成可運送小塊金屬的最有效方法。滾輪曾在其上碾壓火藥的十四個十噸重的鐵質底盤，也被回收再利用。杜邦只留下了兩個滾輪作為紀念。

> 休閒針織衫似乎始於1939年始於女星拉娜·透納（Lana Turner），但直到1950年代，杜邦的Orlon® 才使這種針織衫成為時尚，流行於各大學校園。Orlon® 是一種防黴織物，比羊毛輕，並且洗滌方便。而羊毛在洗滌、成形和熨燙時都必須很小心。此外，比起染色羊毛單調的色調，Orlon® 可以染成純白或是其他明快的色彩。而如果沒有這種新的合成纖維產品，就不可能有無所不在、色彩繽紛的針織衫，搭配一串珍珠。Orlon® 把針織衫從冬季的特有商品變成了衣櫥中一年四季的主角。1953年，Orlon® 的針織衫市場佔有率僅為5%，到1960年時，已達50%，且仍在上升，每年的針織衫銷售數量為一億多件。

> 二次大戰期間，美國人學會了忍受多種消費品的短缺，包括杜邦從絲襪生產轉向降落傘生產的尼龍。負責配給的政府官員提醒消費者，二千三百雙尼龍長襪就可以做一頂降落傘，而每個美國家庭每週節省一個錫罐，就能製造三十八艘「自由號」輪船。1941年至1942年皮革短缺，加上軍用皮靴和皮鞋的需求增加，導致了1943年2月美國平民的皮鞋配給。在發生珍珠港事變的1941年，美國人平均每人購買了三點五雙鞋。到1944年，這個數字降至兩雙。不過，英國在嚴重圍困之下，購鞋數量已降至每年一雙，且直到戰後都忍受著食品配給之苦，相較之下，美國人的情況要好得多。

鈾元素和鈽元素是「曼哈頓計劃」的核心所在，其原子核中含有大量的質子和中子，鈾為238，鈽為239。如果一種元素獲得或失去中子，但仍保留著其所有的質子，則將會形成這種元素的同位素。1930年代，物理學家們發現鈾的同位素U-235的可裂變性極高。也就是說，它可以輕易地裂變成兩種更輕的元素，在此過程中釋放出能量和中子。同時，U-235是一種稀有的同位素，其自然發生的比例為每一百四十個鈾原子僅產生一個U-235。曼哈頓計劃的科學家們所面臨的挑戰，是將U-235從其母體U-238中分離出來，並集中用於製造炸彈。

研究者們嘗試了三種從U-238中分離U-235的方法，但最成功的是在田納西州橡樹嶺工廠進行的氣體擴散。氣體擴散是指用氣泵抽出六氟化鈾氣體，使其通過被稱為階式蒸發器的連續半多孔篩檢器。由於含有U-238的氣體分子要大於U-235的，後者的大多數就會通過每個階式蒸發器中的細小孔洞。最終，聚集起來的U-235六氟化鈾被分離成各種組成部分，留下濃縮鈾和一種無用的副產品。

U-235的特殊屬性被發現之後不久，物理學家們又注意到某些U-238原子會對U-235自動裂變時釋放出的中子加以吸收。這些U-238原子接著便形成不穩定的同位素U-239，而U-239又會將一些中子轉換成質子，以獲得更大的穩定性。這就產生了微量的鎿和一種全新的元素鈽，或PU-239。鈽同樣具有高度的可裂變性，因此適合用於原子彈。透過在核反應爐中的U-238與U-235釋放出的中子轟擊，可以大量生產鈽。但是，和U-235一樣，鈽必須從更大量的U-238和放射過程的其他副產品中分離出來。華盛頓州的漢福德工廠首次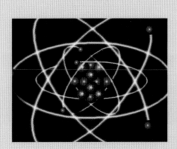生產了鈽，並將其從鈾中分離出來。曼哈頓計劃希望將這兩種元素都用於核彈的裂變核，但只有鈽彈在新墨西哥州阿拉莫高多的三一基地進行了測試。一顆U-235炸彈投在了廣島，而一顆鈽彈則投向了長崎。

經歷過一次大戰之後那幾年，杜邦擔心在二次大戰期間為軍方所做的研究和生產，會再次導致關於戰時牟取暴利的指控。然而，為避免任何可能發生的指控，杜邦堅持對其在曼哈頓計劃中所做的所有工作，只在成本之外收取象徵性的一美元費用。這個費用鞏固了杜邦為政府達成任務的正式性和合約性質，同時最低限度的費用也確保當和平最終到來時，杜邦將沒有與戰爭相關的資本投資。戰爭在杜邦與政府的合約到期日之前結束，一板一眼的聯邦審計人員請杜邦退回政府已支付的一美元中的33%，被逗笑的杜邦會計立刻便開出了支票。

以製成一種耐久且不易燃的電影軟片，以及工程和平面造型藝術所用膠片。

在中央實驗室的紡織纖維先鋒研究實驗室，杜邦的研究者威特貝克（Emerson Wittbecker）和保羅‧摩根（Paul Morgan）發現了一種新方法，可以在室溫下製造出一種被稱為「聚合物」的複雜有機物質，他們使各種成分懸浮在兩種不相溶的液體中，就像水上的浮油。在兩種液體相接觸的點，表面聚合反應頻繁發生。這一發現不僅引發了製造尼龍的新方法，而且還導致了1960年代一些新產品的出現，如尼龍基紙張、防火的Nomex® 纖維和紙張，以及萊卡（Lycra®）彈性纖維。這項發現還激勵了對乳膠和紡織技術的進一步試驗，產生了如特衛強®（Tyvek®）房屋外牆不織布等材料。

大家應該記得，1950年代美國蒸蒸日上的經濟社會，遺忘了四分之一的美國人。但大部分人在戰後的十年中，汽車擁有率增長了兩倍多，他們郊區新家中的冰箱因戰後農業革命帶來的高效生產而儲備充足，對於他們來說，杜邦的產品成了更富足生活中一個基本的組成部分。「生產優質產品，開創美好生活」曾在大蕭條時期喚起了人們的希望，但直到1950年代的擴張性繁榮，才得以全面實現。

諷刺的是，紡織纖維部很快就碰到三十年前困擾過油漆部的相同問題。嫘縈、尼龍和Orlon® 的銷售人員互相競爭，矛盾的主張和銷售過程中彼此挖牆角的行為令顧客感到困擾。解決方法與1920年代初使用的非常相似，各個銷售分支被組織起來，在紡織纖維部成立單獨的職能部門，其銷售人員推廣紡織纖維部所有的產品，而非某一種產品。

聚合化學品部的銷售人員在一種奇特但昂貴的新塑膠產品上遇到了難題：它與其他任何一種產品都沒有共同之處，因此沒有人明確了解如何推廣這種產品。1938年 4 月的一個上午，杜邦二十六歲的化學家普朗克特（Roy Plunkett）在傑克遜實驗室繼續一種新冷媒研究時發現了這種塑膠。五十個裝有四氟乙烯（TFE）氣體的圓筒在乾冰上放了一夜，他打開其中一個，令他吃驚的是，沒有任何物質產生。一些白色的粉末飄到了地板上，普朗克特和助手切開圓筒，發現四氟乙烯已在一夜之間自動發生了聚合反應。

普朗克特的第一反應和常人一樣。「好吧，」他喃喃抱怨，「一切要從頭再來了。」[17] 但化學家的本能很快佔了上風，他把這種新物質拿到實驗台做測試，立刻就發現這種新聚合物的不凡特點：它對包括濃酸在內的任何試劑都不起反應。他再次試驗，以確認這種聚合物的生產過程很可靠，然後將所得物質送至塑膠品部，進行進一步測試，成果很豐碩。二次大戰期間，這種材料被用於曼哈頓計劃，用TFE製成的密封墊，有效地防止了U-235生產中所出現的腐蝕性酸性物質的侵蝕。耐高溫的特性使TFE成為液態燃料箱的完美內襯，高度絕緣的特性又使厚度僅為0.05毫米的TFE帶可用於包裹夜間轟炸機上的雷達架線。[18]

然而普朗克特的奇特聚合物在民間市場上卻存在著一些缺陷。材料不易成型，而且非常滑，很難黏合在各種表面上。此外，這種材料非常昂貴。新澤西州坎登的美國密封墊公司把從杜邦訂購的少量產品儲存在銀行保險庫內，每次技術人員取出一部分帶回工廠進行加工時，都必須記錄備案。杜邦的化學家用不沾黏的鐵氟龍®（Teflon®）像油漆

52

Polymerized Tetrafluoroethylene.

4-6-38

On cleaning up a cylinder which had contained approximately one kilo of tetrafluoroethylene, a white solid material was obtained, which was supposed to be a polymerized product of C_2F_4.

The material was washed with water, acetone and dried at 100°C.

Obtained 11.4g. 2491-52-1

Sample gave good Beilstein test for halogen.

Sent for chlorine and fluorine analysis,

Bound   chlorine - nil
        fluorine - 48.4%

Roy J. Plunkett

53

Polymerized Tetrafluoroethylene

4-8-38

Today when a cylinder which had contained 850g C_2F_4 was emptied the tare weight was found to be 60g high. The valve was removed from this cylinder and 60g of a white solid removed (same as on page 52). This cylinder had been standing in the laboratory about 10 days.

The solid material gives a good Beilstein test for halogen. It is thermoplastic, melts at a temperature approaching red heat and boils away. It burns without residue, the decomposition products etch glass. It is insoluble in cold and hot water, acetone, CCl_4, "γ-113", ether, petroleum ether, alcohol, pyridine, toluene, ethyl acetate, conc. H_2SO_4, xylol, 30% NaOH, glacial acetic acid, nitrobenzene, iso-amyl alcohol, ortho dichlorobenzene and conc nitric acid.

Sample 2491-53

Roy J. Plunkett

一樣塗上，解決了黏合問題。第一層為底層塗料，正是底層塗料的化學機制，使聚合物可以黏合在鍋子的金屬表面上。在一次行銷宣傳活動之前，杜邦從這種新塑膠中獲利甚微。這次行銷宣傳活動與1930年代初期曾為合成橡膠的推廣發生重大作用的廣告宣傳極其相似，它使新塑膠在1954年至1960年間的銷量增加三倍，而接下來的一系列不沾鍋炊具，也使得鐵氟龍®成了一個家喻戶曉的名詞。[19] 現在，從電線與電纜的絕緣層，到用於不易生產藥品的奇形管，鐵氟龍®有幾百種用途。

1952年 7 月18日，儘管包括美國前司法部檢察官夏皮羅（Irving Shapiro）在內的法律顧問團正在準備11月開庭的通用反托拉斯審判，杜邦還是為兩項重要的成果舉行了慶祝活動。其一為公司成立一百五十周年，在威明頓郊外最早的火藥廠舉行了一個精心設計的慶祝儀式，並向遍佈全國的杜邦工廠進行了直播。其二是受新的原子能委員會監督，位於南卡羅萊納州艾肯（Aiken）的鈽生產廠薩凡納河工廠（Savannah River Plant），因一百萬個工時無工傷，為杜邦創造了工業生產的世界安全紀錄。二次大戰在沈入記憶時，也掀起了一些波浪。1946年邱吉爾（Winston Churchill）在密蘇里州富爾頓（Fulton）發表的「鐵幕」演說為蘇聯及東歐社會主義國家與另一邊美國及其他民主國家之間的深度分裂，提供了一個持久的形象，這次分裂，即眾所周知的「冷戰」。

1949年 9 月，蘇聯的核彈試爆成功，次月，共產黨接手中國政權，並於1950年參加韓戰，所有這一切都與戰後美國平靜的日常生活形成了鮮明而緊張的對比。「同歸於盡」的核子威懾理論，以及宣揚要遏制社會主義的杜魯門主義，都使得日益逼近的戰爭可能

性盤旋在美國的上空。1950年10月，應杜魯門總統的個人請求，杜邦出於當年參加曼哈頓計劃的許多相同的原因，同意在同樣的條件下建造並運行薩凡納河工廠。杜邦在漢福德的成功，使得杜魯門在考慮國家安全時將其包括在內，也使得杜邦對於建造薩凡納河工廠比八年前更有信心。

在老火藥廠舉行的一百五十周年慶祝活動上，格林沃特在演講中告訴聽眾，社會主義和核子戰爭並不是對自由的唯一威脅。高稅率和過度的政府控制，也同樣是一種威脅。格林沃特熱切期望能獲得多年以前公司創辦人所擁有過的那種迷人的自由，他無法理解為什麼現在杜邦不能像艾倫尼‧杜邦時期那樣，再次放射出耀眼的光芒。在這樣一個愉快的場合，格林沃特表現出的煩躁情緒，透露了他對政府為補償韓戰而制定的超額利潤稅所感到的不滿。過高的稅收使杜邦1951年的利潤減少了三億七千萬美元，高出1949年稅額的77%。這次演說還反映出他長期以來對聯邦反托拉斯法的失望。1949年 6 月，格林沃特曾說過，顯然政府認為除了自己以外，「大」都是壞事。[20]

1949年11月，格林沃特在眾議院壟斷力研究特別小組委員會前的證詞，導致該委員會主席、紐約州議員賽勒（Emmanuel Celler）發表了一個聲明，這個聲明一定讓這位杜邦的總裁深感傷害。賽勒在聲明中表示，事實上，大企業可能準備以非人為力量控制個人，許多人將這種控制與社會主義制度相提並論。1950年，國會通過「賽勒—基佛維法案」（Celler-Kefauver Act），該項法案規定，檢察官可以考慮將市場佔有率當作不正當競爭的證據，因此將許多人認為是明顯偏見的觀點判定為法律，即：公司的規模龐大是有害的。多年以後，格林沃特在芝加哥的一次反托

（上）杜邦一百五十周年的慶祝活動，化了妝的演員們在布蘭迪河的河岸上舉行遊行慶典，同時一座紀念碑在這個企業的第一座火藥廠廠址揭幕。

（左中）身為杜邦的總裁，格林沃特是全公司裡面最勤於拜訪各工廠的人，圖為在維吉尼亞州貝勒。

（背景）薩凡納河廠生產的鈽最初被用於國防，但也用作發電廠的燃料以及藥物分析和研究。

（右中）一根鐵氟龍®棒（右）和一根樹脂棒浸入硫酸中，以顯示鐵氟龍®的特性。鐵氟龍®棒不受酸的影響，而樹脂棒則被腐蝕燒焦。

（下）雖然鐵氟龍®早在1938年就已得到確認，但用來開發為民間產品，如不沾鍋，卻花了十年多的時間。

拉斯律師會議上隱喻說，如果不幸的行人可以是計程車的主宰者，他也可稱爲是反托拉斯法的權威。[21]

反托拉斯不單是一個哲學爭論的焦點，還決定了杜邦1950年代以及之後的公司策略，由於擔心觸發更多的反托拉斯訴訟，執行委員會避免進行購併，但隨著實驗室研究成本的持續上升，每年九千萬美元的研究經費所取得的進展一年低於一年。1958年歐洲經濟共同體（或共同市場）創立後，一些委員會成員如道森（David Dawson）看到了在歐洲的機會，但同僚中幾乎沒有人像道森那樣，會去關心杜邦日漸成熟的各種產品在競爭愈益激烈的化學產業中的命運。

儘管冷戰不斷提醒人們國際關係的緊張局勢，但戰後美國的生活仍是國內的繁榮和技術進步佔主導地位。1930年到1964年，美國的科學家人數增加率是驚人的930%。二次大戰後，杜邦聘用了其中的許多人（到1958年止爲二千三百人），繼續爲富足的社會實現科學的承諾。這些計劃看起來很完善，無可改變；其設想也都很基本而毋庸置疑；而其回報則始終如一，使得任何人都無法大聲呼籲說需要改變。

杜邦的紅色橢圓形標記，成了美國向更美好的未來邁進的里程碑。然而隨著時間的流逝，關於二次大戰中犧牲的記憶漸漸褪淡，而冷戰的核武威脅之劍又在一天天的生活中危懸於頭頂，許多人開始疑惑美國是否已迷失方向。杜邦的一些人也將目光越過公司在戰後的顯赫與非凡的信心，開始考慮未來的發展。杜邦面臨一個日漸成熟的產業、不斷上升的成本，以及新的競爭對手。既需要制定新的策略，但同時也需要在內部達成一種新的共識。如同費米反應堆不斷加速的滴答聲一樣，1960和70年代的質疑，漸漸發展成了一種壓力，大聲疾呼杜邦進行改變。

CHAPTER

7

對外拓展，
對內自省

（上）杜邦在北愛爾蘭倫敦德里的廠房。該工廠於1960年開張，生產合成橡膠，主要針對英國和歐洲市場。

（左下）杜邦執行委員會成員萊納推動杜邦開拓國際市場。

（右下）1957年的杜邦執行委員會在一個杜邦橢圓標誌形狀的桌邊合影。

1953年，法院命令杜邦與ICI在加拿大、巴西和阿根廷的業務要拆開，使這兩家化工業巨人面臨全新的國際市場競爭。1956年，杜邦公司有機化學部門的一組人馬打入了ICI公司的地盤英國，尋找一處廠址。最後北愛爾蘭的古城倫敦德里（Londonderry）中選，成為合成橡膠的新工廠。杜邦有限公司1956年在倫敦獲得營業執照，於歐洲經濟共同體成立兩年後的1960年開始運行。歐洲經濟共同體即後來越來越為人們所熟知的歐洲共同市場，其成員國間降低了關稅和其他貿易壁壘。這使海外投資對杜邦來說更有吸引力，並有利於倫敦德里子公司的合成橡膠（neoprene）產品進入一個新興市場。

杜邦在倫敦德里的投資，是美國對歐洲經濟復甦更加充滿信心的例證。在美國的「馬歇爾計劃」的幫助下，歐洲基本上已從二次大戰的創傷中復元過來。杜邦連同其他很多美國公司，在1950年代後期擴展了世界各地的業務。這麼做並不是因為當時的國際競爭不夠激烈，而是因為杜邦必須面對來自於成熟的新競爭對手的挑戰。在形成這種健康競爭的過程當中，美國的「馬歇爾計劃」和美國在1944年領導的布雷頓森林協定（Bretton Woods agreements）都起了作用。後者不僅導致了世界銀行和國際貨幣基金組織的成立，還促成了1947年關稅與貿易總協定（GATT）的建立，參加關稅總協定期談判的各國同意，降低關稅和其他阻礙自由貿易的傳統壁壘。

雖然在1960年代早期，杜邦的橢圓形商標在世界各地都取得了巨大的成功並享有極高的聲譽，但公司高層仍充分認識到國內和國際市場上產品成長、價格滑落和競爭更激烈等問題的緊迫性。包括紡織纖維部門和工程部門所完成的尼龍產品在內，不斷的研究和生產技術的進步，讓杜邦始終處於獲利的狀態。然而，在新的國際競爭的環境下，創新只能保證小小的技術優勢，而非杜邦一度曾擁有的絕對領先。

在杜邦執行委員會道森，萊納（Samuel Lenher）和其他成員的鼓勵之下，格林沃特設計出兩種策略來應對這一變化。首先，杜邦擴大其國際業務；其次，杜邦仰賴其著名的研究力量在市場上推出新產品。這些新產品並不一定是像尼龍這樣突破性的產品，而是以顧客為本，對產品進行細微的、更審慎的改進。這一策略不僅涉及到基本材料的生產，還涉及到如錄音帶、防凍劑和藥物等零售產品。格林沃特把研發比喻成雨水管道：在老產品從底部漏出的同時，研究將從頂部加入新產品，使管道中的內容保持新鮮。

1958年，杜邦對其國外關係部門進行了重組，成立了國際部。在卡本特三世（W. Sam Carpenter III）的領導之下，國際部的任務是協調公司在歐洲、亞洲、加拿大、墨西哥和南美洲蓬勃發展的業務。兩年後，格林沃特在杜邦公司長期擔任最高職務的最後

（背景）1950年代，杜邦公司在世界各地設立銷售和經銷機構。

（左上）截止1958年，杜邦公司中有二千四百位科學家從事研究工作。

（右上）杜邦公司加拿大分公司的產品包括合成纖維、聚合樹脂、包裝薄膜、汽車漆、植物保護產品和工業用化學產品。

（左中）於1952年商品化的Mylar® 聚酯薄膜代替了薄膜，成為杜邦薄膜部門的主要產品。

（右中）1974年南美墨西哥尼龍廠成立。

（左下）拉蒙特・杜邦是第九位、也是杜邦公司創辦人的後代中最後一位擔任杜邦公司的總裁。

（右下）科學家保羅・摩根用尼龍繩示範聚合過程。這是後來研製發展Nomex® 纖維的基礎。

期，他鼓勵所有的工業部門和開發部門把研究方向調整為新產品和新市場研發，無論這些新產品和新市場出現在什麼地方。1960年，一位名叫卡斯楚（Fidel Castro）的年輕革命者徵用了杜邦在古巴一處價值一百二十萬美元的新塗料工廠，這使人們又回憶起杜邦執行委員會以前的成員如艾克爾斯（Angus Echols）對於海外投資危險性的警告。但是這一挫折並未動搖杜邦從事新發展的決心。1962年，杜邦購買了具有百年歷史的著名德國影片公司Adox Fotowerke，並於1960至1964年間，在日本成立了四家與其他企業合資的公司。

1962年 8 月，杜邦公司創辦人的第五代外孫拉蒙特・杜邦・科普蘭（Lammot du Pont Copeland）接替格林沃特成為公司總裁之時，杜邦在歐洲和亞洲的新業務正順利開展。科普蘭擁有哈佛大學的化學學位，於1929年開始為杜邦公司工作，在大蕭條中曾短暫失業，後來回到杜邦位於康乃迪克州費爾菲爾德（Fairfield）的纖維和油漆廠工作了五年。之後，他到杜邦位於威明頓總部的開發部門工作。1942年他的父親查爾斯・科普蘭（Charles Copeland）退休後，他被任命為董事會成員，並於1954年成為公司財務委員會的主席。與他的皮耶舅舅一樣，科普蘭是個害羞的人；在聽力障礙方面，他又有點像他的阿弗雷德表舅，在會議中有時會跟不上別人的討論。他的生活方式反映了他的財富情況：在馬里蘭養牛，去切斯比克（Chesapeake）海岸獵野鴨，赴蘇格蘭釣鮭魚；家裡有一位法國廚師，讓他在家品嘗美食美酒。但是科普蘭在杜邦公司威明頓總部的辦公室卻並不招搖。他沒有把名字或職務貼在門上。每天早上，他自己開著廉

價的雪佛蘭Corvair車去上班。

1962年，當杜邦創下公司一百六十年歷史上最佳的盈餘四億五千二百萬美元時，身為公司最大股東的科普蘭完全有理由來慶祝。然而在市場競爭迫使杜邦降低商品價格的同時，公司的成本（尤其是研發費用）卻在逐步上升，正處於經濟學家所稱的「成本－價格凍結」的情況。杜邦繼續實施了從格林沃特時代到科普蘭時代的執行委員會的政策，以防止這種緩慢凍結會降低公司的利潤率。這種業務拓展和革新的雙重政策，在執行的初期相當成功。杜邦1962年二十四億美元的銷售額，在當年全世界化學公司中名列第一，比公司最有實力的競爭對手ICI公司同年的銷售收入高出三分之一。杜邦在國際市場上的銷售收入達到了三億八千八百萬美元，是1957年的兩倍；從美國工廠的出口額大約是杜邦公司在日本、墨西哥、加拿大、哥倫比亞、秘魯、阿根廷和西歐的新子公司銷售的總和。

1963年，杜邦公司以破天荒的三億七千萬美元投資，用以升級並擴大尼龍生產工廠的方式，慶祝尼龍問世二十五周年。杜邦公司的紡織纖維部門在維吉尼亞州的里奇蒙（Richmond）開設了一家試驗工廠，生產一種叫做Nomex® 的耐高溫新纖維。杜邦相信這種材料將吸引軍事和航空領域的客戶。同時，纖維和塗料部門宣佈其漫長的合成塑膠研發已經結束，並取得了令人滿意的成果。1950年代早期，紡織纖維、纖維和塗料，以及薄膜三個部門競相研製一種多孔、透氣的片狀材質。這種材料既具有皮革的透氣性，又可以在稍加保養的情況下延長使用壽命。1955年，該公司執行委員會判定纖維和油漆部門因為已經有了製造無

對　外　拓　展　，　對　內　自　省

孔的Fabrikoid 合成皮的經驗，相信他們成功的機會較
大，因此授權紡織纖維部門獨立進行此方面的研究。

接下來幾年，杜邦的技術人員與鞋商密切合作，
為新的多孔高聚合物（poromeric）材料的最終量產做
準備。如同該公司前輩在DuPrene和尼龍量產時所做
的一樣，這些技術人員嚴防工業間諜竊取他們的產
品。他們勤勉地把散落在工廠地板上的合成皮革碎片
清掃乾淨，以防落入競爭者的手中。郵政人員、警員
和杜邦公司自己的管理人員及銷售人員，實地試穿了
總數為一萬五千雙用全新合成皮革製成的鞋子，看看
是否耐穿、舒適。只有8％的試穿者對新鞋不滿意
──是無孔乙烯樹脂鞋抱怨者的三分之一，皮鞋抱怨
者的兩倍多一點。受到這些成績的鼓舞，執行委員會
在1962年10月決定，把這一成果從試驗廠移到一般工
廠，作全面化生產。兩年之後，杜邦在田納西州歷史
悠久的老胡桃樹鎮工廠開始生產Corfam®。該公司制
定了一個雄心勃勃的計劃，每年的產量要達到三千萬
平方呎。同時在比利時馬蘭（Malines）的工廠也準
備為公司在歐洲的客戶著色、收尾。每日忠誠地穿著
Corfam® 鞋的科普蘭，在十萬多杜邦員工的幫助之
下，正把公司帶向一個光明的未來。

在這個征途上，杜邦不缺對手。杜邦的新發現所
造成的成功，某種程度也鼓舞了其他公司，包括通用
食品（General Foods）和Grace Shipping Lines在內，
美國五百家最大的各種行業的製造商中，有一半投入
了二次大戰後的化工業「淘金熱」。在那個時代，化
工業的成長速度是美國工業整體成長速度的兩倍。儘
管在1960年代中期，杜邦仍然在世界化工生產者中處
於領先地位，然而這個行業的產出太分散了，以至於

> 戰後的歐洲，最終為擴張中的美國公司（包括杜邦在內），提供了一個巨大的市場。但是一開始，歐洲的需求量遠遠超過了任何一家私人企業的能力。用邱吉爾的話來說，戰爭給歐洲留下的是「亂石灘，納骨所，以及孕育著瘟疫和仇恨的土地。」1947年夏，美國國務卿馬歇爾（George C. Marshall）倡議一項計劃，以龐大經援幫助歐洲重建。1947-1948年的冬天異常寒冷，很多歐洲人飽受饑餓之苦，但同時也幫助了這位說話細聲細氣的前美國陸軍將軍克服了孤立主義者對此計劃的反對。1948年2月，當蘇聯入侵捷克時，美國終於全力支持馬歇爾計劃，作為阻止共產主義擴張之策略的一部份。1948年至1951年間，馬歇爾計劃為歐洲復興提供了一百三十億美元的資金。而歐洲的回報，就是提供新市場。馬歇爾的努力使他在1953年獲得了諾貝爾和平獎。

> 杜邦公司於1961年在瑞士日內瓦建立了一處主要行政子公司，DuPont de Nemours International S. A.，作為歐洲市場的銷售和出口中心。這家子公司也監督杜邦在全球各地七十八個國家的銷售工作。

> 在早期達克龍研究的基礎上，杜邦化學家們於1952年研製成功了Mylar®，一種用於電力、電子、磁性錄音錄影、影像和圖表及包裝的超強聚酯軟片。

> 1950年底，杜邦在美國以外的生產得到快速擴張。該公司在海外的生產開始於1957年在阿根廷和巴西製造氟里昂。同年，一家面漆工廠在委內瑞拉量產。1958年，杜邦與墨西哥投資者合作成立了一家子公司，在墨西哥的阿爾塔米拉（Altamira）生產鈦白粉。1959年，一家汽車漆廠在比利時麥其倫（Mechelen）量產，這是杜邦公司在歐洲大陸第一家從事生產的工廠。

1950年代和1960年代的消費革命，把明快鮮豔的色彩帶入浴室、廚房、汽車和壁櫥。杜邦新的工程塑料、塗料和合成纖維如Delrin®、Alathon®和耐力絲（Tynex®）出現在電動工具外皮、杯子、肥皂盒、假髮、泳裝、牛奶盒，以及從牙刷到糕點糖霜所用的各種管子上。1960年，杜邦色彩委員會協助設計並行銷這些色彩繽紛的新物品。委員會主席、著名藝術家莫特里托（Domenico Mortellito）為設計的新可能性而歡欣鼓舞。1930年代以動物園、郵局和世界博覽會展覽館中的壁畫而出名的莫特里托，把合成材料運用到藝術，首開先河。他為杜邦在機場和其他公開地點所設計的展覽品中，大量使用了色彩來吸引人們的注意。雖然杜邦於1980年終止其染色業務，公司仍繼續支持有關電子色彩測量工具和色彩原理的研究。現在，杜邦不同部門的好幾位色彩主管們，仍繼續為喜歡多彩商品的美國消費者提供服務。

> 杜邦公司的員工霍爾姆斯（D. F. Holmes）回憶，「整個1960年代，杜邦的纖維工廠在歐洲彷彿野草一樣地迅速發展起來。」在1962至1963年間，杜邦在德國、北愛爾蘭和荷蘭先後成立了九家這樣的工廠，也為杜邦的工程人員帶來了新的問題。他們必須把原本的技術細節從吋、呎和磅換算成公制。華氏溫度被換算成了攝氏度，美國的螺絲和管道的標準也讓位給英國的Whitworth標準。在二次大戰中沒有爆炸的炸彈是杜邦面臨的另一個問題。杜邦位於德國安特羅普（Uentrop）廠址附近有幾百個這樣的炸彈，必須一個個用磁掃雷器測出並排除。工程人員後來把一個五百磅的啞彈放在建築工地的會議室中，當作裝飾。然而在安特羅普，還有更多意想不到的情況發生。比如說，當時的德國人對保護森林資源比美國人更敏感。因此杜邦公司在建設廠房的過程中，每砍下一棵樹，就會種一棵新樹作為補償。當安特羅普工廠經理當眾喝下一杯從工廠流出的水以顯示其純淨時，美國人大為驚奇。

> 由研究主管格雷沙姆（W. Frank Gresham）率領的杜邦科學家小組，於1954年合成了兩種新的物質：線狀聚乙烯和聚丙烯。得益於這兩種產品所帶來的科學、技術和商業方面的突破，使得軟片、製瓶、紡織纖維、單纖維和模具業，幾乎在一夜之間發生革命。

對 外 拓 展 ， 對 內 自 省

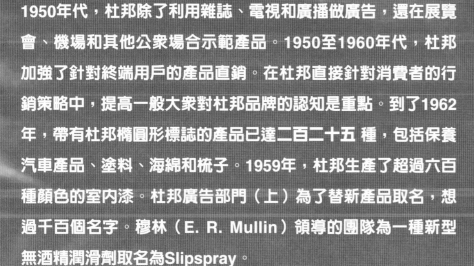

1950年代，杜邦除了利用雜誌、電視和廣播做廣告，還在展覽會、機場和其他公眾場合示範產品。1950至1960年代，杜邦加強了針對終端用戶的產品直銷。在杜邦直接針對消費者的行銷策略中，提高一般大眾對杜邦品牌的認知是重點。到了1962年，帶有杜邦橢圓形標誌的產品已達二百二十五 種，包括保養汽車產品、塗料、海綿和梳子。1959年，杜邦生產了超過六百種顏色的室內漆。杜邦廣告部門（上）為了替新產品取名，想過千百個名字。穆林（E. R. Mullin）領導的團隊為一種新型無酒精潤滑劑取名為Slipspray。

WORLD'S WORLD'S WORLD'S
FAIR FAIR FAIR

WORLD'S FAIR

WORLD'S FAIR 1964-65   Feria Mundial de Nueva York 1964-65   Fiera Mondiale di

WORLD'S FAIR

POWERFUL WORLD OF CHEMIST...

Esposizione Mondiale di New York 1964-65
1963 New York World's Fair 1964-1965 Corporation

...ork 1964-65

杜邦的產量僅占整個行業的7.5%。[1] 美國和世界各地的很多其他公司因為有聰明的博士科學家和自己的實驗室，正準備用新產品和後來被杜邦的伍立德（Edgar Woolard）稱之為「我們也有」的產品，來挑戰杜邦的業界領袖地位。到1960年代中期，杜邦產品傳統上三到五年的領先差距，差不多已經消失了。從1964到1967年，銷售額和用於公司營運的投資穩步上升，而產品價格和淨利卻在下降。杜邦加快發展，也只能使公司勉強保持領先。也就是說，杜邦比以往更努力，但收穫卻比過去少——然而這種通貨膨脹的動態，很快就被杜邦技術創新的成果所帶來的更大繁榮所解決。

杜邦的成功，在某種程度上反映了第二次世界大戰後的二十年中，美國社會所經歷前所未有的生產力和生活水準的提高。1963年11月甘迺迪（John F. Kennedy）總統遇刺後，詹森（Lyndon Johnson）總統利用當時的經濟繁榮和人民對自由社會的要求，頒佈一項被簡稱為「大社會」的龐大的民權與社會改革計劃。同時，他還接受甘迺迪的顧問的建議，繼續對越南共產主義不宣而戰，並使戰爭升級。美國有能力同時來做這兩件事嗎？詹森慢條斯理地說：「我們是世界上最富有且最強大的國家，兩件事我們全都可以做到。」[2] 詹森的虛張聲勢正好以戰後繁榮帶來的所謂「新經濟學」理論為依據，至少看來是這樣。人們認為戰後經濟是如此強大，基礎是如此穩固，因此不可能出現衰退。在這種經濟繁榮中所需做的，只是偶爾凱因斯式從滿溢的國庫中拿出一點來，使肥沃的土地保持濕潤。此狀況發生在1964年，美國國會通過一項一百億美元的減稅計劃，以保持經濟的持續繁榮。

逐漸成為國際公司的杜邦為1964年世界博覽會印製了六種語言的宣傳手冊。建造旋轉木馬形狀的杜邦展覽館時，使用了該公司四十八種產品。為了提示參觀者杜邦已經是一家科技企業，在杜邦展覽館的建造中突出了分子結構。在此次博覽會上競爭「最美之腿」的女性，所穿的是Cantrece®尼龍製的長統襪。

固特異軟式小型飛船「哥倫比亞號」於1963年製造完成。它採用了塗有neoprene的達克龍聚酯。

被稱為「方盒子」的帶斜坡的牛奶包裝紙盒上塗有Alathon®聚乙烯。

用杜邦樹脂做成的塑膠擠管在1960年代風靡一時。

1960年的工業設計師所使用的材料，在二十年前是不存在的。這些材料中包括Delrin®、Zytel®、Alathon®、鐵氟龍®和Lucite®。

用Adiprene®聚氨酯橡膠製造的長曲棍球棒（左）比木球棒更耐用。

用耐用的尼龍細線製成的掃帚每年在紐約市清掃八十萬哩的街道。

五千一百萬人民見證了這一黃金時代的標誌性事件：1964年 4 月22日開幕的紐約世界博覽會。到1965年博覽會結束之時，大部份觀眾都參觀了杜邦的展覽「美妙的化學世界」。很多進入杜邦公司用一串塑膠地球點綴的兩層樓圓形展覽館的參觀者，也許沒有注意到這個館的建造中運用了杜邦的四十八種材料——Tedlar®篷頂、Derlin®門把、Mylar®舞臺布幕和尼龍地毯——但是展覽中的「產品之旅」、「塑膠家族」和「化學魔術」，使參觀者大開眼界。

在「美妙的化學世界」展覽中，杜邦自豪地展示了這個公司在科學領域的專長，提醒參觀者杜邦在為他們「生產優質產品，開創美好生活」方面，扮演了重要的角色。1962年，公司的Alathon®聚乙烯樹脂成為牛奶包裝盒的新塗料，充分展現了杜邦一貫的低調、甚至是匿名的姿態，為材料和顧客做出貢獻。儘管因為長統襪而聞名，尼龍在輪胎帶方面的運用卻並不大肆張揚。1963年美國生產的輪胎中，有一半是用尼龍帶。杜邦於1964年公佈的Surlyn®離子樹脂是另一種萬用聚合物。這種產品透明而堅固並可以不同形式出現。從軟片和包裝到汽車的塑膠鑄模，以及像高爾夫球這樣的娛樂用具都可以看到它的蹤跡。另一方面，由於到1965年鐵氟龍®塗料已用於40%美國製造的烹飪用具上，這種產品更廣泛的為顧客所認識。

多元化和國際化是杜邦在1960年代繼續取得成功的主要策略。然而該公司的組織結構有時卻會造成這些策略實施的障礙。處於半自治狀態的業務部門，傾向於關注自己試驗過的成功產品的短期收益性；而獨立的中央研究部門則更傾向於另一端，追求那些非直接與產品和收益相關的研究。這種商業和科學間具有創造力的緊張關係，一直是杜邦保持活力的基礎，但是在1950年代後期，格林沃特和執行委員會理解到，他們需要為舊的方式增加一點新的活力。

1960年，格林沃特轉向公司的開發部門，希望能推動公司的「新冒險」計劃。他請化學工程師、顏料部門的銷售主任吉伊（Edwin A. Gee）加入開發部門，為「業務部門已經著手進行之外」的新業務做腦力激盪。吉伊是公司少數的「外來者」，來杜邦前在美國礦產部工作。他在杜邦顏料部門的鈦和矽專案中扮演關鍵角色。但吉伊最初卻被這項新任務的重大責任「嚇得要死」。他也擔心新的任務是在中央研究部門和業務部門業務範圍之外，大半得獨立工作。但是吉伊把疑慮放在了一邊，接受了格林沃特的挑戰，開始與開發部門主任亨利·福特（Henry Ford）接觸。

福特的歡迎並沒有減輕吉伊的憂慮。「我想讓你知道，我從一開始就對這種努力沒有信心，」他告訴他的新副手。「如果一開始由我來負責這個專案，我是不會選擇你的。我將把我所有的權力轉交給你，你可能會成為世界上最大的贏家或輸家。我根本不在乎。」[3] 吉伊和福特最終成了好朋友，但是在他們合作的第一天，吉伊孤獨地坐在辦公室，想著他的任務。幾個月後，他帶著八個新想法向執行委員會彙報，希望格林沃特和委員會會覺得其中之一是可取的。「八個都做」，委員會做了決定。

吉伊對委員會的反應和他的新任務範圍感到很吃驚。杜邦在1920年代就開始了科技研究計畫，但那時購併事務也同等重要。現在，經歷了幾年來聯邦政府以反托拉斯為名的起訴後，購併成為一條危險路線，但是公司內部研發的成本也在飛速上升。從收入的百

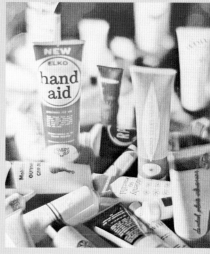

分比來看，杜邦的研發費用在1946至1961年間增加了一倍，並在1962和1969年之間增長了25％。吉伊曾因為替他的顏料部門爭取到大量的研發經費而出名，但是他也體認到，如果不能從外部購買研究成果，要想把研究成果轉化成公司在市場上的優勢，有多麼困難。後來，他強調，格林沃特有關雨水桶的比喻「已經不再是一種可行的策略了，因為你根本就不能在雨水桶上加入夠多的東西。」[4]

然而吉伊還是繼續進行他的新專案。考慮到杜邦不太可能超越其強大的競爭者，影印和特性尼龍方面的兩個專案很快就被放棄了。其他專案——科學設備、醫療設備、能量轉換器如暖氣裝置、建築產品、磁帶和「胚胎創投」（培育小型科技公司）——都產生了不同的結果。整體上，這些專案共花費了七千四百萬美元，但到1975年僅收益三千萬美元。[5] 到1975年，杜邦用於醫療診斷化驗的自動臨床分析儀，差不多收回了公司的全部投資，並繼續成為一個很成功的產品。但是像可麗耐（Corian®）面材和Crolyn®磁帶等其他「新冒險」計劃產品的獲利就要慢一些。杜邦追求多樣化的努力，也涉及到分子生物學和處方藥。1966年10月，美國食品和藥物管理局批准杜邦生產新的預防感冒藥Symmetrel®。後來的醫學研究者發現，這種藥物在治療帕金森症的一些症狀方面也有用。

總之，杜邦在1960年代花費了一億美元，提出了四十一個新產品，很多取得了巨大的成功。農化產品包括1968年推出的萬靈（Lannate®）殺菌劑，促進了全世界持續的農業革命。萊卡®商標的彈性纖維是杜邦最成功的產品之一，其銷售額在1960年代末達到了五千萬美元。同時，用新方法對老產品進行改造也有

(左頁左上) 萊卡® 彈性纖維最早是在杜邦位於維吉尼亞溫斯波羅的工廠裡生產的。

(左頁右上) 作為杜邦「新冒險」專案的可麗耐® 實體面材於1960年代出現在市場上。

(左頁左下) 堅固的 Surlyn® 離子樹脂最早被用於保齡球瓶的外層。

(左頁右下) 自動臨床分析儀使如圖中位於委內瑞拉首都卡拉卡斯的醫療中心這樣的實驗室，能在大約七分鐘內做幾十次血清和體液的化驗。

1969年，杜邦引進特衛強®防護材料，乃用於建築外牆包裹材料。

利潤。比如到了1966年，一種叫做膨化變形長絲（bulked continuous filament，簡稱BCF）的尼龍，已經佔有了40%的地毯纖維市場。杜邦的老胡桃樹鎮工廠在量產後的第一年，就為鞋商們提供了三百萬平方呎的Corfam®。在花費了二百萬美元做廣告之後，Corfam® 在市場上取得了極大的成功。兩年後的1966年，Corfam® 的產量達到了二千萬平方呎。所有這些產品很快都銷售一空。

但是緊接著，沒有規律可循的時尚市場打亂了Corfam® 生產的步伐。1960年代中期，美國鞋業受到了低價進口皮革的侵擾。成本較高的Corfam® 鞋難以與之競爭。另外Corfam® 也不太容易加工，因此在崇尚各種華麗設計的多變女鞋市場上難以與皮革抗衡。Corfam® 加工問題使之很難大量且持續的生產。但是顧客反應最強烈的理由好像不太理性：他們抱怨Corfam® 鞋子沒有彈性、不透氣。杜邦行銷人員為這些回應資訊感到困惑，因為他們的資料顯示Corfam® 的確是透氣的，參加試穿的大部分顧客也對產品表示滿意。另外，製造Corfam® 鞋子時，並沒有想到要使之有彈性。如果它們很合腳，為什麼還要有彈性呢？諷刺的是，這就是問題所在。鞋商在推銷鞋子時，習慣性地考慮到穿久了皮革會鬆。他們不願意用兩種不同的辦法來推銷他們的商品，因此他們賣出去的鞋事實上是擠腳的。

Corfam® 最終被放棄了。在痛苦地決定

這項出色的產品永遠都不能挽回公司八千萬美元鉅額投資的結論之後，杜邦在1971年把生產權和所有的生產設備賣給了一個波蘭買主。很多年後，杜邦的員工依然為他們運氣不佳的產品辯護。「二十五年甚至更多年後，這會是我最好的鞋子，」開發部門的泰勒誇口說，「這些鞋的鞋底被換了六次，沒有人能把它們穿壞。」[6] 負責纖維和油漆部門的執行委員會成員、當年積極要求結束Corfam®生產的資深副總裁夏皮羅表示同意。「如果Corfam®晚十年發明出來，它就會是一項巨大的成功。」[7]

「新冒險」計劃的中等成功和Corfam®意外的失敗，打擊了杜邦的自信和其底線。儘管該公司的公眾形象強調了科普蘭在1966年所說的「冒大風險去得到大收益」[8] 的傳統，但執行委員會私底下開始從部門經理那裡徵詢評估意見，進行自我檢查。這些評估人對公司的批評毫不留情。紡織纖維部門的安德魯‧布坎南（Andrew Buchanan）和辛尼斯早在1961年就報告「由於對變化的情況反應遲緩，對未來缺乏足夠的計劃，以及在『基礎研究』方面過於自負，公司內對領導層越來越缺乏信心。」[9] 三年後，辛尼斯給科普蘭的報告中寫道：「相對於員工的能力，以及我們提供的設備和研究資金，杜邦的整體研究成果之低，實在可恥且不可原諒。」[10] 1962年加入執行委員會的辛尼斯聲稱，每月一次對研究成果的回顧已經變成了一種形式，沒有實際的作用，破壞了原本設立委員會來關注公司長期目標的目的。辛尼斯說話特別直率，但是包括道森和吉伊在內的其他人也同意他的看法。

通常，執行委員會是在達成共識的情況下才做出決定，而非透過正式的多數決投票。在格林沃特強有力的領導和說服之下，這種方式很有效。而科普蘭的領導相對來說不那麼自信，這往往使委員會不願冒險，擔心多數決投票會造成不和，因此委員會在一些問題上常常陷入猶豫不決的狀況。這使管理高層面對兩難的局面。一方面，杜邦已經理解，必須擴大國際業務並加強開發多樣化、適合市場的產品──後者被吉伊恰當地稱為「加強對內部發明的開發」[11]；另一方面，公司不可能為了達到這些目的，而在管理上進行根本的變革。

杜邦的領導層當然不短視。大部分的關鍵經理人已經放棄了「新尼龍」的希望。而這種單一、高風險的研發賭注，可能使公司長期在市場中佔有主導地位。但是，杜邦公司的組織結構卻又促使公司的「新冒險」計劃會以昂貴的舊方式進行。1960年代中期，杜邦每年在研發上的花費為二億五千萬美元，超過了杜邦三個主要競爭者孟山都（Monsanto）、聯合碳化物（Union Carbide）及Celanese的總和。三十年來，杜邦公司一直假設，科學若要獲利，就必須歷經長期的過濾，而這種觀點現在卻束縛了公司的發展。與此同時，產業部門的主管雖然不太願意放棄他們傳統的半自治狀態，但也遺憾執行委員會與下面部門脫節，無法推動公司朝新方向發展。

杜邦執行委員會的委員們在1960年代的意見分歧，大部分是針對長期的、基礎性研究的鉅額投資。很多人相信化工領域新的競爭趨勢，應轉向針對特定的、有市場需求的產品加以改進，而非無限制的研究。1958年至1964年擔任多元化學產品部門研究主任的麥格魯（Frank McGrew）引用了受人尊重的科學家格雷沙姆（Frank Gresham）的案例。格雷沙姆的申

1960年代的美國人看到了改變的光明可能性，然而這種可能性卻往往在挫折和分裂中消失。甘迺迪總統、金恩博士和羅伯·甘迺迪先後遇刺，此外對爭取人權者的襲擊和普遍的城市暴動，侵蝕了美國人對基本社會團結的信心。而在越南久拖不決的戰爭，進一步造成了社會的分化，掏空了美國的國庫，也消耗了不屈不饒的詹森總統的精力。但是儘管有這些痛苦的衝突，在1960年代，美國人對個人權利和社會公正的尊重得到加強。美國人還形成了對自然資源的新認識。對於杜邦和所有美國人來說，他們所從事的商業活動再也不會和以前一樣了。

請專利數量創公司裡的紀錄。「令我吃驚的是，」麥格魯說，「這些專利中沒有任何一項有商業用途。」[12]。暫且撇開麥格魯的評論不管，格雷沙姆的研究小組發現了直線聚乙烯和聚丙烯。這兩項成果使他獲得了公司的最高榮譽拉瓦錫獎章（Lavoisier Medal）。

可以預見，只要公司收益一下降，基礎科學和應用科學間的矛盾就會升高。1920年代後期以來，杜邦一直堅信基礎研究的商業價值。到1960年代，公司的實驗站成為由科學家管理的類似教堂的部門。這些科學家即使意識到公司要求他們做出成果，也並沒有受到經費的困擾。化學家席蒙斯（Howard E. Simmons Jr.）和克沃勒克（Stephanie L. Kwolek）都說過1960年代是杜邦的「燦爛時期」和「黃金時代」。克沃勒克回憶當時致力於自己的研究興趣時，享有「驚人的獨立性」。她的研究主管去市中心辦公室的路上順道來實驗站拜訪她，問起她在做什麼和為什麼要做，她記得「我老納悶他幹嘛跑來打擾我？」[13] 到了1972年，杜邦的每人平均研發費用比化工業的平均水準高出了18%。一年後，這一差距拉大到23%。

1960年代中期，由於不斷增加的政府開支而引起的通貨膨脹，使杜邦公司削減成本的努力面臨壓力。詹森總統的「大社會」計劃包括了針對老年人的醫療照顧方案和醫療補貼方案、民權和選舉改革，以及旨在改進教育、濟貧和治理環境的大型專案。到1960年代中期，開展這些專案的費用總計達近二百億美元。越戰的花費更高，到1968年，美國已在越南花掉了一千億美元，卻仍然看不見戰爭結束的希望。聯邦赤字從1965年的十四億美元的膨脹到了1968年的二百五十億美元。1968年一項政府長期以來一直避免徵收的附

加稅，使預算稍稍得到平衡。

1966年，合成纖維市場終於也出現了生產過剩和全球性的競爭，商品價格暴跌。華爾街也隨之反應，杜邦的股價下跌了40%。1967年11月，拉蒙特·科普蘭在與《華爾街日報》（*Wall Street Journal*）主管人員和編輯的會面中批駁了謠言。以他的話來說，這些謠言說杜邦公司「老了、累了……陷入危機的中心。」[14] 但事實上，科普蘭前瞻性的高賭注研究，在公司組織結構根深蒂固的惰性下，並沒有為這個公司指明希望或新方向。就像冷戰中關於壓制共產主義的政治共識在越戰期間逐步瓦解一樣，杜邦投資長期研究的舊共識，對於投資者和公司的眾多經理人來說，也不再具有說服力了。

在科普蘭與《華爾街日報》編輯見面一個月後的12月，杜邦的董事會任命了前杜邦副總裁的兒子查爾斯·布瑞斯佛·麥考伊（Charles Brelsford McCoy）接任總裁。麥考伊深諳杜邦的行事方式和傳統，1932年，連維吉尼亞大學化學系的畢業生都難以找到工作之際，他在杜邦公司維吉尼亞里奇蒙的薄膜廠擔任設備操作員。後來，他獲得了麻省理工學院的化學工程碩士，在產業部門逐步升遷，包括1961年進入執行委員會前，曾在倫敦辦事處工作了四年。

除了忠心和對公司業務的熟悉，麥考伊具有一些杜邦在1960年代後期所需要的素質。在困境中，他仍能機警而耐心地聽取別人的意見。他兼具靈活性和精明，能在不大幅變動的情況下，使公司更能適應時代的需要。難以置信的是，使科普蘭陷於困境的事件在麥考伊時代竟愈演愈烈。麥考伊就在美國歷史上最動盪歲月之一的前夕，成為杜邦的第十二任總裁。民權

1968年的杜邦執行委員會：（坐者，從左到右）萊納、辛尼斯、麥考伊、道森，（站立者）霍爾布魯克（George E. Holbrook）、達拉斯（Joseph A. Dallas）、小艾倫尼·杜邦（Irénée du Pont Jr.）、華萊士·高登（Wallace E. Gordon），皮平（R. Russell Pippin）和委員會秘書米林納（Samuel A. Milliner Jr.）。

麥考伊在1967年到1973年期間領導公司。這個時期對於公司和整個國家來說，都是騷動而充滿挑戰的。

杜邦科學家克沃勒克研製了第一種液晶聚合物，為克維拉纖維提供基本物質。憑藉這項發明，她獲得了1996年的國家技術獎章。這種纖維也許在人和狗穿的防彈衣上的運用更為人們所熟知。這種防彈衣已挽救了二千五百多條生命。在這幅圖中，克沃勒克戴著在製造業中廣泛使用以防止割傷的克維拉®手套。此外，克維拉®也使大號輪胎和船帆變得更加堅固。克維拉®繩索是很多船上的標準設施。

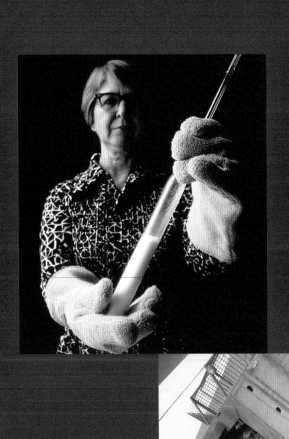

運動領袖金恩博士（Martin Luther King Jr.）遇刺，引發了城市暴動風潮。僅僅兩個月後，參議員羅伯·甘迺迪（Robert Kennedy）也被刺身亡，讓許多人對於越戰早日結束的希望破滅，且使得美國人對於這場戰爭的目的，歧見愈來愈大、愈來愈深。對杜邦和其他美國公司來說，1968年的社會動盪標誌著一個新時代的開始。民權、環境保護和消費者運動，促使了新法令的誕生。這些法令很快支配商業生活的各個面向，從人員的雇用、晉升，到製造、行銷和廢棄物處理。

在各種因素的作用之下，社會變革的第一輪影響在1968年輕而易舉地波及到杜邦公司。該公司的淨盈餘五年來第一次出現了成長，然而這個數字仍是1957年以來的新低。價格在歷經幾年下跌之後保持了穩定。在杜邦歷史上，工資總額第一次超過了十億美元。國際業務則繼續保持繁榮，進一步證實了公司策略的明智。出口比1967年增長了15%，海外生產產品的銷售額比前一年高出了19%。杜邦公司開始建造一棟十九層的辦公大樓，是威明頓市中心的第三棟總部。杜邦一切業務似乎如常，包括在巴黎和紐約的高級成衣時裝展上推出了叫做Qiana®尼龍的高質絲綢纖維。麥考伊還改進了該公司沈悶的年度報表，加入了照片、色彩和新單元，但仍提醒股東，杜邦不單是外表上的改變而已。「我們生活在一個動盪的時代，」他寫道。「公共問題無一例外地會影響個人。私人產業也不可能脫離社會。」[15]

環境保護運動使杜邦和其他化學公司在社會中的傳統地位面臨了最持久、最困難、最昂貴的挑戰。1940至1950年代蓬勃發展的化工業，製造了全新且往往難以預見的污染。因此這場關於工業污染的辯論，

> 1962年，杜邦是首批簽署「進步計劃」（Plans for Progress）聲明的大公司之一。在這項自願簽署的聲明中，公司表示在雇用員工時，將不會有對不同種族、宗教、膚色和國家的歧視。

> 美國國家航空與太空總署（NASA）的水星、雙子座和阿波羅計劃中，都廣泛使用了杜邦的產品。在蘇聯成功地發射了人造衛星史瀱尼克號（Sputnik）之後，艾森豪總統於1958年成立了航太總署。三年後，甘迺迪總統為航太總署定下了一個雄心勃勃的目標：在1960年代裡把人類送上月球。1969年 7月20日星期天，阿姆斯壯（Neil Armstrong）踏上了月球表面上的「寧靜海」地區。杜邦很自豪能對阿姆斯壯和航太總署的勝利有所貢獻。太空人插在月球表面上的國旗，是用尼龍做成的。阿姆斯壯與兩個同伴艾德林（Edwin Aldrin）和考林斯（Michael Collins）所穿的價值三十萬美元的太空裝共有二十一層，其中杜邦公司的材料，包括尼龍、neoprene、萊卡®、Nomex®、Mylar®、達克龍、Kapton® 和鐵氟龍®等，就占了二十層。

> 美國國會在1964年通過了一項大幅度減稅法案，刺激經濟成長。同時，杜邦工程師和建設人員在如北卡羅萊納州恐怖角（Cape Fear）的達克龍工廠那樣的低地，與不斷上漲的潮水奮戰。有時乾巴巴的幽默感對人們會有所幫助。一天早上，在恐怖角的工廠裡，工程經理打電報給紡織部門報告好消息：「恭喜！我們在你的土地上發現了陸地。」在海外，杜邦工程師們也處理建築工地的淹水問題，但是他們有時不得不學習全新的建築技術。杜邦在荷蘭道得拉切特（Dordrecht）修建的奧龍和萊卡設施，三分之二被浸沒在十四呎的水中。當荷蘭人用傳統的築壩和填充技術開墾了這塊土地之後，人們把一些長長的、一頭有一個大球的水泥椿子深深地打入地表之下。有時候這些四十呎的椿子會全部浸沒在水中，但是已經夠為整個工廠形成一個漂在水上的地基了。

> 1973年杜邦遠東分公司在新加坡、菲律賓和馬來西亞設立銷售處。1979年，隨著一家生產農化產品的新子公司在臺灣成立，以及在韓國的第一家代表處的設立，杜邦對亞太市場的開拓得到了延續。1981年，杜邦在印度新德里設立了亞太地區代表處。

> 1967年杜邦成立了第一個事故回報網路，以便在公路、鐵路和海上發生可能涉及到危險化學物品的事故時，能盡速處理。1971年，杜邦參與組織了全行業的交通事故報告和反應系統，以便當局能更迅速地處理涉及到危險化學物品的事故。

> 1969年Permasep® 空心纖維反滲透過程這項發明，使杜邦科學家能為工業和醫學提供極純淨的水。後來Permasep® 的進步，使海水淡化成為可能。這項成果使杜邦於1971年獲得了期待已久的柯派翠克（Kirkpatrick）化學工程成就獎。

> 杜邦公司照片產品部門的化學家伍華德（David H. Woodward）於1961年開始研究堅固的發光聚合物。發光聚合物是1950年由普藍貝克（Louis Plambeck）和他的助手研製成功的，用於高級印刷電路板的製造。它的運用成果Riston® 乾膜生產線，能大量減少電路板的化學品準備時間，立刻在迅速發展的電子產業裡取得了商業成功。

對 外 拓 展 ， 對 內 自 省

杜邦的土地遺產計劃把大量該公司擁有的土地讓與給各州政府，作為野生動植物的自然保護區。1983年以來，杜邦已捐出在美國境內價值七千萬美元的五萬英畝土地。其中包括：1996年捐出位於北卡羅萊納州布雷瓦德（Brevard）的七千七百英畝的土地，這塊地方後來被稱為杜邦州立森林；1997年捐出切薩皮克海灣（Chesapeake Bay）的三千三百英畝的土地。在全世界各地，杜邦公司的土地捐贈累計達到了三百平方哩。其中包括在西班牙阿斯圖列斯（Asturias）起伏的山上的一大處土地。德州維多利亞的工廠於1990年在關達路普（Guadalupe）河附近三千五百英畝的土地上，開始實施一項野生動物保護計劃。1994到1998年之間，杜邦公司在這塊土地上建立了一個五十三英畝的濕地保護區，包括了一個教育中心，於1998年8月對外開放，隨後很快變成了包括禿鷹、大角貓頭鷹和白尾鹿在內的各種野生動物的家。維多利亞濕地在1998年獲得了國家野生動物委員會的年度公司棲息地大獎。這是維多利亞工廠的野生動物專案在三年內第二次獲得這樣的榮譽，也是有史以來同一處地方兩度獲得此獎。

已經不是新鮮事兒了。1962年生物學家瑞秋·卡森（Rachel Carson）的書《寂靜的春天》（Silent Spring）描寫了DDT殺蟲劑對魚類和鳥類的傷害，對這種約二十年來保護人類不受蝨子、蚊子和其他病媒害蟲傷害的殺蟲劑，提出了新的疑問。杜邦只是在二次大戰期間眾多為軍隊生產DDT的公司之一，也從來沒有從DDT產品中獲利，且在1954年停止了DDT的生產。儘管如此，卡森關於環境保護的呼籲，預示著批評美國公司對污染不採取行動的意識高漲，並加速了1960年代幾項反污染和野生動植物保護法的通過。

多年來，杜邦認識到了自己在環境方面的影響。1946年，該公司成立了空氣和水資源委員會，解決在生產過程中出現的污染問題。但是在1960年代，很多美國人嚴厲質疑政府的可信度和科學家個人的專業程度。[16] 在這種情況下，環境監督成為一個快速發展的概念。1960年，只有十二萬四千美國人是環境保護組織的成員。到了1972年，這些組織的成員人數已經增加了約十倍。公眾的壓力使得立法機構為企業設立了新的標準，並要求企業協助承擔五年環境清理計劃的部分費用，據《美國新聞與世界報導》（U. S. News & World Report）估計費用總額是七百一十億美元。[17] 在此項計劃中，杜邦公司預計分攤到六億美元。尼克森總統簽署法案，成立環境保護局（Environmental Protection Agency, EPA）後三個月的1970年4月22日，一千萬學生參與慶祝了第一個地球日（Earth Day）。政客們也注意到了這個趨勢，在1970年1月1日到1971年秋天之間，國會審議了三千個環境法案，占此一時期接受的立法申請的20%。

「我們身在一場新球賽中。」麥考伊在1972年底特律經濟俱樂部的一次演講中說。為了成功，企業界和政府必須處理好與新設立的環境保護局、職業安全和健康管理局，以及消費產品安全委員會間的敵對關係。艾吉穆爾顏料廠經理菲德爾（Samuel W. Fader）對一群來自德拉瓦州的教育工作者說，經營這家工廠更像在走鋼絲，而非科學的精確運用。他在此之前投資減少污染的六百五十萬美元，是整個工廠帳面價值的六分之一。菲德爾掙扎著想達到環境上的目標，同時壓低成本，而年通貨膨脹率4.5%卻還在扯他後腿。

1971年，美國出現了自1892年以來第一次國際貿易逆差。兩個新興的經濟強國西德和日本在二次大戰後的重建得益於美國的幫助，現在尼克森政府為了在國際貿易領域重新找回平衡，放棄了「布雷頓森林協定」中美元與其他貨幣間匯率固定的相關措施。美元脫離金本位後，尼克森在8月實行全國工資和價格管制，使得杜邦的生產成本固定，同時使其產品的價格上升了2%。1972年，在麥考伊和執行委員會努力實現多樣化產品的完美組合之下，杜邦的淨盈餘自1968年以來第一次有所上升。購併、內部重組和重新強調企業家精神，是杜邦得以調整規模與資源，適應全球化經濟急速變動情勢的主要因素。

早在1916年，杜邦就曾考慮過購併一家藥廠，作為其長期多樣化策略的一部分。然而在一次大戰期間，杜邦的絕大部分資源都用於染料業務的發展。1930年代，斯帕爾催促杜邦公司購買阿博特實驗室（Abbott Laboratories），但是執行委員會最後卻只同意與該實驗室簽訂協定，對杜邦產品的醫藥用途進行甄別。然而由於杜邦的工業部門不願意把新產品交給外面的公司，這一協定並沒有給杜邦帶來任何用處。二

對　外　拓　展　，　對　內　自　省

次大戰期間，杜邦對ICI公司在盤尼西林研究方面的投資提出抗議，聲稱它違反了兩家公司間專利分享的協定，但是杜邦很快意識到這可能導致與這家英國公司終止合作。杜邦接受了斯蒂恩的忠告，撤回了抗議，並開始進入獸醫用藥的研製，期望最終從這個領域的研究中，得到對人類有益的成果。

最後，1969年12月，在前工業與生物化學部門總經理、那年稍早加入執行委員會的化學家肯恩（Edward R. Kane）的催促之下，杜邦購買了紐約一家叫恩多實驗室（Endo Laboratories）的製藥公司。這是杜邦二十五年來的第一個購併案。杜邦在1969年初停止旗下感冒藥Symmetrel® 的推廣，這種藥賣得不太好，部分原因是預防性藥物的市場比治療性藥物的市場要大，同時也因爲杜邦對食品和藥品管理局的審核窍門不熟悉，喪失了在流行性感冒季節推出此產品的寶貴時機。肯恩和其他人相信，兼併大獲成功的Coumadin® 抗凝血劑的製造者恩多實驗室，會幫助杜邦克服在推出Symmetrel® 時曾遇到的行銷和法令問題。在

後來的兩年中，杜邦謹慎的購併策略從藥品業擴展到了其他有前途的新領域。買下了康旭電子（Berg Electronics）和以大型分光計和濕氣、洩漏探測器為主產品的貝爾暨豪威爾公司（Bell & Howell's）的分析設備生產線。1971年，杜邦停止早期產品黑火藥和炸藥的生產，公司迎來了一個新的歷史里程碑——聚合物中間體（Polymer Intermediates）。Tovex® 水凝膠炸藥是公司傳統產品中最後的殘餘。

麥考伊於1968年成立了「利潤中心」，鼓勵全體直接參與各種目標生產線的人員要有企業進取精神，並強調會計責任。1971年，麥考伊指派執行委員會各成員直接負責公司的十二個產業部門，把委員會高高在上的形象拉到地面上來。麥考伊的精簡人事政策使杜邦在1970至1971年間減少了10%的工作人員，且大半是因為退休和自然流失。麥考伊還親自監督公司與克里絲蒂娜證券公司的合併。這一措施解除了杜邦家族對這個公司的最後一絲控制。由於法律問題，此次購併一直到1977年杜邦與克里絲蒂娜證券公司進行換股後，才獲得證券與交易委員會的批准。

乍看之下，杜邦公司似乎在1973年經歷了一次顯著的回升。公司銷售額第一次達到五十億美元，淨盈餘也達到了創紀錄的五億八千六百萬美元，比1972年的水準高出了41%。利潤中的一半來自於國際業務，其銷售額也達到了空前的十六億美元。通貨膨脹使得數字上升，而貶值的美元也有助於海外銷售的增加，同時全世界對杜邦幾乎所有產品的需求也在增加。儘管有人警告能源價格將會上漲，杜邦還是宣佈將在波多黎各建一所新的自動化染色工廠，並引進一種叫做克維拉（Kevlar®）的特殊新纖維。克沃勒克在液晶聚合物領域的發現，為克維拉®提供了商業生產的條件。克維拉®的研製和生產經歷了十五年，共花費五億美元，其張力是鋼的五倍，然而高昂的生產成本，使其在市場上的成功向後延緩了幾年。

1973年杜邦公司銷售額上升，也反映了顧客的急迫心情。他們囤積各種商品，以應付漲價和能源短缺的謠言。麥考伊告訴股東，這一年的成功可能是「預支了未來的成功」[18]。的確如此，不過美國也一樣。1970年代早期，杜邦和美國一樣，對海外能源和原料的依賴越來越強。美國的每日石油進口量在過去的三年中差不多增加了一倍，從1970年的三百二十萬桶上漲到1973年的六百二十萬桶。以色列及其阿拉伯鄰國之間不斷升級的緊張局勢，最終演變成了戰爭。1973年10月6日是猶太人的贖罪日，埃及和敘利亞軍隊在這一天入侵以色列。當以色列人利用美國和盟國軍隊的供給，成功地逐退了埃及和敘利亞的進攻之後，石油輸出國組織（OPEC）對以色列的支持者採取了報復性的禁運。12月，OPEC加強禁運，把石油價格提高到每桶11.65美元，才三個月就上漲了將近四倍。

之前杜邦從來沒有經歷過如此須在當前的健康發展和長遠的生存做出選擇的壓力。這次的選擇，主要取決於如何處理無法直接控制的政治和社會因素，這也是杜邦公司所從未遇見過的。在一連串打擊威脅國內經濟之際，杜邦選擇了一位新領袖，他沒有專業的商業或科學背景，卻有一種特別的智慧，給公司許多人都留下深刻印象，而這正是眼前所需要的。杜邦一向以敢於冒巨大風險為榮。而現在最該感謝這些冒險行動的，莫過於夏皮羅，他在1974年1月1日接替麥考伊，成為杜邦的首席執行長。●

杜邦公司1969年購買了恩多實驗室，為該公司帶來了包括抗凝血劑、止咳藥和止痙攣藥在內的藥類產品。1971年杜邦研製出消除止痛劑所帶來副作用的鹽酸納洛酮Narcan®。1972年又開發了治療鼻塞的藥物和溫和的鎮靜劑。1973年食物和藥品管理局批准了治療帕金森症的鹽酸金剛烷胺Symmetrel®的使用。

對　外　拓　展　，　對　內　自　省

CHAPTER

8 尋找方向

（下左）夏皮羅（1916-2001）1973年12月成為杜邦的董事長和首席執行長。他對公司的長期債務進行了重組，以加強新工廠的產能，把杜邦生產方向重新調整為生產諸如農化產品的專業的、高報酬率的產品。他仍強調研究是公司的核心，但同時也把公司的研究和開發重點轉移到不依賴於多變的石油供應的產品系列上面。

（右）杜邦四十年的領導者——1940～1980（左下順時針起）：格林沃特、科普蘭、夏皮羅、麥考伊、小卡本特。

「快跑的未必能贏，力戰未必得勝。」聖經〈傳道書〉（9：11）裡說，「所臨到眾人的，是在乎當時的機會。」1973年的冬天，在石油輸出國組織實施石油禁運所引起的能源危機中，時間和機遇，以及其他種種，均降臨在杜邦身上。在退休之前幾個月，也就是石油禁運開始之前，麥考伊與執行委員會一起擬定了一份幫助公司度過難以預測歲月的計劃。1月1日，厄文·夏皮羅（Irving S. Shapiro）律師被任命為杜邦董事長和首席執行長這一事件，就清楚地表明該公司認識到時局的變化。「人們想知道的，」夏皮羅說，「不是公司在業務上做些什麼，而只是什麼樣的人在導演這齣戲——你是誰？你相信什麼？」[1]

夏皮羅年輕時就認識到，法律和新聞自由不僅僅是美好的理想，也是面對變化時奮戰的有效手段。1920年代，夏皮羅的父親因拒絕參加全市的價格統一行動，在他自己位於明尼亞波里斯（Minneapolis）的乾洗店被人用槍托打傷。市政廳、警察局，甚至全市的所有媒體都被收買了，只有一個例外——《星期六快訊》（Saturday Press），這家報紙的發行人認為夏皮羅案提供了一個痛責眾多高官敵人的機會。當郡檢察官企圖阻止媒體報導之時，美國公民自由聯盟和《芝加哥論壇報》（Chicago Tribune）鼓吹違反憲法第一修正案的問題。1931年，美國最高法院最終判決「尼爾控告明尼蘇達州政府」一案，由夏皮羅這方勝訴。[2] 二十年後，厄文·夏皮羅自己以「丹尼斯控告美國政府」一案的年輕司法部檢察官身分，出現在最高法院，這是一個涉及違反反共產主義者「史密斯法案」的憲法第一修正案的訴訟。夏皮羅的觀點使檢方在此案中勝訴，也吸引了杜邦公司律師、前司法部檢察官普羅沃斯特（Oscar Provost）的注意。普羅沃斯特很快就找夏皮羅到杜邦的法律部門工作。

夏皮羅領導杜邦公司走出了因通用汽車公司1950和1960年代初的反托拉斯案件而產生的風波。1970年代早期，身為杜邦公司執行委員會的成員，他堅持孩提時學到的言論自由原則，讓來自於有「消費者之父」之稱的拉夫·納德（Ralph Nader）社會活動小組八個被稱為「突襲者」的成員，對公司高層進行採訪。納德的「反應法研究中心」選擇杜邦作為研究目標，是因為杜邦進步的形象暗示它將會歡迎提倡消費者權益，而且杜邦的政經影響力在小小的德拉瓦州也日益明顯。的確，麥考伊和夏皮羅很隨和，但並不天真。夏皮羅陪著這些年輕調查者在公司訪談，必要時為他們提供意見。他後來形容這些年輕人「有時會出錯，但十分執著。」不幸的是，納德小組的結論被廣泛批評是先入為主且有偏見。而其研究結果對杜邦公司和德拉瓦州都沒有產生什麼正面影響。[3]

在其他領域，夏皮羅的交際才能被證明更是成功。他堅定而靈活地促使科普蘭和執行委員會同意，停止生產令人失望的多孔塑膠皮Corfam®，又在購併克里絲蒂娜證券公司的過程中，精明地平衡了杜邦公司和杜邦家族的利益，因而更加受到尊重。前瞻的麥考伊並沒有預見到1973年的石油禁運，但是他知道杜邦需要夏皮羅帶給高層的新視野。麥考伊也知道夏皮羅自己會聰明地運用曾為首席營運長的經營管理經驗。同年7月，在夏皮羅成為執行長的前幾個月，麥考伊任命化學家、前產業和生物化學產品部門總經理肯恩（Edward R. Kane）為杜邦的總裁和營運長。

到1974年，杜邦產品中的70%是以石油基礎的原料製成。這個明顯的狀況，給杜邦的管理階層提出了長期的挑戰。隨著杜邦對能源和原料的需求不斷增加，聯邦政府對環境保護和淨化生產的管理也在加強。政府管理的目標與杜邦自己在降低成本、減少污染方面的目標是一致的，但杜邦經常發現自己與聯邦當局在如何最有效地達到這兩個目的上意見不和。同時，1970年代能源價格持續上漲，耗資一千五百億美元的越戰引起了國內二位數的通貨膨脹率。1974和1975年，杜邦搖擺不定的財務狀況壓倒其他問題，成為公司高層關心的焦點。

1974年，由於能源和原料價格在一年中飆漲了80%，杜邦的生產成本增加了約十億美元，公司的淨利下降了31%。美國國內的通貨膨脹率在1974年差不多達到了12%，導致建築業和汽車市場的低潮，大幅影響杜邦公司的利潤。該公司的銷售額比1973年上升了16%，創下歷史紀錄，但這只是虛幻的安慰。因為銷售額的增長並不源於銷售數量的上升，而是因為價

格上漲。之前政府對工資和價格的管制措施無力遏制通貨膨脹，四個月後只好撤銷，隨即引發價格上漲。

杜邦的工廠管理者回應全公司降低能源成本的號召，在1968至1973年節約了30%的成本，1974年又使能源消費下降了4%。現在夏皮羅和執行委員會開始設法把中央研究部門和發展部門合併，以進一步提高效能。中央研究和發展部門的主任是坎斯（Ted Cairns）。在尋求參與石油生產以便對公司的原料供給能取得一些控制權的同時，他們還減緩了國際業務的擴張。杜邦1974年度投資額的40%，被用於位於伊朗伊斯法罕（Isfahan）生產聚酯和丙烯酸纖維的伊朗聚氨酯公司，是杜邦在中東的第一個創業投資專案。伊朗的這家公司為進一步推進杜邦公司長遠的國際化和降低原料成本的策略提供了機會。

1975年，美國正處於大蕭條和最嚴重的經濟衰退之際，杜邦的淨利又下降了33%。甚至在排除了通貨膨脹的因素之後，杜邦1975年的收益也還是1953年以來最低的。全世界的工業產能過剩、競爭和攀升的原料價格，使杜邦一度欣欣向榮的纖維業務失去了往日的風采，公司總體的投資報酬率從1973年的7%下降到了1975年的2.5%。然而隨著石油、煤和天然氣公司擴大開採，以滿足國內生產需求的增加，杜邦的爆炸性產品生產在1975年出現了最好的光景。

當杜邦工程人員在阿拉斯加從北海岸的普魯德豪灣（Prudhoe Bay）到威廉王子灣（Prince William Sound）的港口瓦爾戴（Valdez）鋪設八百哩長的油管時，夏皮羅也在尋找更便宜的石油與天然氣原料。鋪設油管的區域，估計其石油礦藏約為一百億桶，但這些石油一直要到1977年才能夠運到瓦爾戴，而且還

是不能滿足杜邦公司的需求。杜邦試探了與大西洋里奇菲爾德（Atlantic Richfield）和雪那多亞石油（Shenandoah Oil）達成協定的可能性，並與國家蒸餾與化學公司（National Distillers and Chemical Corporation）合資成立新公司，在德州的鹿園（Deer Park）爲杜邦的甲醇工廠生產原料。同時，夏皮羅還採取措施，增加公司運用策略的空間。其中包括反對聯邦政府那些「多餘的規定」、努力延長政府空氣和水淨化時間表，還有從理論基礎上反駁導致臭氧層變薄的原因，及美國環境保護局禁止使用鉛添加物的規定。

然而夏皮羅更出名的是能從敵對的利益中，找出各方滿意的解決方案的能力。在1970年代早期，他在新成立的「企業圓桌會議」（Business Roundtable）上與幾位《財星》（Fortune）雜誌五百大企業的首席執行長一起，設法在反對政府稅收法規的公司和對當局順從的公司之間，找出一個中間地帶。在夏皮羅看來，企業界和聯邦政府敵對了多年之後，企業圓桌會議的作用應該是使企業界在華府的權力機構和決策層中有自己的代表。他不認爲政府實際上是一個經營不善的公司，也不認爲企業界應該變成另一個「拽著國會的袖子，要求施捨」的利益團體。[4] 他認爲政府和公司都是大而有影響力的，應該超越短期利益，從長計議，共同努力來制定出理智的政策。

1977年，杜邦的法律事務部門全力以赴地投入了一項名爲「政府事務行動」的專案，向立法者和官員介紹杜邦在環保和工業法規上的立場。次年，自稱生命中曾有一段時間「根本是個搞不清狀況的笨蛋」的杜邦總法律顧問威許（Charles E. Welch）成爲負責對外事務的副總裁，專門處理杜邦日益增加的遊說、法律和公關活動。當時企業圓桌會議並不邀請有組織的勞工參加討論。勞資雙方在諸如外包、裁員、健康保險和自動化等問題上，有很大的意見分歧。然而杜邦仍以這段不受勞工糾紛所困擾的時期而感到自豪，夏皮羅有時還與來自美國勞工聯盟（AFL-CIO）的勞工領袖明尼（George Meany）和柯克蘭（Lane Kirkland）在一個叫做「勞工－管理小組」的會議上，討論因經濟衰退和能源減少所產生的一些問題。[5]

夏皮羅也使杜邦能跟得上變化中的社會態度，以新的方式遵循了該公司承擔社會責任的悠久傳統。1970年代中期，夏皮羅提名退休的聯邦準備理事會前理事布利莫（Andrew Brimmer）和生物學家派翠克（Ruth Patrick）進入杜邦董事會，使他們兩人成爲杜邦董事會歷史上第一位黑人和第一位女性成員。到1979年，杜邦公司在全國實施了二百五十項反歧視行動計劃，在二十四家少數民族擁有的銀行裡有存款。1979年所雇用的大學畢業生中，大約有30%是少數民族或女性。地方上，杜邦公司參與威明頓地區的「少數民族在工程學中的進步」論壇。夏皮羅也經常與威明頓的學校官員見面，幫助他們尋求所需的資金和物資、有時甚至只是大眾的支持。五十多位杜邦公司的律師還志願在威明頓法院擔任公設辯護人。但杜邦首先還是一家以營利爲目標的企業，而1975年在業務上是不理想的一年。

夏皮羅和肯恩都公開對美國建國二百周年的1976年給予了很高的評價。他們向公司股東保證：「這將是比以往要好得多的一年。」他們說對了。此後的四年中，杜邦的淨利一直保持穩定成長，達到近九億四

1979年董事會的審計委員會反映了1970年代杜邦整個公司多多化的努力。坐者左起派翠克與布朗（Charles Brown），立者左起拉爾德（William Winder Laird）、哈斯金（Caryl P. Haskins）、瓊斯（Gilbert E. Jones）、布利莫。

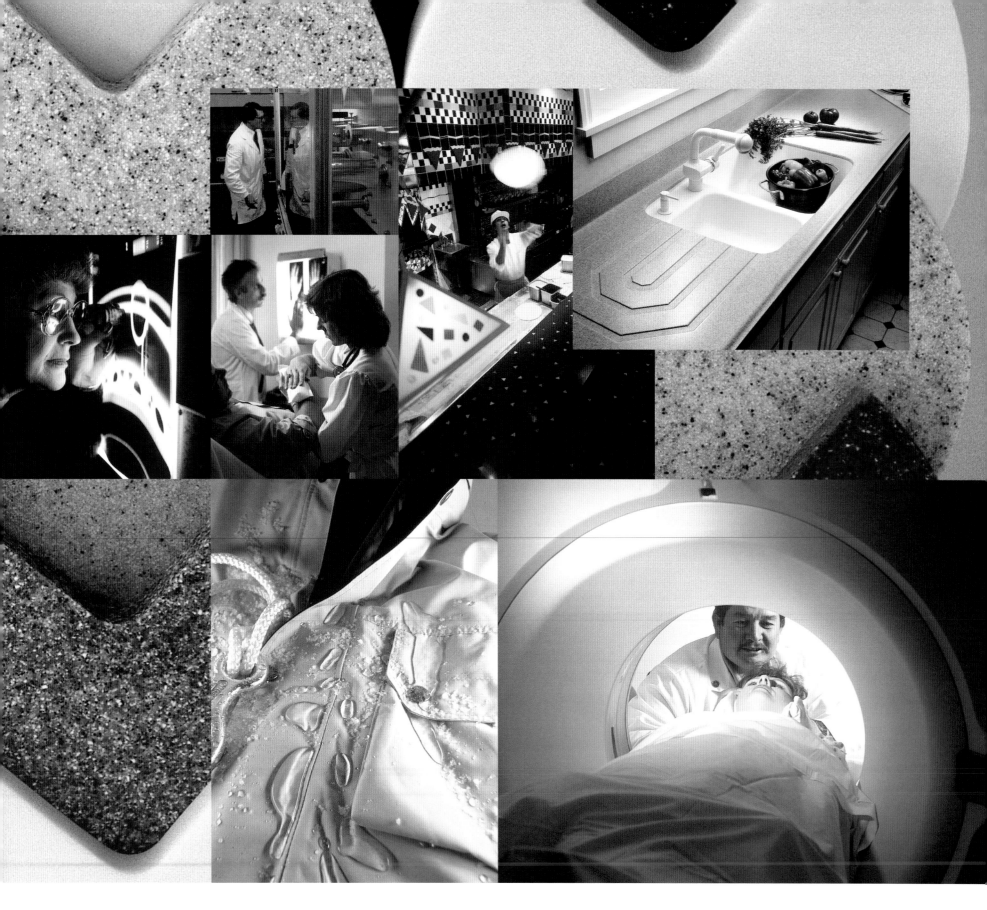

千萬美元，比1975年二億七千二百萬美元的低潮增長了150%。杜邦的非纖維產品——現在被稱為化學、塑膠與特殊產品——和叫做自動臨床分析儀的醫療診斷系統的表現也不錯。電子和植物保護產品也為杜邦公司收益的增加做出了貢獻。包括可麗耐®在內，公司在1960年代推出的八十個「新冒險」計劃產品，終於開始獲利。儘管經濟仍然不太景氣，美國消費者對杜邦產品還是保持著健康的需求。

儘管伊朗在1978年原教旨主義者的革命中接管了杜邦公司在伊朗的聚氨酯公司，杜邦的國際業務在1970年代後期所呈現的成績仍令人印象深刻。到1979年底，杜邦所有投資的報酬率從1975年的2.5%的低谷回升到了6.2%。甚至纖維產品的收益也有所上升，占杜邦1979年淨盈餘的31%。而在1975年，纖維產品的收益僅占杜邦收益的2%。但這還是遠遠落後於1971年的數字——當年纖維產品的淨利，幾乎占了公司總收益的一半。

1976年，杜邦的管理階層和員工是從公司自身的資源和市場來獲取利潤的。夏皮羅、肯恩和執行委員會在1974到1977年間把公司的研發人員裁減了20%，並把基礎研究占所有研發預算的比重從三分之一削減到了四分之一。儘管趕不上通貨膨脹的速度，公司的研究基金整體上在這些年中還是有了增長，但現在更多資金被用來改進產品和生產過程，而不是漫無邊際的發明。1979年接替坎斯成為中央研發部門主任的化學家席蒙斯回憶起艾倫尼·杜邦的第五代孫子、資深副總裁小艾倫尼·杜邦在1970年代的緊縮期，試圖鼓舞在實驗站工作的科學家的士氣。他說：「他（小艾倫尼·杜邦）早上八點就在等著我。他講話的重點就

（左頁，從左上圖起順時針方向）一位德國新伊森博格（Neu Isenburg）的塗料工人在進行瑞斯統®感光實驗。

可麗耐®實體面材已從最初白色的櫃檯面，演變成了在商業場所和家居中吸引人的設計因素。

杜邦公司於1981年購買了新英格蘭原子能公司，做為向醫學研究和保健領域擴張計劃的一部分，此公司的放射性藥物在杜邦的新發展中有重要的地位。

鐵氟龍®的防汙能力使纖維不會被水和油漬污染。

杜邦的無危害X光實驗保證了安全生產。該公司是無數運用於醫學上的X光產品的首創者，產品中包括用低劑量的輻射來發現早期乳腺癌的胸部腫瘤X光測定法。杜邦於1997年停止生產X光軟片。

（左）可麗耐®在1967年剛推出的時候有三種顏色，現在已經增加到了九十多種。

杜邦早在1900年代早期就開始把注意力轉向農業，對植物的固氮作用進行了研究。1920年代，公司小規模地生產了種子殺菌劑。直到杜邦在1928年和1930年分別購買了格拉塞利（Grasselli）化學公司和R&H化學公司後，才形成了在無機殺蟲劑和殺菌劑上的專長。二次大戰中的農業研究，刺激了戰後的「化學革命」。在這場革命中，杜邦公司推出了諸如Telvar®和Karmex®這類新的合成有機除草劑及包括萬靈®在內的殺蟲劑。

是：『堅持下去，一切會好轉的。不要擔心未來會怎麼樣。』」席蒙斯不相信夏皮羅會大幅度削減研究，但是他認為：「大家還是不太確定公司到底要往哪裡去。」[6]

而像勒維特（George Levitt）這樣的研究人員，卻把對未來的不確定放在一邊，繼續研究有興趣的領域。他們有時會推出新發現，不斷證明杜邦傳統上對基礎科學知識最終能帶來利潤的信念是對的。1975年，在杜邦化學家霍夫曼（Conrad Hoffman）1950年代植物酵素研究成果的基礎上，勒維特發現了一些叫做硫醯尿素的神奇化學物質，會抑制植物生長中至關重要的酵素發揮作用。只要一點點硫醯尿素——用杜邦的話來說「只要一管，不必一桶」——就能成為有效的除草劑。它們相對來說也很安全，對雨水不會有影響，不會污染地下水。由於被抑制的酵素只存在於植物中，硫醯尿素對哺乳動物不會造成任何危險。杜邦於1978年為勒維特的發現申請了專利。四年後，向種植小麥的農民們推出了Glean®除草劑。不久公司就把硫醯尿素除草劑推銷到全球的主要糧食產地。

1978年，杜邦執行委員會任命成員之一傑菲遜（Edward G. Jefferson）直接負責全球各地的研究活動。傑菲遜原是倫敦大學的化學家，於1951年被杜邦公司原來的多元化學產品部門雇用。夏皮羅和傑菲遜重新確定了杜邦的一項傳統優勢。「高科技是我們公司賴以生存之本，」他們在1979年刪減了公司的幾項業務時說。1978年，兩個部門合併，成立了新的「化學品、染料和顏料部門」，另外一個新的石油化學產品部門吸收了遭到攻擊的氟里昂業務。第二年，「塑膠產品、樹脂部門」與「彈性體化學品部門」合併，成立了新的聚合物產品部門。1976年，位於維吉尼亞

里奇蒙的斯普魯昂斯薄膜工廠停止了生產。1979年中，杜邦宣佈不再生產染料，這使杜邦在波多黎各馬那提（Manati）有四年歷史的、技術先進的染料工廠的工人們感到十分失望。但是這些裁減並不足以抵消1970年代的二位數通貨膨脹率。杜邦公司有史以來第一次不得不以借款的方式以資助公司資金的增長。

1980年1月，在擔任了一年執行委員會研究監督者之後，傑菲遜接替肯恩，成爲杜邦的總裁和首席營運長。同時，物理學家西姆拉爾（William G. Simeral）接替了傑菲遜以前在執行委員會的職務。儘管1974年麥考伊和公司董事會任命夏皮羅爲首席執行長時，肯恩大概與公司裡的其他人一樣感到意外，但擔任總裁職務的七年，還是使他在杜邦三十六年成功的工作經歷達到了高潮。現在看來，下一任首席執行長將會是傑菲遜，而非肯恩。肯恩於是選擇了退休。

1979年，傑菲遜曾仔細研究公司的能源需求。他認爲杜邦如能繼續其早先的努力，設法擁有自己的石油來源，避免在多變的開放市場購買石油，會是明智之舉。杜邦之前與大西洋里奇菲爾德和雪那多亞石油的創業投資計劃，此時尚未實現。但在1979年，杜邦與康納和（Conoco，即大陸石油公司Continental Oil Company）簽訂了一項五年的協定，將在德州探勘天然氣。1980年，兩家公司的合作擴大到包括路易斯安那州和密西西比州的石油與天然氣探勘。

同時，伊朗的革命在中東地區製造了新的矛盾。石油輸出國組織提高了石油的價格，1980年杜邦公司的成本再提高了36%，加劇了新的經濟萎靡，被稱之爲「停滯性通貨膨脹」（stagflation）——經濟停滯伴隨著物價上漲——折磨著美國經濟。影響杜邦的政治力量，似乎是該公司無法控制的，但夏皮羅果斷的外交才能，經常能使事情朝著有利於公司的方向發展。1977年，杜邦公司歷史上第一位猶太人首席執行長夏皮羅與國會合作，避免了阿拉伯世界對與以色列做生意的公司實施禁運。接著，他與日後成爲國務卿的商人舒茲（George Shultz）一起到沙烏地阿拉伯和以色列，解釋美國政府和企業界對禁運問題的立場。[7]

但夏皮羅與決策層合作影響最深遠的成就，發生在1980年12月。這是卡特總統任期的最後一個月，也是夏皮羅擔任杜邦首席執行長的最後一個月。此時的民意調查表明大眾以壓倒性多數支持一項強制清理廢棄物存放點的法案。對此，化學生產協會（CMA），即現在的美國化學委員會，花了幾個月的時間討論如何回應公眾要求變革、且越來越大的壓力。擔任該協會董事會成員的西姆拉爾回憶起化學生產協會的一次會議。當時，一位反對清理法案的與會者提議進行一個廣告宣傳計劃，強調化工業對社會所做出的積極貢獻。他的一位同事回答：「聽起來很不錯，但難道你不認爲，在開始這個宣傳計劃前，我們若先在清理方面有一些結果，會更好嗎？」「這使大家都閉上了嘴，」西姆拉爾笑著回憶。[8] 幾個月來，杜邦和其他公司與國會合作，以期擬出一個可執行的清潔法案。現在，當最後一輪的選舉就要開始時，同業間團結與合作，對於法案是否能成功有著至關重要的意義。如果大家不齊心合力，業內支持廢物清理的力量就得前功盡棄，而他們在公眾眼中的形象也將會因爲這一拖延而更加受損。夏皮羅最先對《紐約時報》記者說了這番話，隨後，其他幾家化學公司的代表也做了同樣的表示，最終使國會大膽地通過了這一法案。[9]

杜邦的除草劑如Glean® 和Accent® 屬於一類叫做硫醯尿素的保護農作物的化學產品。它們能通過抑制一種野草生長所必須的植物酵素，而達到除草的作用。因爲只有植物有這種酵素，硫醯尿素對動物和人來說是比較安全的。硫醯尿素除草劑直接作用於植物表面，而不是通過根部吸收產生作用。因爲只需少量的硫醯尿素就能達到除草的效果，與老產品相比，硫醯尿素流入或滲透到地下水中的可能性大爲降低。杜邦化學家康拉德·霍夫曼在1950年代發現了尿素作用於植物酵素上的基本原理。另一位杜邦研究員勒維特（遠左）在1975年發現了有效的硫醯尿素。杜邦於1978年爲這些物質申請了除草劑的專利，並於1982年率先在市場上向種植小麥的農民推出了Glean®。從此，硫醯尿素被運用在全世界不同的農作物上。勒維特在爲杜邦工作了30年後，於1986年退休。他曾被授予杜邦拉瓦錫獎章，並於1994年榮獲由柯林頓總統頒發的國家科技獎章。

　　1980年，卡特總統簽署了《全面環境反應、賠償和責任法案》，此法案經常被稱爲CERCLA或「超額清理法案」。CERCLA要求包括杜邦在內的一些公司在五年內提供十六億美元，做爲清理堆放有毒廢物場所的信託基金。西姆拉爾回憶，面對立場各自迥異的各家公司，杜邦在協調達成一致態度時所起的作用：「我對此感到很滿意。」[10] 卡特總統也有同樣的感覺，他在白宮舉行的一個儀式上，特別提到了夏皮羅，表揚他爲法案的及時通過所做出的貢獻。[11]

　　也許CERCLA符合杜邦的長遠利益，但是短期內，它對公司的利益並沒有多大的影響。1979和1980年，杜邦產品的價格每年上漲了 7 %，但由於美國的通貨膨脹率達到了危險的15%，公司成本的增長比它產品價格的增長要更大一些。1979年，卡特總統認爲經濟學家沃爾克（Paul A. Volcker）所提議的猛藥——高利率——不僅能抑制通貨膨脹，還可能爲美國經濟降溫，因而任命他爲聯邦準備理事會的主席。沃爾克和聯邦準備理事會的理事就照做了，他們把利率提得非常高，導致了一場延續到1983年的嚴重經濟衰退。[12] 在這次經濟衰退中，全國失業率達到了三十年來最高的11%。1982年，杜邦的產能只有65%。

　　由於聯邦準備理事會的貨幣政策影響，杜邦的收入下降了，最後又回升。但杜邦執行委員會並沒有被動地靜待華府慢慢找出總體經濟解決方案。1980年，杜邦關閉了在北愛爾蘭梅頓（Maydown）生產Orlon®丙烯酸纖維的工廠，降低了纖維產品方面的損失。同時，杜邦花費二億美元擴大在維吉尼亞里奇蒙附近斯普魯昂斯工廠的Nomex®纖維和克維拉®纖維的生產，這是公司史上投入最大的一筆資金。杜邦還在歐洲爲

其瑞斯統®（Riston®）乾膜防污材料、Kapton®聚醯亞胺膜和用於控制葡萄黴菌的克露®（Curzate®）殺菌劑找到了新的市場。地球的另一邊，在新加坡新建的一家電子產品工廠，使得杜邦在快速增長的遠東和亞洲市場的佔有率擴大。1981年4月，杜邦兼併了新英格蘭公司（New England Nuclear Corporation），以加強生命科學領域的研究能力。

5月，六十五歲的夏皮羅在擔任了七年杜邦董事長和首席執行長後退休，但是仍留任董事並兼任財務委員會主席。當他的繼任者傑菲遜面臨杜邦歷史上最大膽、最難以決斷的計劃時，夏皮羅還提供了參考意見。那一年早春，一家加拿大的小型石油公司圓頂石油（Dome Petroleum）直接向康納和的股東提出要購買其子公司。出乎意料的是，該公司股東表現積極。這對大投資者來說，就意味著康納和可能會成為一次惡意收購的犧牲品。另一家加拿大公司西格蘭有限公司（Seagram Company Ltd.）的管理者到康納和位於康乃迪克州斯坦福德（Stamford）的總部，與它的首席執行長貝利（Ralph E. Bailey）進行談判，希望能做成一筆交易。但是當西格蘭公司董事長布隆夫曼（Edgar Bronfman）飛機的機務人員多次聽到控制塔人員提及威明頓一詞時，便推斷出貝利也在與杜邦公司的人接觸。13

整個夏天，除西格蘭外，還有幾個競爭者也開始加入購買康納和的行列中，但貝利想把公司賣給他已經熟悉和信任的杜邦，而非西格蘭這類他比較陌生的公司。西格蘭最近靠出售經營多年的德州太平洋石油公司（Texas Pacific Oil Company）獲得了不錯的收益。杜邦如果買下康納和，對雙方都會有利。康納和

杜邦於1981年購併了從事石油生產的康納和公司。此項購併使杜邦許多纖維和塑膠產品的生產所需要的石油原料的來源有了保障。康納和還生產給公司帶來利潤的商業石油產品，以及由杜邦完全擁有的康納和子公司合眾煤炭公司所生產的煤。1999年，杜邦出售了手中所有的康納和股票。

（左）1985年康納和在挪威海發現了一處主要的油氣田。這處被命名為海頓（Heidrun）的油氣田於1995年透過一個大型的壓力平臺開始產油。

Sorvall® 離心機是醫學研究中的中流砥柱。

濾過性微生物學是杜邦藥物學的主要研究領域。杜邦於2001年退出藥物生產。

杜邦在1970年代早期推出了Cyrel® 柔性版。這一產品主要用於包裝圖案的印刷。

將會擁有一個可以合理預測的未來，而杜邦則可以在能源供應不穩定所引起的嚴酷經濟循環中得到保護。關於購併的爭論頗受矚目，最近一次的經濟衰退再次提醒杜邦領導層該公司在變化無常的國際石油市場中的脆弱位置。但對於如此大的一項收購，可能將為杜邦帶來巨大的、卻不一定是好的變化，公司成員難免會有所保留。

在8月和9月令人不安的幾週中，傑菲遜幫助說服了杜邦的領導者，在結束公司對外部石油供給的依賴上，跨出了一大步。他爭辯道，杜邦研究人員能幫助康納和找到勘查油礦的新方法，而康納和的收入則可以幫助杜邦在全球持續衰退且嚴重依賴於能源供應的經濟中保持穩定。9月30日，杜邦和康納和達成協議，標誌著康納和成為完全由杜邦公司擁有的、獨立經營的一家子公司。在這項協定中，全球第九大石油公司的康納和還帶進了自己的子公司合眾煤炭公司（Consolidated Coal, Inc. 簡稱Consol），使杜邦得到了一種能使其麾下工廠維持生產的替代能源。這項價值七十八億美元的購併，一半用現金支付，一半用股票支付。是截至當時為止美國史上最大的商業購併，並使杜邦在美國工業公司榜上的排名從第十五上升到第七名。

然而，此協定的其中一部份對杜邦的管理產生了深遠的影響。用股票支付的那一半，使西格蘭能透過手中疲軟的康納和股票與杜邦換股，而進入杜邦的決策高層。這筆交易引起了一些投資者的興趣——他們認為新的債務會拖累杜邦的短期成長和獲利，杜邦股價將會下降，而這裡面蘊藏著機會。杜邦對事態的發展無能為力。西格蘭最後取得了24.5%的杜邦普通

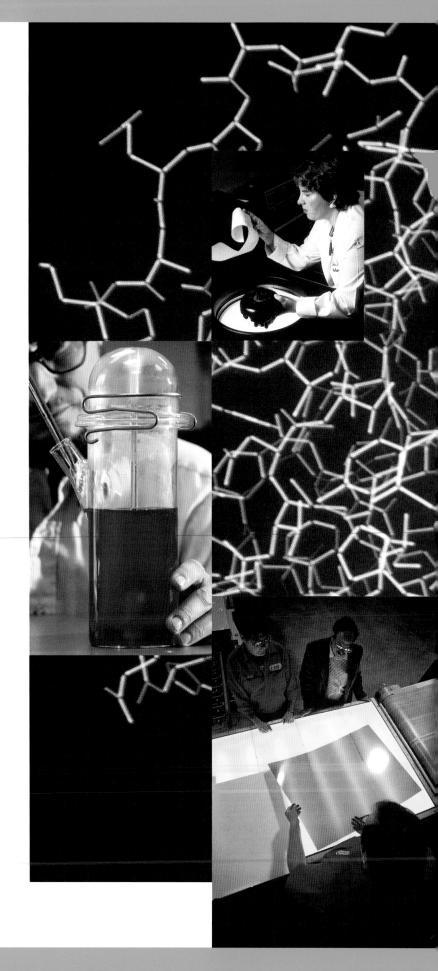

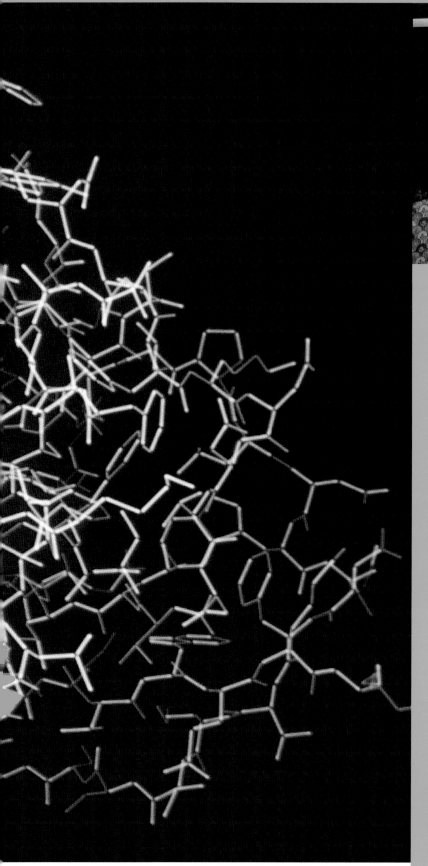

傑菲遜（左）於1981至1986年間任杜邦董事長。繼任者赫克特則任職至1989年。

股。這對曾被貝利拒絕的布隆夫曼、他的兄弟查爾斯（Charles）及西格蘭公司的首席執行長 菲德斯蒂爾（Harold Fieldsteel）來說，在某種意義上是一個安慰。這三個人後來與貝利一起坐在杜邦董事室巨大的橢圓型桌子前，二十七位其他董事在這個房間裡，處理公司突發中的種種事務。

為平息西格蘭意外加入杜邦董事會所引起的焦慮，西格蘭同意傑菲遜和夏皮羅也進入該公司的董事會。兩家公司還達成了一項「靜止」協定，把西格蘭對杜邦公司的持股率限制在25%以下，且如果西格蘭決定出售其所持有的杜邦公司股票時，杜邦公司有優先否決權。但是傑菲遜發現他需要不斷地向公司內外持懷疑態度的人解釋。他說，在化學和能源之間並不存在著矛盾。杜邦新任首席營運長、紡織纖維領域資深人士赫克特（Richard Heckert）用汽車來作比喻。他說：康納和的石油和煤，「在我們已經擁有的八個汽缸的基礎上，又給我們增加了兩個強有力的汽缸。」他所說的八個汽缸指的是杜邦已有的業務部門。[14]

杜邦購買康納和，一方面是為了從石油輸出國組織控制石油供應情況下經常發生的石油生產限制和價格波動中解脫出來。但是石油輸出國很快就成為自己的定價策略所形成周期的受害者。像康納和這類石油公司透過開發新的油氣礦藏，對這個石油同盟提出了挑戰。汽車公司生產出更多的省油型汽車，工業消費者轉而用煤取代石油作為工廠的燃料。杜邦於1982年將北卡羅萊納州恐怖角和新澤西州的錢伯斯兩家工廠的燃料換成了煤。現在，杜邦所屬的工廠中有一半使用煤，使公司每年節省了相當於四百七十萬桶的石

1970年代後期，杜邦出資建造了一架叫做「薄紗信天翁」（Gossamer Albatross）以腳踏為動力的飛機（下圖）。這架輕型飛機被認為可以用來實現人類首次飛越英吉利海峽的壯舉。麥克瑞迪（Paul MacCready）博士的飛機用Mylar®和克維拉®製成。這次活動為杜邦公司提供了一個機會，擺脫重型工業生產和官僚主義的形象，以個人的能力飛上清明的天空。「薄紗信天翁」大部分是用合成材料製作的，除了少數的金屬零件以外，幾乎整個飛機都是塑膠的。飛機上唯一的一位飛行員是阿倫（Bryan Allen）。他只用肌肉的力量踩踏板，驅動飛機的螺旋槳。經過數年的準備，在幾個月的壞天氣過去之後，杜邦小組加入飛機工程師的行列，目睹了這一充滿懸疑的歷史性旅程。1979 年 6 月12日，看起來有點單薄的「信天翁」慢慢從英國的土地升空，到達海峽上空，向法國飛去。這次飛行使每個人都很緊張——阿倫的飛機多次觸及水面，他自己看起來也筋疲力盡，甚至還在某一處發出求救信號。儘管如此，在驚心動魄的兩小時又四十九分鐘後，阿倫把飛機安全地降落在地面上。

油。這種對形勢的適應，迫使石油輸出國組織在1980年代降低了油價，但同時也使人們對杜邦與康納和協定的合理性產生了懷疑。公司原本希望透過協定來避免比七十八億美元購買康納和更貴的支出，但是如果此目的並沒有實現，那麼這樁買賣又有什麼意義呢？

傑菲遜和赫克特繼續為購買康納和辯護。他們認為杜邦與康納和之間的這種協定，在很大程度上對石油輸出國家組織施加了壓力，使之降低了價格。此外，杜邦必須超越傳統上單純化學公司的定位，向新的方向發展。傑菲遜援引1970年代傳統化工業停止成長的事實，他認為「杜邦已不再符合傳統化工業的定義了。我們公司的根基是探索。」[15] 「探索」這個詞有種美好的修辭作用。它是積極的、向上的、與杜邦豐富的科學研究歷史相一致。然而在充滿了對公司出乎意料的攻擊、垃圾債券、槓桿操作買斷和惡意兼併的1980年代，杜邦不斷變更公司定位的過程，是一種知識的探索，也是對石油的探索。

杜邦公司越來越把研發工作從以石油為原料的產品，轉到完全不同的領域，包括電子及不同領域的「生命科學」如分子生物學、濾過性微生物學、藥品到農業。杜邦還加強研發輕巧而節約能源的聚合物，用於汽車和飛機結構。雖然杜邦對於很多聯邦標準和法規抱著懷疑態度，但市場對輕型的、燃料利用率高的汽車的需求，還是使該公司的工程塑膠業務獲利。到1980年，一輛美國製造的汽車上平均有二百磅的塑膠。雖然當時公司並不確定新的研發能達到什麼樣的效果，但是正像在「探索」計劃中傑菲遜所倡導的一樣，杜邦對聚合物和分子生物分別進行的研究，最終結合在一起。

在杜邦雇用了傑菲遜兩年之後的1953年，英國的克瑞克（Francis Crick）和年輕的美國科學家華生（James Watson）公佈了他們關於DNA分子結構的研究成果。克瑞克後來寫了一本書，認為現代生物學的目的是用物理和化學來解釋生命過程。[16] 傑菲遜被克瑞克的觀點所折服，他相信生物和化學理論基礎的普遍存在，為杜邦公司的未來帶來了特殊的意義。杜邦在分子科學方面領先於其他公司。如果生物學可以追根溯源到分子學，那麼公司在生物學領域也會佔據領先的位置。杜邦在硫醯尿素除草劑上的成功，鼓舞傑菲遜繼續進行生命科學領域的研究。

1984年，杜邦慶祝實驗站成立八十周年。自豪的傑菲遜和中央研究與開發部門主任昆森伯利（Richard Quisenberry）一起在著名的布蘭迪研究站為公司新的八千五百萬美元的格林沃特健康科學實驗室（Greenewalt Laboratory）致辭。傑菲遜呼籲聯邦官員把生物科技研究從「法律禁錮」中釋放出來。同一年，杜邦在實驗站、麻州比勒里卡（Billerica）、德拉瓦州格拉斯哥（Glasgow）和德拉瓦州紐華克的斯蒂恩-哈斯凱爾（Stine-Haskell）實驗室成立四套新的生命科學研究設施，表明杜邦希望在生物、基因和醫學研究方面有所突破。翌年，杜邦在北卡羅萊納州的三角研究園設立了電子發展中心，並與荷蘭的飛利浦公司（N. V. Philips）合作成立了一家生產光碟的公司。

隨著逐漸成為一家以科學成果發現見長的公司，杜邦在全球穩步的業務發展顯現了杜邦定位中強大的國際化因素。整個1980年代，公司定期開設新的工廠：位於北愛爾蘭梅頓的克維拉和Hypalon® 氯磺化聚乙烯廠；巴西萊卡® 彈性纖維廠；委內瑞拉的汽車漆

（從上右圖順時針方向）

Ludox® 膠質矽被用於高爾夫球桿的桿頭。

在泰國Bangpoo製造的保護農作物的化學藥品。

1985年，杜邦與荷商飛利浦合作生產用於資料存儲的光碟。

飛躍英吉利海峽的「薄紗信天翁」只有55磅重。

實驗站的格林沃特實驗室於1984年啟用，主要從事生物技術的研究。

位於北愛爾蘭倫敦德里梅頓的工廠是杜邦在歐洲的第一家工廠，於1958年開工，用來生產合成橡膠。1960年代，梅頓的工廠開始生產Hylene® PPDI熱塑性樹脂、各種塑膠和Orlon® 及萊卡® 纖維。

哈斯凱爾健康與環境科學實驗室是全世界上最早的企業毒物學實驗室之一。2001年，該實驗室開始為其他公司進行研究。此實驗室與斯蒂恩實驗室在德拉瓦州紐華克附近共用一個園區。

尋 找 方 向

漆廠；泰國的農化產品廠；盧森堡的Mylar® RPET聚酯薄膜和特衛強® 防護材料廠；荷蘭和日本的鐵氟龍® 氟化聚合物廠；德國的地毯纖維廠；澳洲的Glean® 除草劑廠和墨西哥的電子廠。1986年，杜邦的二氧化鈦（Ti-Pure®）連續第三年創下了銷售紀錄，引發了杜邦在遠東和南美建設新的二氧化鈦工廠的計劃。到1980年代末，杜邦已成爲美國第七大出口公司。杜邦在四十個國家的營運，意味著如今該公司全年銷售額的45%來自於美國以外的國家和地區。

1982年，杜邦研究者們宣佈他們發現了製造更牢固聚合物的新方法，擴大了諸如Zytel® 尼龍樹脂和聚甲醛Delrin® 這類工程塑料的應用，並鞏固在美國汽車面漆市場上既有的50%佔有率。到1988年，杜邦已在全球十二個國家生產工程聚合物，在十個國家的工廠生產汽車塗料。1983年，杜邦推出了一種新的叫做Selar® 的樹脂。這種樹脂對於汽油之類的碳氫化合物溶劑有抗蝕作用，因此成爲汽油箱襯裡的理想材料，並有可能取代玻璃或金屬來製造容器。儘管Selar® 絕緣樹脂只在美國生產，杜邦還在荷蘭和日本生產其他乙烯聚合物，如Surlyn® 離子樹脂。

杜邦公司在1970和1980年代採取的全球擴張政策，是開發新市場且同時降低成本的商業戰略的一部分。工資只是成本的一部分，但在像杜邦這樣的公司裡，這是一筆大開支。1985年，副總裁兼首席營運長赫克特出現在一捲關於公司員工提早退休方案的錄影帶中。這捲曾在幾十家杜邦工廠播放的錄影帶中，赫克特說：杜邦的很多員工都是在1970年代雇用的，當時是爲了迎接空前的經濟繁榮，但是經濟並沒有繁榮起來。杜邦執行委員會以爲，儘管提早退休方案的條

件非常優厚，但頂多只會有幾千個員工會感興趣。然而最後，美國員工總數10%的一萬一千二百人利用了這個總額達二億美元的計劃，於當年五月退休。

一年後，杜邦首席執行長傑菲遜到了公司傳統的退休年齡六十五歲。董事會隨即把首席執行長一職交給了赫克特。赫克特感受到來自投資者和公司員工的雙重壓力，像布隆夫曼家族這樣的投資者，便要求對杜邦進行徹底的整頓；而員工則希望保持傳統的營運方式。自1981年以來，杜邦已經賣掉了二十項業務，包括幾項康納和的資產，還停掉了家庭用塗料、染料、防凍劑和車蠟等眾多生產線。也許是因爲對布隆夫曼認爲「員工超出太多」、且官僚組織「令人難以理解」[17]的意見頗有同感，杜邦公司的董事會在1986年把執行委員會從九個人減爲六個人。伴隨著這個小小的變化，公司員工每年減少2%，一些歷史悠久的業務也被進一步縮減。

赫克特的化學生涯開始於二次大戰時期在曼哈頓計劃的橡樹嶺核設施服役，後來負責執行杜邦在1989年三月撤出薩凡納河核能廠的計劃。1950年代早期，杜邦的化學工程師們在薩凡納河的設計中，運用了二次大戰期間在華盛頓州漢福德所學到的技術。杜邦的工作人員在過去的近四十年中，一直在美國政府的資助下營運這家工廠。但現在政府爲避免使杜邦捲入因工廠營運而引發的法律糾紛之中，正重新考慮與杜邦之間長期的合作。杜邦也認爲繼續這個專案的風險太大了，其他以核能工程爲專長的公司能在將來更妥善地管理薩凡納河工廠，包括複雜的核廢料處理問題。

1980年代後期，杜邦對於環境問題的關注對公司前端業務影響愈來愈大，尤其是像氟里昂® 冷媒這樣

（上、中）杜邦研製了Dymel®噴霧推進劑（運用於比方定劑量吸入器）和更有利於環境的舒瓦®冷媒，來取代氟氯碳化物。

（下）杜邦於1903年在德拉瓦州威明頓附近成立了實驗站，以科學研究為產業發展提供一個主要的平臺。

（右）1950年代由曼維爾兄弟（Manville Bro.）發明研製的鐵氟龍®FEP氟樹脂作為絕緣材料，被用於通訊光纜上。

的氟氯碳化物（CFCs）的生產。氟氯碳化物冷媒、噴霧推進劑和絕緣材料是商業生產領域最普遍的化學品。然而在1974年，兩位加州大學的化學家公佈了一組資料，指出氟氯碳化物和與地球上空有保護作用的臭氧層的消耗有關。環境保護局要求逐步廢除生產和使用氟氯碳化物，但杜邦和化工業的其他公司要求提供進一步的、決定性的科學證據，證明氟氯碳化物的危害。這件事茲事體大，因為當時杜邦所生產的氟氯碳化物佔美國此類銷售額的一半，且佔全球供給量的25%。消費者所使用的冷氣、冰箱和噴霧劑，都得依靠這些化學品，而實用的替代品還沒有被找到。

當某些杜邦科學家正努力尋找氟氯碳化物的替代品之時，其他科學家們則對氟氯碳化物和臭氧層變薄有關的資料進行了評估。在整個1980年代，中央研究與開發部門的費爾金（David Filkin）和同事們在評估中採用了與航太總署共用的新數學模式。這一模式的採用使得航太總署得出一個重要的結論。1988年3月15日，航太總署的科學家們宣佈，氟氯碳化物的確在使臭氧層變薄，此發現為杜邦的決定提供了一個可靠的科學基礎。杜邦在這一結果宣佈僅僅七十二小時後就決定，將在世紀之交停止氟氯碳化物的生產，預計停止生產的時間早於前一年簽訂的蒙特利爾公約（Montreal Protocol）所制定的行業時間表。

對赫克特這種科學家型管理者來說，做出逐步停止生產氟氯碳化物的決定是困難的，但卻是正確的。「化學家也是人，」他說，然而化工業所面臨的最大挑戰是「讓公眾相信我們是他們朋友，而非敵人。」赫克特解釋，如果杜邦突然停止生產氟氯碳化物，就會有人抗議公司停產這樣一個功能性產品。[18] 因此需

1987年，退休的化學家佩德森（Charles J. Pedersen）獲得諾貝爾獎，這在杜邦的歷史上還是第一次。佩德森的童年是在韓國度過的，八歲開始在日本的一家寄宿學校接受教育。後來在俄亥俄州的戴頓大學（University of Dayton），獲得化學工程學位後畢業。隨後在麻省理工學院獲得了有機化學碩士學位。他於1927年開始為杜邦錢伯斯工廠的傑克遜實驗室工作。1946年，佩德森升任研究總監，這是杜邦公司研究員中的最高級別。十一年後，他轉到實驗站，開始了一系列研究。這些研究的成果，是他於1967年在《美國化學學會會刊》上發表的一篇被同事們笑稱為「巨型炸彈」的冗長文章。這篇文章宣告佩德森發現了一種被他稱為冠醚（crown ethers）的新的化合物。這些水晶化合物中的環狀分子有包圍離子的獨特作用。這些化合物的發現，打開了研究的新領域，如人體是如何認出並接受某一種蛋白質，並把它們分解成用於產生新細胞和組織的成分。兩年後，六十五歲的佩德森退休。在以後的二十年中，他愉快地靠釣魚、園藝和寫詩打發時光。隨後，在1987年10月14日的早晨，他接到了諾貝爾基金會一個出乎意料的電話，通知他獲獎消息。「我大吃一驚，」他說。

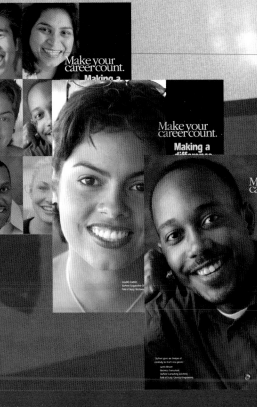

World Environment Center

224

要時間來尋找合適的替代產品。到1989年底，杜邦已經為二十多種不含氟氯碳化物的冷媒申請了專利。1990年，該公司開始舒瓦（Suva®）冷媒和Dymel® 噴射劑的商業量產。

身為杜邦在1980年代後半期的發言人，赫克特在這個充滿了訴訟和兼併的時代，努力尋求著平衡和對問題的透徹理解。當他說，美國人忙著透過重組而非創造而得到財富時，他不僅代表他自己，也代表了杜邦的傳統。股東的資產應該得到專家級的管理，但是他們也應該以長遠的眼光來回饋社會，使工業產生真正的價值，而不僅僅是重視短期的利益。[19] 1980年代中期以後，相對的繁榮減輕了赫克特身上以精簡公司組織來提高利潤的壓力。公司的淨利和淨投資報酬率在1986和1989年之間保持成長，其中淨投資報酬率在1989年達到了公司擬訂的16%的目標，比起1982年，這個數字差不多成長了一倍。

1989年4月，六十五歲的赫克特退休了。僅僅幾個月後，杜邦新任首席執行長、工業工程師伍立德（Edgar S. Woolard Jr.）高興地告訴公司股東，杜邦的投資報酬率終於達到了期待已久的16%。普通股每股盈餘超過了九美元，這證明了12月「三張換一張」股票分割的決定正確。1957年在北卡羅萊納州金斯頓的達克龍聚酯廠起家的伍立德，把他在杜邦公司的經歷形容為：先是經歷了十五年「黃金時代」的繁榮，然後是另十五年的公司「搜索靈魂」和重組。伍立德所在的纖維部門於1970年代能源危機中遭到重創。隨後他為「公司計劃」獻計獻策，希望能幫助杜邦應對新情況。他總結認為，杜邦和其他美國的大公司一樣，處於一個要求對市場價值形成明確核心的新時代。然

而在其他人認為會帶來痛苦、產生衰退的領域，伍立德看見的卻是：公司實際上可以透過減少管理階層，並加強個人的責任，而營運得更好。

雖然在1983年，伍立德仍然是公司執行委員會的新成員，但卻是委員會中第一個直接對實際產業營運（農化產品和醫療與照片產品線）負責的成員。到1986年，執行委員會的六個成員中的每個人，都承擔了公司產品線營運的責任。伍立德是自1960年代以來，杜邦管理階層中最後一個對執行委員會功能產生質疑的成員。但是現在，像伍立德這樣的改革家們不僅僅是質疑委員會的作用，還對其存在提出了挑戰。1990年秋天，杜邦董事會決定撤除高望重的執行委員會。這個八十七年前由皮耶設立的委員會，如今就像伍立德說的「坐在杜邦大樓的九樓看報告。」[20] 伍立德隨後成立了一個五人的董事長辦公室來取代原先的執行委員會，現在只有一位副總裁的職位處在伍立德和負責諸如尼龍這樣的某一條生產線的管理人員之間，而不是以前的三位。

伍立德還加快了杜邦人事政策的改變。擴大對撫養孩子的支持，提供彈性上班時間，給有孩子的職員一定的假期。1990年，在《職業母親》（*Working Mother*）雜誌所列出對有全職工作的母親最好的七十五家美國公司中，杜邦名列前十名。伍立德為杜邦多元化的承諾重新注入了新的活力。他堅持並不是要在公司內發起一場革命，而僅僅是「利用我們所擁有的巨大人力優勢——每一個員工都是。」[21] 在1990年代初，杜邦使其人才在更廣泛的領域發揮作用。像很多處於發展中資訊時代的其他美國公司一樣，杜邦人學習更多，做得更多，同時效率更高。　●

（左頁）1987年，當時的杜邦總裁伍立德代表公司接受了世界環境中心所授予的國際公司環境成就金質獎章。頒發獎章的是美國環境保護局局長湯馬斯（Lee M. Thomas）。

1990年代早期，杜邦開始了一個新計畫，開發更多樣化的職工隊伍。

（下）在全世界安全生產方面領先的杜邦，在為第一線的工人和接觸危險材料的工人提供安全培訓方面，也處於領先地位。

CHAPTER

9 永續成長之路

（最右及背景）1993年杜邦開始在西班牙阿司圖列斯生產Nomex®。此後，又添設Sontara®、Corian®、殺菌劑與四氫夫喃（tetrahydrofuran）溶劑的設施。照片中是杜邦公司獲得環保管理公司獎項的示範廠。

（右）1999年擔任資深副總裁、首席行政長兼總顧問的莫柏利。

（下）1989年擔任杜邦首席執行長兼董事長的伍立德於1995年卸任執行長一職後，之後於1997年卸任董事長。

1991年，首席執行長伍立德矢志在杜邦展開「整頓官僚」計劃，消弭公司管理階層中普遍存在的重複及冗餘之現象。整頓後，流暢的新組織體系將能讓員工更快、更具彈性地回應客戶的需求。然而，1990到1991年的經濟衰退，更增加了這項改革的急迫性。當時，向上攀升的成本迫使許多客戶對杜邦的價格面露難色，「我們不想找別家。」伍立德回憶當年曾聽到客戶這麼說：「但我們必須這麼做，否則我們無法生存。」一家每次下單均達數百萬美元的聚酯老客戶展露的態度尤為強硬。他灰心地向伍立德大叫：「到此為止！」接著又略略平心靜氣的說：「我再給你們一年半載的時間。我們必須找到新的方式，才能繼續合作下去。」[1] 這就是當時的情況。從客戶的觀點來看，杜邦的組織流暢改革仍嫌做得不夠多、也不夠迅速。現在，杜邦上緊發條，準備來個從頭到腳的大整頓。

伍立德的管理團隊立下一個野心勃勃的目標：兩年內削減十億美元的固定成本。1992年底，公司員工總數十二萬五千人比1991年少了八千人，達成了既定目標的79%。然而，即使員工這麼努力，1992年的總營業額還是下滑了 2％，而公司同期淨利 九億七千五百萬也創下自1979年後首次淨利低於十億的紀錄。隔年，管理階層進一步宣佈關廠及裁員行動，將公司規模縮減至1991年的60%，並對歐洲方面的業務展開兩年削減五億成本的計畫。伍立德曾與許多被資遣的員工密切共事過，知道他們曾深信自己的工作對公司的重要性。伍立德坦承1991到1994年是「我個人職業生涯的最低點。」[2] 對外事務部資深副總裁莫柏利（Stacey J. Mobley）認為伍立德在這段漫長的危機中，展現了如「邱吉爾」的剛強，以不屈不撓的自信激勵大家的士氣，贏得最後的勝利。但莫柏利也看見這位杜邦首席執行長不為人知的一面：「他成為許多人身攻擊的眾矢之的，這些攻擊來自許多跟他共同在公司成長的朋友，這讓他深感痛心。」莫柏利說道。「他真的是承受極大的痛苦。」[3]

1990年代早期，許多美國人努力接受全球經濟就業市場的新現實。美國的經濟強勢向來意味多數工人的就業機會普遍地受到保障。然而現在，全球的競爭壓力卻讓他們陷入事業風險中。[4] 如同伍立德在1993年對所說的，「唯有提供超優價值給客戶，才有所謂的保障。」而這需要公司內每個人將自己的智慧、積極性及創造力提升到新的層次。[5] 1990年代，全球各地的杜邦員工都為公司做了必要的犧牲。同時，公司的製造則不斷向全球市場推進。1993年，杜邦在西班牙的阿司圖列斯（Asturias）設立了纖維及彈性體廠、在新加坡興建萊卡®與Ti-Pure®二氧化鈦廠、另外

（*背景及近右*）位於佛羅里達的「布羅瓦表演藝術中心」（Broward Center for the Performing Arts）；採用 SentryGlas® Plus離子塑膠內層窗戶，可抵抗暴風、破壞，還具隔音效果。

（*最右*）自1986年以來，Stainmaster® 地毯一直提供消費者超優的防污地板材質。

（*右下*）杜邦寢具，包括 Comforel® 枕頭、棉被及床墊。

又籌畫在亞洲增設二十個新營業據點。在總部，杜邦則強化了部份傳統產品線：推出三款新品牌地毯纖維；宣佈結合SentryGlas® 與Butacite® 的新安全玻璃薄膜，這也是第一個符合抗風新安全法規的窗戶產品；此外，還將Synchrony® STS® 一種硫醯尿素新型除草劑及大豆種子一起介紹給中西部的農人。杜邦三十年歷史的製藥事業在1991年與默克公司（Merck & Co）合資成立新公司後一飛衝天，提供了高效產品給心臟病及中風患者，並讓杜邦默克製藥公司（DuPont Merck Pharmaceutical Company）在1990年代中期有著亮麗的獲利成績。

回想兩年前那位不滿意的聚酯客戶的批評，伍立德在1993年讓公司的五大事業部——石化、化學、聚合物、纖維及其他事業——情勢逆轉。此外，二十個他希望精簡為以客戶為導向及具彈性的「策略事業單位」（Strategic Business Units，SBUs）則如雨後春筍般冒出。回溯至1968年，杜邦總裁麥考伊曾將「利潤中心」（Profit Centers）這個觀念引入公司，但伍立德將這個觀念擴大至新的領域，讓SBUs直接向他及少數的資深副總裁報告。此外，伍立德還擬定了一套新的員工認股辦法，讓每位員工得以將自己直接投注在公司的未來上。

為配合公司更精簡、更彈性的事業模式，杜邦的行政及後勤支援服務部門亦重新轉型。最引人注目的改變，是在杜邦從事的研究。杜邦從事的研究雖然不像公司許多產品那麼顯著，但卻與公司的其他部門一樣急速發展。1990年代早期，杜邦的研究早已遍及全球。在近十五億美元的研發總預算中，研發中心（Central Research and Development, CR&D）在實驗站及Chestnut Run技術中心的基礎科學工作就佔了

10%。公司的研究中，有極大的比例是在由該產業部門所出資籌組的實驗室，且這些實驗室的人事也由所屬的產業部門自行安排。多年來，這些研究及發展上的努力已變得非常驚人，對開發的重視大於研究。他們著重於那些與部門產品或市場有直接關聯的問題上，或是至少在這方面可提出重要承諾的問題上。而在此同時，如斯蒂恩在1920年代晚期的預測，研發中心果真可成為科學家原創探索智慧動力的來源，而不受未來是否能夠提供公司利潤所束縛。

1990到1991年的經濟衰退，讓研發中心與業務營運之間的長期不滿更深，面臨非改革不可的狀況，這兩者長期關係緊張，雖偶爾也頗具創造性，但通常都是摩擦不斷。產業部門精簡了自身的研究工作，然後經由伍立德的團隊，轉換成更精簡的策略事業單位。如果說他們還需多做點什麼的話，杜邦的事業主管知道，所需要的就是與研究中心建立更具生產力的關係。當時領導研發的資深副總裁麥拉倫（A1 MacLachlan）回憶道：「研發中心有的是人才菁英。只要你能想出如何將這些菁英與公司連結起來，那麼他們就能做出很棒的事。」這位副總裁坦白說出他當時的職責：「不是整合員工，就是丟掉員工，但我們整合了員工。」[6]

短短幾個月的謹慎外交策略，成果便出來了。一方面，公司事業單位內的科學家及主管們必須確保公司的研究人員會將重點放在可為客戶帶來實質利益的議題上；另一方面，麥拉倫承認，無法以強迫或利誘的方式讓研發中心的人員對公司的業務需求產生具有創意的回應。跟多數人一樣，他們需要覺得自己被賞識，覺得自己是被網羅的一位寶貴成員，但重視他們對短程問題所提出的解決辦法，並不表示他們在思考

飲料袋（左）：由加拿大杜邦研發而成的一項新產品，在墨西哥廣被做為堅固的容器使用。在美國，數以百計的學校改用Mini-Sip® 飲料袋所包裝的牛奶與果汁。杜邦**RHYTHM**®（「記住你如何處理危險材料」〔**Remember How You Treat Hazardous Materials**〕之縮寫）（最左）這個措施成為業界訓練非現場員工處理及運送化學品的產業模式。圖片中，在底特律附近龐迪亞克體育館的屋頂（左下），以及丹佛國際機場主要航運站的屋頂（下方），建築師選用了纖維玻璃外層另以鐵氟龍® **PTFE**碳氟化合樹脂覆蓋。不僅採光佳，而且還能夠防風雪，機場地面鋪有**Antron**® **Legacy**尼龍踏墊，即使遭數百萬隻腳來往踩踏，還是能夠有效阻止泥土的進入，維持原有的產品質地。

新奇、少見，甚至不可能著手去做的自由就可以妥協。這其中存在著無人可精確衡量的一個關鍵平衡點，但如果置之不理，或是小看它，卻又萬萬不可。

歷經數月後，麥拉倫及研發副總裁昆森伯利協助中央及事業單位的研究人員，建立一個獲益良多的新關係。從此他們不再為資源而競爭。取而代之的是，他們開始分享如昂貴的核磁共振光譜儀（nuclear magnetic resonance spectrometer）等設備、還有人力與點子。1990年代早期，他們甚至分享成本削減重擔。「他們是拚了命在做這件事。」麥拉倫說道。「在短短幾個月的時間，我們就讓研發總成本少了約一億美金。」[7]

杜邦其他後勤單位也完成了類似的成果。舉例來說，杜邦的法律部門將所用的外部法律事務所從三百五十家減到三十四家，幾乎將公司1994年到1998年之間的法律費用減縮了一半。這些措施和其他改變的目的，不單是要縮小規模而已，同時也是要因應新通訊科技所造成瞬息萬變的現況——這種新競爭變得有其必要。這些法律事務所不再將時間及金錢浪費在不會產生什麼益處的官司訴訟上。取而代之是，他們採用了對杜邦具經濟效益及高效率的方式，與杜邦法律部門和其他事務所密切合作，一起處理杜邦的法律事務，包括官司訴訟。

在杜邦實施這項新法律辦法的同一時期，亦遭遇有史以來最重大的產品責任官司——Benlate® 訴訟案。1970年可濕性粉劑型（wettable powder form）Benlate® 推出上市後，即成為杜邦最成功的殺菌劑之一，並在全球註冊登記，適用於許多農作物。1987年，杜邦推出一個同質替代產品，一種乾性但可流動

型態的產品Benlate® 50 DF，但因某批產品出現了除草成分atrazine，而於1989與1991年回收。之後引發了數百件的索賠案件，耕作者與律師開始譴責Benlate® 50 DF（甚至產品並不含atrazine的成份）是引發大範圍植物問題的主因。剛開始，為了維持良好的客戶關係，杜邦賠錢了事，並在同時著手展開美國農業史上最大規模的調查，以了解Benlate® 50 DF是否真是導致植物的損害。在發現實驗無法複製出求償者植物所遭受的災害後，公司拒絕再賠錢給往後的求償者。

往後十年，杜邦面臨了數以百計的Benlate®訴訟案。官司結局不一。某些法院判決杜邦勝訴，包括在佛羅里達州的行政訴訟中並未發現Benlate®產品有何過錯。其他法院則判決杜邦應予賠償，其中包括部份判決的賠償金額龐大到足以反映1990年代如脫韁野馬般的美國司法體系。最後，即使沒有科學證據顯示Benlate®導致作物或健康問題。但基於業務考量，公司決定於2001年全球停售Benlate®。這項決定也讓許多在這段期間仍繼續依賴Benlate®，視其為安全及有效產品的眾多耕作者感到失望。

1994年中，雖然Benlate®帶來的頭痛問題不減反增，但杜邦的淨利仍超過前年淨利的65％。四年的犧牲與再造，終於獲得回報。公司員工的表現早就大大超過1991年伍立德設定的十億元成本精簡目標。單是在三年內，就讓固定成本少掉二十五億元。伍拉德溫和、但如鋼鐵般的果斷決心，幫助公司度過艱難的歲月，同時他也以欣然接受挑戰，而非以逃避的方式來面對減少污染及廢棄物的問題。1989年，杜邦宣佈了一項新的使命——「企業環保哲學」。這個由伍立德首創的名詞，傳達了杜邦對環保管理責任的新觀念。1984年印度波帕爾（Bhopal）的大災難，還有1986年

杜邦研究人員懷特（Jim White）1955年研發而成的特衛強目前在住家及商業建築物的外牆，還有在撕不破信封上的用途，已廣為人知。這個產品線不斷擴大，目前所包括的產品項目包括了用於禮物運送的特衛強、Sendables®（底圖）。史密森中心（Smithsonian Institution）（插圖）使用不磨損特衛強保護手工藝品。此外，特衛強還使用在無菌醫療的包裝上，以及圖形應用上，例如戶外廣告旗幟。

不管在什麼氣候或什麼活動，CoolMax® 高性能織布的快乾性都能讓穿著者保持乾爽、舒適。CoolMax® 能夠將身體的汗排到布料表層。被排到表層的汗會快速蒸發，速度比其他布料要快。氣溫下降時，Thermolite® 的隔熱性會讓穿著者溫暖，有活力。

烏克蘭車諾比核子反應爐的核心熔解，以及1989年艾克森瓦迪茲號（Exxon Valdez）撞上暗礁，導致一千一百萬加侖的天然原油污染阿拉斯加威廉王子灣等事件，讓1990年代企業對環保意識的重視，突破企業長久以來一直將環保當作維持及建立對外關係的窗臼。「製造業近年來已揮灑太多色彩。」伍立德在擔任首席執行長不久後隨即如此表示；但在未來，全部的色彩都要變成同一種顏色。「這個顏色就是綠色。」[8]

1989年 5 月，在伍立德擔任首席執行長第二個星期，他應邀前往倫敦「美國商會」，就工業與環境方面的議題發表演說。講稿提到他為杜邦的目標所畫的藍圖——將杜邦放在環境改變的最前端：危險廢棄物於1990年須減少35%；2000年時，減少量至少須達70%；特定塑料生產所用的重金屬顏料將不再使用；興建聚酯回收事業；規畫與民眾健康或環境有關的主要廠區活動，皆須有社區代表參與。此外，伍立德在演講時，斬釘截鐵說道，不管有無人反對，將環保績效納為評定主管薪水的一項指標。伍立德還提請杜邦將全球各地公司所有的土地劃定為自然保護區。杜邦不再只是回應環保者的呼籲及政府法規，取而代之的是，杜邦公司本身將制訂新標準，讓全球的其他公司遵從。「身為杜邦的首席執行長，」伍立德告訴他的倫敦聽眾，「我也是杜邦的環保尖兵」。[9]

伍立德知道倫敦的演講非常重要，因此事先拜託大女兒看講稿，他之前也這麼做過。女兒對這篇演講稿的反應讓他很驚訝。「爸，」她說道，「我只有一個問題，你相信你所講的這些話

嗎？」她並不是唯一有這種反應的人。伍立德後來回憶，他的演講稿讓許多杜邦人吃驚及納悶：「這傢伙是來真的嗎？」[10] 伍立德承認，在倫敦發表這項環保哲學前，並未徵詢過任何科學家的意見。他返回威明頓後，面臨來自公司部份領導科學家及事業主管的激烈反對聲浪，抗議說他們不可能達成他制訂的目標，這些反應讓伍立德生氣。伍立德向來深信，依據杜邦人的能力，還有過去的表現，絕對可以克服障礙。

公司內部中，那些有影響力科學家的存疑是件棘手的事，但伍立德正視這樣的問題。在實驗站（Experimental Station）的一場大型會議上，他向聽眾席上的研究人員解釋公司的這項新使命，並給予懷疑者一個正面且堅定的訊息。「我對你們的信心要比你們對自己的來得高。」伍立德說道。「現在我們只要放手去做。」[11] 為了強調他的決心是認真的，伍立德給了安全衛生環保部副總裁緹保羅（Paul Tebo）一項艱鉅任務：「找一間我們環保工作做得最差的工廠，給他們一年的時間改變；如果他們做不到，我就準備把這家工廠關掉，而且我們說到做到。」[12] 一年後，這家位於德州波蒙特（Beaumont）的工廠除了驕傲地讓廢氣排放減少三分之二，還改善了產能，並讓成本少掉了一百萬元的淨額。[13] 這家工廠的杜邦人不僅找到了處理廢棄物的更好方法，事實上，他們還改變了本身的製程，減少了廢棄物量。

很快地，也是前所未有的第一次，杜邦開始敢說「零排放」是公司可能實現的目標。緹保羅代表公司一群有影響力的主管與伍立德商討，希望在跨入下個世紀前，杜邦向大眾提出達到「零廢棄物及零排放」的承諾，伍立德要求書面承諾。緹保羅帶著六十五個連署簽名回來後，伍立德即著手兌現他的宣佈。如同伍立德描述的，環境論已證實是「我在公司見過最有力及最團結的提議，」因它擴及組織內每位員工。[14]

伍立德描述，在這段期間，他隨公司董事們前往紐澤西附近的錢伯斯工廠。此行算是董事例行的杜邦設施年度訪查。只不過這次，原有的協定有了改變。當董事們蜿蜒而行，視察工廠時，一位設備操作員（而非工廠經理）向視察人員解釋一個特別的化學製程，這位操作員興致勃勃地說，他最近如何重新排定某些管路，讓工廠的成本及廢氣排放都降低了。「這真是太棒了！」伍立德大聲說，「我以你為傲！」在大家眉開眼笑之際，一個想法突然閃過伍立德腦海。瞄了董事們一眼，他問這位操作員，「你有這個想法多久了？」「大約十年。」對方回答。這讓伍立德及所有人都湧現一個想法：如果我們的員工被授權、被鼓勵創新思考的話，他們就會真的這麼做。「這並不是什麼了不起的事，」伍立德承認，「可能一年省個十萬元，但你希望的是有一千個人可以這樣思考」。[15]

1995年3月，正當杜邦完成多數再造工作，且獲利正往上爬升之時，西格蘭有限公司的老闆布隆夫曼兄弟和那些自1981年即擔任杜邦董事的人，提議以八十八億元現金將他們手中一億五千六百萬杜邦普通股賣回給杜邦。如此一來，布隆夫曼就可以投資娛樂事業。伍立德接受了這項提議，部份原因除了股數減少可提高股票價值外，同時也因為強留一位心在別處的投資者毫無意義。借到所需現金，完成這項股票買回動作後，杜邦負債變成原來的兩倍，成為一百六十二億。該年，公司賣掉了兩個醫療產品事業，還發行新股，獲得十七億認股金，幫助降低負債。此外，為進一步確保未來的盈餘，杜邦還急速投入國際事業；在台灣、印度、日本、巴西及墨

目標是「零」

西哥生產尼龍；在中國大陸生產萊卡®及Mylar®；並在新加坡斥資一億元興建一所Zytel®廠房。此外，杜邦還在韓國興建一家萊卡®中間體工廠，並在西班牙興建水針不織布勝特龍（Sontara®）廠。在總部，則宣佈與陶氏化學公司（Dow Chemical）合資成立杜邦陶氏彈性體公司（DuPont Dow Elastomers LLC）。

1989到1995年間，杜邦大幅改變其經營之道，但對自己事業的改變並沒有很多。[16] 1995年12月31日，柯爾（John A. "Jack" Krol）繼伍立德之後擔任杜邦新任首席執行長。此後，杜邦步入重要的新過渡階段：從二十世紀的化學公司轉型為二十一世紀的全球性科學公司。再造行動去除了無效率，提高了公司的生產力。現在，柯爾企圖實現這些年來再造行動所賦予杜邦的成長潛力。1963年柯爾以化學工程師身分進入杜邦，隨後於農化產品及纖維事業部擔任資深管理者。這些不同的經歷，讓他對杜邦在生物及化學上所具有的潛力，有其獨到之觀察。身為首席執行長的他，尋找能讓公司觸角擴及生命科學、且在同時也能強化公司傳統產品線的契機。

杜邦研究人員發現了連結化學與生物學的新分子。1995年年底，杜邦著手展開一項新事業——DuPont Qualicon®——以杜邦在分子生物學的研究發現，作為此事業的直接基礎。DuPont Qualicon®將公司的RiboPrinter®及Bax®系統引進市場。這兩個系統藉由掃瞄基因資訊，如DNA「指紋」，而可以辨識現有的所有細菌，外加數種其他形式的食品污染物質。只經過短短一年，這兩個系統已為九個國家的實驗室所採用。1999年，美國疾病防治中心（U. S. Centers for Disease Control and Prevention）採用了RiboPrinter®偵測食品中的有害細菌。

1996年，杜邦及一家名為Genencor International的生物科技公司，成功為他們的基因工程成果——「E. coli」微生物——取得專利。這個E. Coli微生物可以產生1,3丙二醇（1,3propanediol），或稱為PDO。PDO是一種關鍵的聚酯成分，通常取自石油。但這個新的微生物可以從諸如玉米糖等碳氫化合物來源中取得PDO。這真是一項重要的成就，一個真正的科學奇蹟，同時也對既有的智慧財產法律概念提出新挑戰，比如新生命型態是否能夠取得專利這樣的問題。

1996年以淨利達三十六億美元創下新高紀錄，在此同時，杜邦的三千七百位科學家正努力在全球各地實驗，希望擴大這項科技，以支持公司的全球成長。在低壓下生產聚乙烯Versipol®（versatile polymerization）製程，降低了製造成本，並創造出更多樣化的這類材料，供包裝及產業使用。杜邦1995年的Versipol®專利申請囊括五百二十八個產品宣稱，使得這項專利申請成為杜邦有史以來最大宗專利案。隨後的Versipol®技術授權，則讓杜邦在全球競爭激烈的塑膠市場中，佔有一席關鍵之位。

1997年9月，杜邦買下愛荷華州莫內斯（Des Moines）一家玉米及大豆種子領先製造商先鋒高產國際公司（Pioneer Hi-Bred International Inc.）百分之二十的股權。此外，杜邦亦與該公司成立最佳品質穀物公司（Optimum Quality Grains LLC）共同研發，隨後更名為杜邦特殊穀物公司（DuPont Specialty Grains），負責研發動物飼料市場的產品。[17] 三個月後，杜邦從保力來公司（Ralston Purina）手中買下蛋白質科技國際公司（Protein Technologies International Inc.）這家大豆蛋白質製造公司。這些決定兌現了柯爾的目標，將生命科學領域上的成長做為杜邦業務的

1999年10月併購先鋒高產國際公司後，杜邦整體策略往前邁進一大步，將農業生物學融入公司的科學及科技基礎。1926年由華勒斯（Henry Wallace）創設於愛荷華州莫內斯的先鋒，是第一家從事玉米種子改良品種商業化生產與行銷的公司。先鋒在不斷研發營養價值更高的新食品同時，也致力於減少環保廢棄物，目前已成為農業科技的領先研發者及整合者。

（背景）研究工程師阿姆斯壯（Mark Armstrong）為1990年代中，將全像攝影科技應用在顯示器上，而促成更明亮電子顯示螢幕誕生的生力軍之一。

（右上）SilverStone® 不沾塗層，目前廣泛用於廚房器具上。

（上面最右）1995年杜邦開始於印度生產的Tynex® 尼龍單體纖維牙刷。

（中間最右）Zytel® ST超耐尼龍，提供消防水管噴嘴所需的堅硬、能承受高衝力、彈性。

（右下）印度製瓶業者將Melinar® Laser+樹脂，用於2公升可樂瓶。

（下）1998年接任杜邦董事長一職的賀利得。

重心。但該年另一項重大的購併，卻出現讓人失望的結果。杜邦一口氣買下ICI的聚酯中間體及樹脂事業，以及二氧化鈦顏料工廠後，滿心期待美國的主管當局核准這項交易，然而，當聯邦官員以反壟斷為理由而拒絕了合約中二氧化鈦這部份，驚訝的杜邦公司決定仍保有剩下的聚酯部份。

許多公司內外的觀察家擔心杜邦在諸如化學、聚合物及紡織纖維等傳統大事業上的巨額投資，因為這些產業在全球的競爭日趨白熱化，但科技又易過時，且成長潛力有限。柯爾承認對這個全球競爭引發的問題，全球化（globalization）是解決辦法的一部份。因此只要是杜邦產品尚未被廣泛使用的地方，杜邦就會在那裡生產及行銷產品。舉例來說，佛山杜邦鴻基薄膜有限公司這家位於中國大陸廣東省的合資事業，在1996年，聚酯膜的年產量為二萬二千公噸，使它成為中國大陸本項產品最大的內地供應商。同樣地，杜邦也在智利聖地牙哥設立子公司，以生產二氧化鈦顏料、萊卡®、達克龍®、尼龍及聚酯。但在全球各地設立據點僅是為杜邦複雜的事業策略架設舞臺，在這個舞臺上，杜邦還需要將自己全部的潛力發揮至極致，力求以科學為根據，讓自己成為一位創新的競爭者。

1997年10月，杜邦董事會提名四十九歲的工業工程師賀利得（Charles O. "Chad" Holliday Jr.）接任柯爾，於1998年2月正式成為杜邦的首席執行長。而柯爾則擔任董事長，朝他嚮往已久的退休之路前進。自1970年加入杜邦後，賀利得所負責的業務遍及公司各個層面，包括曾外派東京，擔任杜邦亞太區總裁七年。他對杜邦未來所展現的熱忱，一如他對公司傳承下來的基業所表達的尊崇。「赫克特曾告訴我，」他說，「『這家公司以它所簽訂的契約為其言行舉止依

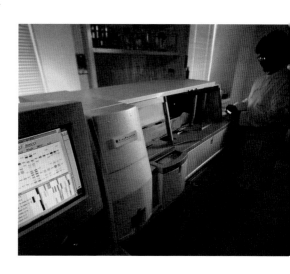

據，以契約的立意為其宗旨。』這句話真的嚇到總部。短期間，我們帳上可能所剩無幾，但以長遠眼光來看，定有為數可觀的進帳。」[18]

　　賀利得迅速採取行動，力求提升杜邦在全球市場的競爭力。他賣掉了價值十二億的公司資產，又從杜邦該年的四十一億元淨利中撥出十七億，然後再借款籌足差額部份，將十二億、十七億，連同借得的錢，整個投入價值一百零二億元的併購案上。杜邦賣掉其在全球的過氧化氫（hydrogen perox-

ide）、印刷及出版事業，並以八億六千五百萬的總價賣掉在Consol剩餘的50%股權。而後將重心轉向默克公司，因為這時默克有意將它與杜邦的製藥合資事業讓給杜邦。杜邦默克公司的特定產品，例如Cozaar® 血壓治療藥，還有Coumadin® 抗凝血劑，已證實兼顧藥效及獲利性。杜邦的新Sustiva™ 很快就會收到美國食品與藥物管理局的最後核准，應用在人體後天免疫不全病毒（HIV）的治療上。杜邦認為默克的行銷經驗與杜邦的研發長才配合良好，但默克希望各自發展。1998年 7 月，杜邦以現金二十六億元買下了默克在杜邦默克製藥公司的50%股權，成立杜邦製藥公司（DuPont Pharmaceuticals），並開始尋找另一次適當的結盟。

　　對投資資本的需要，再加上石油業始終無法擺脫的風險，很快便促使杜邦重新評估其康納和公司的資產。1998年間，油價大幅滑落，康納和的收益短少了38%，也使杜邦的股價從 5 月時的最高點每股八十四美元，跌到了該年年底的五十三美元。杜邦1981年買下康納和時，油價從沒有達到許多人所預期的持續高水準。歷經十七年的這項決定籠罩在一片烏雲下，現在這塊烏雲在杜邦的發展地平線上投下一塊陰影。以往康納和的收益曾幫助杜邦走過艱困歲月，但石油探勘所耗費的成本龐大，獲益亦無法預測，此外，康納和與杜邦這兩家公司文化的從未完整融合為一體。流著有如奧克拉荷馬州龐卡（Ponca）市野貓血液達一世紀之久的康納和狂野不羈，即便杜邦給的限制很寬鬆，「他們有自己的驕傲和自己的歷史。」杜邦的莫柏利說

（左）杜邦與General Mills的合資企業──第八大陸（8th Continent）。該公司於2001年推出加入杜邦蛋白質科技研發而成的Solae™ 豆類蛋白質豆奶，共有三款口味。

（最左）1995年上路的哈雷（Harley Davidson）機車，內有四十五個零件採用了Zytel® ST尼龍樹脂。

（中間偏左）杜邦子公司Qualicon® 運用其基因科技與分子生物學上的專業，提供市場產品與服務，改善食品與健康市場的品質與安全性。Qualicon® 所研發而成的RiboPrinter® 微生物辨識系統（Microbial Characterization System）能夠辨識細菌的DNA指紋；此外，還有BAX® 系統，則是能夠偵測病原的一套基因式自動平台。除此之外，Qualicon® 還提供全球食品安全諮詢服務。

（下）BMW Z3敞篷車：其車身所用的水性漆贏得環保者讚賞。所用水性漆中，許多即出自杜邦赫柏茲汽車系統（DuPont Herberts Automotive Systems）。

道，「即便在被杜邦購併後，他們也不打算放棄。」[19] 1998年 5 月11日，杜邦宣佈要讓這家石油巨人自由，也讓自己自由，尋找新的投資目標。

10月，杜邦釋出康納和30%的股票，募得四十二億，成爲美國有史以來最大宗的獨立公開募股案。從1998年底到1999年間，杜邦以康納和的股權交換杜邦股票，處分所餘70%的康納和股權。這項股權釋出行動讓杜邦的收益增加七十五億。很快地，杜邦就將這筆錢投入部份前景最爲看好的領域上。舉例來說，1999年 2 月，杜邦以十七億從德國Hoechst A. G. 手中買下歐洲汽車漆公司赫伯茲（Herberts），讓杜邦成爲全球最大的汽車漆供應商。

隨後，才短短幾星期，杜邦宣佈以七十七億現金外加股票買下先鋒高產國際公司餘的80%股權，先鋒仍留在莫內斯，成爲所有權完全屬杜邦所有的子公司。某些產業分析師認爲先鋒的買入價格過高，但賀利得的回答反映出他本人及之前面對1990年代步調快速的伍立德與柯爾的經驗：「速度、速度、速度。」他很直接的說。[20] 杜邦大，但不遲鈍。賀利得所做的事是要確保公司立足在生物科技巨浪的最前峰。先鋒七十三年的歷史中，引入市場的新玉米混種將近一百種。近年來，每年大約檢測五十萬個玉米及大豆檢體；將近70%的種子含有改良基因，提高了對昆蟲或除草劑的抗體，先鋒實驗室和其他研究實驗室中，幾乎每天都有重大的研究發現，使得農業及營養市場

(中) Fusing units產品中，所有使用了氟聚合物的影印機及雷射印表機。圖中Fumio Inomae所屬的東京杜邦鐵氟龍® 加工事業部掌控了80%的市場。鐵氟龍® 的不沾黏及耐高溫特性是文件印刷所不可缺少的。

(上方及下方最左) Cyrel® 數位影像科技；此科技讓諸如Kraft Foods等公司兼顧經濟效益與包裝圖案水準提升。

(中間最左) 杜邦包裝紙，包括防潮薄膜到種類繁多的包裝料料，包括Clysar®、Melinex®、Mylar®、Selar®及Surlyn®。

> 美國每年約丟棄二百九十億磅的塑膠,相當於每個人平均丟棄一百零六磅。塑膠在美國可用的垃圾空間中,佔去20%。因此,杜邦研究人員正努力研發新的、可分解的塑膠產品,幫助美國回收他們所丟棄的塑膠。化學家韓森(Steve Hanson)在1990年代協助發明了Biomax®。這種新聚酯的缺點反變成它的優點。韓森及他的同仁想出了一個方法,將脆弱的單體化學連結插入聚合物的化學物鏈中,變成了受到廣泛使用的聚酯塑膠。這種新塑料的不同連結方式,讓產品可用於多種用途,包括當做飲料容器及花生醬罐。但當這種塑料暴露在垃圾場裡面的元素時,單體化學鍵就無法承受水的傷害,甚至會被微生物及蚯蚓等吃食。Biomax® 除了在垃圾場中的可分解性,且可作為微生物與蚯蚓的營養品外,還有其他的優點。它可以重複使用於容器內,或作為紙盤及紙杯的表膜處理。你也可以在Biomax® 上種植草皮,種出比傳統草皮更輕、更容易捲起來的新草皮。

> 1917年,杜邦在新澤西州深水鎮的錢伯斯工廠開了一家染坊,開始六十年合成染料的研究及生產事業。1980年,杜邦關掉這家染坊,不過錢伯斯工廠仍繼續生產化學中間體及其他產品。其生產的化學製程所產生的相關環保問題,引起了環保署(Environmental Protection Agency,EPA)的注意。1991年杜邦與EPA合作,展開一項一百萬元的研究,找出十五種改善該所設施環保成效的方法,此舉讓那些擁戴杜邦及批評杜邦的人同感驚訝。所做的改變包括安裝一台昂貴的高壓噴水系統,用來清洗之前採用溶劑清潔、且須以焚化方式處理的容器。新的處理方式剛開始需要投入龐大的成本,但這麼做不僅讓環境更好,而且就長程來說,成本效益也較高。這也改變了新澤西工廠。今日,它已成為杜邦環境處理(DuPont Environmental Treatment,DET)設施的總部,也是全球最大的商業及工業廢水處理廠。DET接受化學、金屬加工、汽車業所排放出來的廢水;這些廢水每日經由船舶、槽車,還有軌車運送至此。每日有高達四千萬加侖的廢水,經處理乾淨後再排放出去,所採用的方法也是符合EPA所訂的標準。新澤西州85%的工業廢水是由DET所處理的。

> 今日的杜邦科學家正與許多人認為早已消失的殘害作物的細菌奮戰。舉例來說,曾在1840年代中期導致愛爾蘭遍地災荒、無數人餓死的惡名昭彰的馬鈴薯枯萎病又捲土重來了。不過,這一次攻擊的對象是墨西哥及部份南美洲的馬鈴薯農作物。1840年代的那一場饑荒,死了約一百五十萬愛爾蘭人。當時異常潮濕的天候讓細菌得以快速蔓延,連續數年,讓馬鈴薯無法收成。1850年代,德國植物學家巴里(Anton de Bary)發現了晚役病菌(Phytophthora infestans)

248

> 1984年，生物學家賽巴斯臣（Scott Sebastian）帶著一個非常具體的目標進入杜邦。這個目標就是：發現一個在基因上對杜邦的硫醯尿素除草劑具有抗體的大豆。像這樣的作物在噴藥時，仍會存活下來，而那些與它爭奪水份及養分的植物，也就是野草，則會遭噴藥而死。賽巴斯臣過濾了八千個豆類變種，但沒有任何一個顯示對除草劑具有一絲一毫的抵抗力。因此，他改向杜邦的溫室尋找，而且還發展出一套新奇的過濾程序，可以快速搜尋數以百萬計的大豆。三個月內，在一次偶然機會下，他從各種物種的基因庫中，發現了所要的天然基因變種。這種基因變種的植物對硫醯尿素具有抗體，且可將這種抵抗力傳給下一代的大豆。賽巴斯臣使用標準的植物繁殖法，開發出這個變種，並為它申請取得專利，成為有史以來第一個取得專利的大豆。1993年，杜邦將賽巴斯臣的新大豆種子結合公司的除草劑Reliance® 後，命名為Synchrony® STS®，推出上市。

正是導致枯萎病的元兇，並很快就找出方法予以撲滅。但是，晚役病菌卻發展出抗藥性，要殺死部份已發展出抗藥性的晚役病菌所需劑量，是傳統殺菌劑正常用量的十二倍。然而，近年來，全球各地的農人已使用諸如Curzate® 等殺菌劑，殺菌成效相當不錯。另外還搭配使用硫醯尿素除草劑Matrix® ，有效控制野草對馬鈴薯的威脅。

> 1990年代，杜邦研發出若干回收塑膠的秘方。不過事前研究往往不為大眾所知，一艘模仿HMS Rose革命戰船，張著數幅回收聚酯所做成的巨大「帆布」，駛入全國各地的港口。為了這艘船，杜邦總共做出一萬三千平方呎的帆布，成為全世界最大的活動木船。這帆布是由PET（聚乙烯terephthalate）塑膠做成船帆，以十二萬六千個回收塑膠瓶及汽車的塑膠擋泥板所製成的塑膠粒與樹脂所做成紗線再編織成的。從羅德岱堡（Fort Lauderdale）到西雅圖的旅程中，前來觀看的人，還有學校內的孩童，都對這艘船的船帆驚喜不已，留下深刻的印象。這艘船除了向世人展示回收的可行性外，亦象徵杜邦在全國回收努力中所扮演的領導角色。歐布萊恩（Patrick O'Brian）所著系列小說的第一部《船長與指揮官》（*Master and Commander*），講的是十九世紀奧布瑞船長（Jack Aubrey）與他的船醫在公海的冒險故事，改編拍攝的電影將出現杜邦的這艘塑膠帆船。

> 杜邦在工業安全上的出色經驗，使得該公司有能力把這方面的知識推銷出去，成為有價值的服務，稱之為杜邦安全資源（DuPont Safety Resources）。例如，這些知識曾應用在休士頓附近的強森太空中心（Johnson Space Center），解決其過多的工作事故，1994至1999年間，杜邦的安全顧問將該中心的意外發生率降低了70%，替航太總署節省了約二百零八萬元。

（中間及插圖）美國鐵路公司的亞西拉快遞（Acela Express）於2000年12月採用Tedlar® 聚乙烯氟化物膠膜保護內層，將這個產品帶至美洲東北航道。

（上面最右）Nokia手機；手機內的高密度印刷線路板採用了瑞斯統® 乾膜。

（中間最右）現任杜邦工程科技部總監的喬德瑞（Uma Chowdhry，站立者）。此部門屬一諮詢組織，負責將可行銷的研究構想研發成具體的產品與科技。

（最左）杜邦Sontara® ACTM航空器擦拭布，適用於製造與維修保養，進一步擴大了杜邦不織布產品線。

（下中）Zytel® 尼龍樹脂；此產品取代了幾十款汽車車內的鋁引擎組件，減輕了車身重量。

（下右）採用Surlyn® Reflection Series™ 超級光彩合金而成的2000年道奇及Polymouth Neon車系的塑膠儀表板色彩。

的競爭相當激烈。像杜邦這樣的公司，身在市場中必須很警覺，除了企業化經營外，還需要膽識。

1999年11月，先鋒交易完成後的一個月，食品與藥物管理局給了有利於蛋白質科技申請一案的答覆，同意廣告內容可宣稱產品結合了大豆食品用途，可降低心臟病發率。杜邦再次快速行動，與通用食品公司結盟，研發及改善大豆食品。此外，杜邦還宣佈與麻省理工學院的一項五年研究合作，研發農業以外的生物科技應用。傑菲遜在化學、能源及生命科學上所感覺到的潛力，在伍立德自許為杜邦的環保尖兵任內甚至更為清晰：許多科學分支之間存在著基本的關聯性；在科學與杜邦過去研究和事業優勢之間，存在著基本關連；這些優勢與人類需要之間，存在著基本關連；人類需要與整個大環境之間，存在著基本關聯。此時此刻，在杜邦即將邁入公司第三個世紀之時，賀利得將之總括起來，說出公司未來的願景——永續成長。一個永續成長的公司，在為股東與社會創造價值的同時，也會不斷減少它對環境所造成的傷害。

賀利得1999年11月在底特律經濟俱樂部所發表的演講中，重申伍立德1990年的演說，在當時，永續發展仍只是一個空泛的理想。伍立德讓公司鎖定在特定數字目標，努力讓這個理想的環境層面在杜邦實現。此時的賀利得亦使用了可評量的目標，定義永續成長。他預測2010年時，杜邦將滿足對能源需求的10%，且公司營收中，將有25%是來自可再生利用的資源。而在此同時，就如杜邦新的標語所說的，會為世界各地的人們創造「科學的奇蹟」。[21]

2000年1月，賀利得受命擔任「永續發展世界商業協會」（World Business Council for Sustainable Development）會長，更強調杜邦對責任、長期成長

DU PONT

創 造 科 學 奇 蹟

的全球承諾。2001年 4 月在聯合國一場演講中，賀利得形容杜邦為實現此承諾，在策略中加入三個要素：整合科學、知識密集，以及提高生產力。第一個要素「整合科學」衍生自傑菲遜二十年前即已預見的化學與生物學之間的基本關聯。杜邦於1999年推出的Biomax® 可生物分解的新包裝材料即為其中一例。而杜邦的 3GT聚合物新科技Sorona™ 則是另一個例子。杜邦在北卡羅萊納州金斯頓的工廠，老早從石化原料製造出特殊聚合物，但以便宜且可回收的碳水化合物，及杜邦與Genencor研發出來的專利E. Coil菌種，即能以低成本生產出相同的材料。金斯頓廠準備於2003年著手量產Sorona™，預計將Sorona™ 生物科技帶入生產線至少要花七年。這與1930年代將尼龍從克羅瑟實驗室帶至威明頓百貨公司所花的時間相當。商業化要成功，還需要耐心、毅力與貫徹的努力。

就賀利得的了解，科學整合並不局限於生物學及化學，還包括了任何科學、工程與科技的有用結合，一如Artistri® 紡織印花系統。2000年推出上市的Artistri® 結合了杜邦公司在紡織領域的多年歷史，以及較近期的油墨及噴墨經驗，創造出一個新的、數位式的紡織印花科技，適用的織物面積最寬達十點五呎。此外，這一年杜邦還成立燃料電池業務，將杜邦在電子化學、聚合物與塗層上的知識應用在單一企業上。燃料電池的電力儲存方式與傳統電池相似，但使用氫及氧就能充電，所採用的方式是化學原理而非電力。早已應用在油電混合型汽車上的燃料電池，亦為各種能源需求提供了石化燃料以外的選擇。

2000年杜邦併購加州的UNIAX Corporation，這項購併讓另一項產品得以連結化學與能源節約。UNIAX引入了一項新的顯示器科技，運用於手錶、

（*背景*）杜邦科學家史賓尼利（Harry Spinelli）研發而成的數位織布印花技術「Artistri® 科技」；2001年 1 月由杜邦噴墨事業部推出上市。

（*中間偏左*）自高登（Jeff Gordon）於1993年參加溫斯頓盃（Winston Cup）賽車後，杜邦一直是他所駕駛的Hendrick Motorsports' Car #24的主要贊助者。高登一共贏得四次溫斯頓盃冠軍。四次均穿著Nomex® 作成的賽車服及克維拉® 製成的安全帽，而他所駕駛的愛車則漆上杜邦汽車烤漆，另外車內尚有許多配件也都是杜邦所生產的產品。

（*最左*）杜邦最新的聚合物平台Sorona™；裡面將加入在玉米糖發酵過程中所取得的一種成分。照片中，湯馬斯（Harold Thomas，左）與貝克威斯（Bob Beckwith）所展示的未經切割的主要材質，是由北卡羅萊納金斯頓的一家連續聚合事業單位所生產。

（*下*）由UNIAX Corporation所研發的個人數位助理顯示器——PDA；是採用電子發光聚合物而成。2000年時，杜邦併購UNIAX。

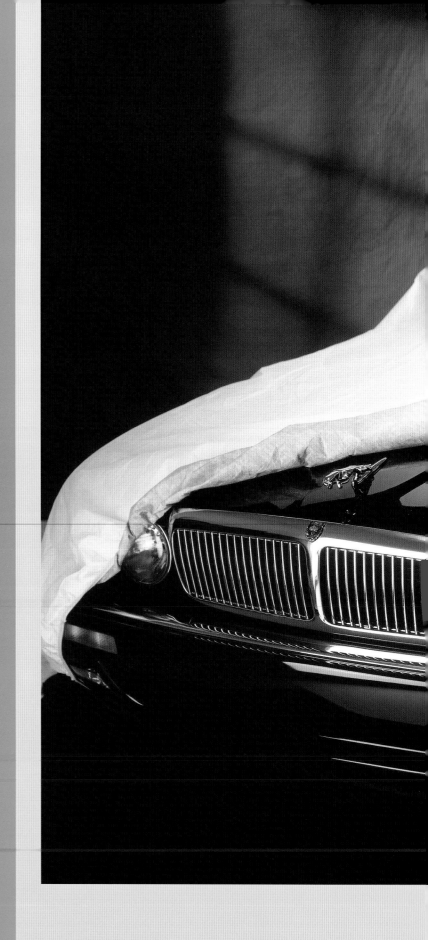

（中）1994年，杜邦不織布部門研發出特衛強®Plus，布質柔軟，除了耐濕外，還能阻隔對人體有害的紫外線。

（右上）巴西的Americana。圖中，柏賀斯（Raquel Aparecida Borges）正在檢查尼龍。

（右下）杜邦保防護服裝公司成立於1997年，1999年擴大；結合了Tychem® 化學防護織布、特衛強®、克維拉®、Nomex® 及Sontara® 等防護服裝的知識優點而集其大成。

手機與手提電腦所用的顯示器科技。這種更亮、能源可有效運用的顯示器並非使用液晶顯示，而是一個重要的新發現──一種可發光的聚合物。杜邦3月時買下UNIAX的七個月後，曾於1990年以其研究而創辦UNIAX的加州大學化學家希格（Alan Heeger），因在電子發光聚合物的成就而贏得諾貝爾獎。

杜邦策略的第二個要素「知識密集」，亦是來自原有的觀念。多年來，杜邦一直將其專業行銷至諸如工程、工安及廢水處理等領域上。杜邦「密集」他們的知識，尋找新的應用方式，舉例來說，1994年，杜邦紡黏不織布事業的員工凝聚才能，灌注在柔軟的特衛強Plus汽車蓋上，不到一年的時間，即完成該項產品的設計、生產與上市。賀利得強調，這樣的成果使公司的資產資本化。2000年，杜邦結合在這些材料上的經驗以及在工安事件上所具有的知識，成立杜邦防護服裝行銷公司（DuPont Protective Apparel Marketing Company），而在若干產品上展現新的潛力，例如克維拉及Nomex® 纖維、Sontara® 水針不織布，還有Tychem® 化學防護織布。於是，諸如消防及警察等單位，還有化學、電氣與廢棄物處理業，均可從杜邦取得防護方面的全方位服務。此外，杜邦的「智慧財產事業部」所提供的服務，亦讓杜邦的許多創新發揮其最大價值，協助公司全球各地一萬七千個有效專利的使用授權與銷售。

「提高生產力」是杜邦實現永續成長所訂策略中的第三個要素。再一次地，杜邦所做的並非發現一個新標準，而是將傳統標準套用在新的情勢中。1990年代，這些狀況包括國際競爭的激烈；大公司內部朝更精簡、更以市場為重心的事業方向；提升員工的責任感及風險分擔；藉助新的通訊科技加快改變的腳步。

（中間偏右）杜邦Zodiaq® 石英錶面2000年上市；Zodiaq® 的組成中，石英佔了93%，為商業及住宅內部裝潢的新款材料。

（最右）採用杜邦全影像攝影反映鏡片的Timex計時產品，不僅明亮度、對比度提高，刺眼的強光也沒有了。

伍立德曾觀察到，在杜邦這類以科技為導向的公司中，數字通常比文字能得到更高的注意力。[22] 賀利得對六個標準差（Six Sigma）效率模型的採用，將統計套用在生產力上，一如伍立德將數字置放在環境目標上，還有整個杜邦公司數十年來對工作場合安全性所做的量化努力。在杜邦為自己所制定的零排放與零災害等目標上，目前又增加了「零缺點」這一項。

追尋更高的生產力也牽涉到杜邦全球事業的持續再造。2001年4月，杜邦宣佈關閉幾處老舊、競爭力較弱的聚酯與尼龍工廠，三個月後，杜邦將部份聚酯事業賣給墨西哥集團所屬的Alpek。6月時，杜邦做出一項重大決定，在取得政府批准後，以七十八億將杜邦製藥事業賣給必治妥（Bristol-Meyers Squibb Company），但仍保留Cozaar® 與Hyzaar® 抗高血壓藥物中的權益。這項製藥事業需要大規模、高風險性的投資，杜邦不怕風險，但在製藥上押的注卻異常大。此外，這個事業所需的資金，與杜邦其他事業相比亦明顯偏高。理論上，或在實務上，製藥事業可說是杜邦所擅長的整合科學上的一塊沃土，而這個事業也為患者帶來若干傑出產品。賣掉杜邦製藥這個決定並不容易，但精明的投資大眾卻佩服杜邦願意冷靜檢視自己資產，並在必要時快刀斬亂麻的勇氣。[23] 長達三十二年所經營的製藥事業，杜邦將其暫時擱置。

如何取得風險及長期研究投資獲益之間的平衡，仍然不斷考驗杜邦領導者。1990年代早期，科技主管麥拉倫已孕育出公司事業與其研究中心之間的銜結機制，給所有參與者一個重要的觀念——任務分享與互信。他的繼承者米勒（Joseph A. Miller, Jr.）更讓杜邦的研究中心一鼓作氣往上直衝，企圖善加利用麥拉倫的這項成就，進而提升公司在重大、突破性發現上的

潛力。其成果便是1998年推出的Apex研究流程，在此流程中，由杜邦高層事業領導者所組成的評鑑團負責評估這些有商業潛力的廣泛研究提案後，再提供初期所需資金，隨著計畫成功的可能性亦趨清晰之時，來自公司或中央的資源亦會成比例地轉移到某個相關的杜邦事業上。[24] Apex流程在以研究為基礎的企業中，評估、確認長期承擔風險所具有的價值，並指出風險分享的重要性。1990年代的艱困強調出前所未有的一個重點：所有杜邦員工都是公司股東；所有的人都必須一起承擔風險。不管多有遠見或如何監督，都無法擺脫科學研究為一個事業所帶來的猶豫不確定性、或充滿期待的心，或成功的振奮。

2001年時，杜邦的事業組織圍繞著四個主要「科技平台」與主要市場間所建立的連結。這四個科技平台分別為化學、生物學、電子學與聚合物。主要市場則包括了交通運輸、建築、化學品、紡織、健康、電子，還有食品與營養等。這個事業邏輯清楚地帶領著這個全球企業，但杜邦人不約而同表達出一致的看法：杜邦是個凝聚卓越的科技、一流的研究、成功的產品的公司，這是杜邦的價值，是杜邦人讓這些事變得可能。杜邦是一家好公司，這是無庸置疑的，但同時也希望能將這樣的好一直維持下去。

「這是個特別的公司，」賀利得指出，「杜邦並不是生來就註定特別，但只有在我們讓它保持原樣，它才會繼續特別。」賀利得深信公司和員工努力，會彼此發揮出最好的一面。堅信是成功不二法門。「如果我們做對了，」他說，「就會做出產品。」[25] 這聽起來似乎是企業常見的陳腔濫調，但賀利得連同其他人還是照用不誤，因為他們在說這句話時是認真的，因為許多證據——二百年的證據——印證了這句話。

在杜邦2002年 7 月19日的二百週年慶祝大會上，杜邦有好多好多事值得慶祝。這家公司正以類似於其邁入第二世紀的方式來邁入它的第三個世紀——以組織化跟上現況；維持高競爭力；致力於科學發展作爲邁向未來的必經之路。杜邦持續的生命力本身就是一項值得稱賀的成就。但在二百年的公司歷史中，杜邦已不再單單只是個事業體：它已經成爲世界各地人類生活中的一個機構，一代一代幫助人們達成享受更好的生活品質，保有更好的生活品質的權利，並一一實現。

在二十世紀的最後十年中，杜邦所做的已跨越美國的藩籬，遍佈全球七十個國家的工廠與實驗室，產品行銷遍及世界各個角落。杜邦公司累積的許多國際經驗，促成公司對未來的強烈願景：爲求人類更美好的將來，不斷在健全環境與自由市場下成長。願景本身需要持續，讓願景維繫下去的「營養套餐」是耐心、勇氣，以及成功，杜邦二百年來靠著這個套餐養生而常保年輕。**杜邦期盼能夠越來越年輕、越來越有活力。**

第1章

1. 有關杜邦家族在法國的起源及其在法國大革命中的角色，參見William S. Dutton, *Du Pont : One Hundred and Forty Years* (New York : Charles Scribner's Sons, 1942), chapters 1-3. 另可參見Joseph Frazier Wall, *Alfred I. du Pont : The Man and His Family* (New York : Oxford University Press, 1990).

2. Betty-Bright P. Low, France Views America, 1765-1815 (Wilmington, Del.: Eleutherian Mills Historical Library, 1978).

3. 艾倫尼·杜邦和路易·圖薩德在那次頗著名的1800年秋獵開槍射不出的事件之前，或許已經商討過在美國開設杜邦火藥廠的可能性，但那次打獵更再次提醒他們美製火藥的品質。

4. Bessie Gardner du Pont, ed. and trans., *Life of Eleuthère Irénée du Pont From Contemporary Correspondence*, vols. 1-12 (Newark : University of Delaware Press, 1923 27), vol. 5, 198-213 (quote on 200), Microfiche, Library of American Civilization, LAC 20871-20876 (quote on 20873).

5. William C. Lawton, *The Du Ponts : A Case Study of Kinship in the Business Organization* (Ph.D. diss., University of Chicago, 1955), 94-96.

6. Louis de Tousard to E.I. du Pont, January 2, 1802, in *Life of Eleuthère Irénée du Pont*, 5 :336.

7. 雖然杜邦的D是在1808年改為大寫，但Du和Pont之間一直有空格，直到1992年，該公司正式的名字才變為DuPont。此後就一直保持此拼寫方式。

8. *Papers of Eleuthère Irénée du Pont*, Longwood Manuscripts, Group 3, 146, file 30, Hagley Museum and Library, Greenville, Del.（HML）.

9. Eleuthère Irénée du Pont to Mr. Robin, New York, January 25, 1802, in *Life of Eleuthère Irénée du Pont*, 5 :360.

10. John C. Rumm, *Mutual Interests : Managers and Workers at the Du Pont Company, 1902-1915* (Ph.D. diss., University of Delaware, 1989).

11. 有關女性對布蘭迪河谷的宗教、勞資關係，以及十九世紀初產業的影響，參見Anthony F. C. Wallace, *Rockdale : The Growth of an American Village in the Early Industrial Revolution* (New York : Knopf, 1978).

12. E. I. 認為鮑多選擇這個名字是想欺騙經銷商。（E.I. du Pont to George Boggs & Co., March 10, 1819）; *Papers of Eleuthère Irénée du Pont*, Longwood Manuscripts, Group 3, 446, 284, HML.

13. 參見Norman B. Wilkinson, "Brandywine Borrowings From European Technology", *Technology and Culture* 4, no.1 (Winter 1963) : 1-13.

14. Charles Grier Sellers, *The Market Revolution : Jacksonian America 1815-1846* (New York : Oxford University Press, 1991). 亦參見George Rogers Taylor, *The Transportation Revolution*, 1815-1866 (New York : Rinehart, 1951).

15. 引自Rumm, *Mutual Interests*, 112.

16. 引自William H. A. Carr, *The du Ponts of Delaware* (London : Frederick Muller Limited, 1965), 150.

17. 阿弗雷德辭職時，杜邦已負債50萬美元。參見Norman B. Wilkinson, *Lammot DuPont and the American Explosives Industry, 1850-1884* (Wilmington, Del. : University Press of Virginia, for the Eleutherian Mills-Hagley Foundation, 1984), 26. Wilkinson推測《科學美國人》的陳述與統計數字是來自前幾個月出版的《德拉瓦公報》（*Delaware Gazette*, June 18, 1850）. 參見Wilkinson, 18.

第2章

1. Harold B. Hancock and Norman B. Wilkinson, "A Manufacturer in Wartime : DuPont, 1860-1865," *Business History Review* 40, no. 2 (Summer 1966) : 213-36, 226-27.

2. 價格與稅緊密相關，杜邦1864年辯稱其價格在1864年上漲是因為該公司被軍械局指定委託，使得硝酸鉀比起1861年上漲了135%，硫磺也上漲了80%，煤則是50%，木桶90%，工資則是75%。參見Hancock and Wilkinson, "A Manufacturer in Wartime", 224.

3. 拉蒙特曾寫道，1835年亞歷西斯叔叔和亨利叔叔回家，投入火藥工廠。亞歷西斯叔叔是在那年的 9 月返家，亨利叔叔則是在春天。Lammot du Pont, "Powder Made By E.I. du Pont & Co., 1803-1856", written in 1856, 見*Lammot du Pont Papers*, Series B, Technical Papers, Accession #384, Box 33, HML.

4. Pierre Gentieu, "Reminiscences of One of DuPonts Employees," *Eugene du Pont, Family Miscellany*, 6, Accession #207, HML.

5. J.W. Macklem, "Old Black Powder Days," *The DuPont Magazine* 21, nos. 8-9, Anniversary Number (1927) : 11, 46 (quote on p. 46).

6. 同上，2.

7. 同上，7 8. 亦參見J.P. Monigle and Norman B. Wilkinson, *Oral History with Miss Katharine Collison*, September 1954-January 1955, Oral History Files, Accession #2026, Box 1, HML. Miss Collison回憶，「他看起來很嚴肅，但心腸軟得不得了。」(p. 4).

8. Hancock and Wilkinson, "A Manufacturer in Wartime", 221.

9. 引自Hancock and Wilkinson, "A Manufacturer in Wartime," 229.

10. Lammot du Pont to Mary Belin du Pont, February 25, 1880, in *Lammot du Pont Papers*, Accession #1579, Box 4, HML.

11. 參見Robert Wiebe, *The Search For Order*, 1877-1920 (New York : Hill and Wang, 1967), and Richard Hofstadter, *Social Darwinism in American Thought*, with a new introduction by Eric Foner (Boston : Beacon Press, 1955; 1992).

12. 參與的火藥廠有杜邦公司、黑札德公司、拉夫林暨蘭德廠、奧斯汀火藥公司（Austin Powder Company）、美國火藥公司（American Powder Company）和邁阿密火藥公司（Miami Powder Company）。加州火藥廠於1875年加入。參見Norman B. Wilkinson, *Lammot du Pont and the American Explosives Industry, 1850-1884* (Charlottesville : University of Virginia Press, 1984), 203-30.

13. 參見Olivier Zunz, *Making America Corporate*, 1870-1920 (Chicago : University of Chicago Press, 1990).

14. 1869年史密斯暨蘭德公司與拉夫林公司合併，成為拉夫林暨蘭德火藥公司；引自Wilkinson, *Lammot du Pont and the American Explosives Industry*, 227.

15. 參見Arthur VanGelder and Hugo Schlatter, *History of the Explosives Industry in America* (New York : Columbia University Press, 1927), 342-48.

16. Monigle and Wilkinson, *Oral History With Katharine Collison*, 4.

17. John C. Rumm, *Mutual Interests : Managers and Workers at the Du Pont Company, 1902-1915* (Ph.D. diss., University of Delaware, 1989), 174-75. 參見also, Kerby A. Miller, *Emigrants and Exiles : Ireland and the Irish Exodus to North America* (New York : Oxford University Press, 1985).

18. J.P. Monigle and Norman B. Wilkinson, *Oral History With William H. Buchanan*, August 7, 1958, Oral History Files, Accession #2026, Box 1, HML, 6, 23.

19. 有關阿弗雷德的兩部主要傳記分別為Marquis James, *Alfred I. du Pont, The Family Rebel* (New York : Bobbs-Merrill, 1941), 以及Joseph Frazier Wall, *Alfred I. du Pont : The Man and His Family* (New York : Oxford University Press, 1990).

20. J.P. Monigle and Norman B. Wilkinson, *Oral History With William H. Buchanan*, 3.

第3章

1. 參見Alfred D. Chandler Jr., and Stephen Salsbury, *Pierre S. du Pont and the Making of the Modern Corporation* (New York : Harper & Row, Publishers, 1971).

2. 出自Chandler and Salsbury, *Pierre S. du Pont*, 35.

3. 同上，11, 27.

4. 同上，52-53.

5. 同上，quote on 66.

6. 參見David A. Hounshell and John Kelly Smith, Jr., *Science and Corporate Strategy : DuPont R&D, 1902-1980*（New York : Cambridge University Press, 1988）.

7. T. Coleman du Pont to Hamilton Barksdale, July 29, 1903, *Records of E. I. du Pont de Nemours & Company*, Series II, Part 2, *Papers of T. Coleman du Pont*, Box 807, Folder 23, HML.

8. John C. Rumm, *Mutual Interests : Managers and Workers at the Du Pont Company, 1902-1915*（Ph.D. diss., University of Delaware, 1989）, 215.

9. 引自William H.A. Carr, *The du Ponts of Delaware*（London : Frederick Muller Limited, 1965）, 230.

10. Alfred du Pont to Frank Connable, November 20, 1906, Accession #1599, Box 1, HML; 引自Rumm, *Mutual Interests*, 254.

11. 有關美國人對大公司種種觀感的討論，參見Ellis W. Hawley, *The New Deal and the Problem of Monopoly : A Study in Economic Ambivalence*（Princeton, N.J. : Princeton University Press, 1966; repr., New York : Fordham University Press, 1995）.

12. 參見Davis Dyer and David B. Sicilia, *Labors of a Modern Hercules : The Evolution of a Chemical Company*（Boston : Harvard Business School Press, 1990）, 41-64.

13. 參見L.L.L. Golden, *Only By Public Consent : American Corporations Search for Favorable Opinion*（New York : Hawthorn Books, Inc., 1968）, 247-50.

14. Chandler and Salsbury, *Pierre S. du Pont*, 337.

15. Joseph Frazier Wall, *Alfred I. du Pont : The Man and His Family*（New York : Oxford University Press, 1990）, 341-342.

16. Williams Haynes, ed., *American Chemical Industry : The Chemical Companies*, Vol. VI（New York : D. Van Nostrand Company, Inc., 1949）, 132. 英國軍需委員會的首長是Headlam將軍。

17. John K. Winkler, *The Du Pont Dynasty*（New York : Reynal & Hitchcock, 1935）, 244. Also, Chandler and Salsbury, *Pierre S. du Pont*, 418.

18. Winkler, *The Du Pont Dynasty*, 246.

第 4 章

1. 引自Alfred P. Sloane Jr., *My Years With General Motors*, ed. John McDonald with Catharine Stevens（New York : Doubleday & Co., 1963; Anchor Books, 1972）, 15.

2. P. J. Wingate, *The Colorful DuPont Company*（Wilmington, Del. : Serendipity Press, 1982）, 39.

3. David A. Hounshell and John Kenly Smith Jr., *Science and Corporate Strategy : DuPont R&D, 1902-1980*（Cambridge : Cambridge University Press, 1988）, 85. 有關一次世界大戰對美國染料工業的影響之評論，參見Ludwig F. Haber, *The Chemical Industry, 1900-1930 : International Growth and Technological Change*（Oxford : Clarendon Press, 1971）, 184 246. 亦見Graham D. Taylor and Patricia E. Sudnik, *DuPont and the International Chemical Industry*（Boston : Twayne Publishers, 1984）, 43-58, 75-90, 105-30.

4. Taylor and Sudnik, *DuPont and the International Chemical Industry*, 107-11.

5. C. Chester Ahlum, "Cooperation With the Engineering Department", May 5, 1920, *Records of E. I. du Pont de Nemours & Company*, Accession #1784, Box 18, HML.

6. Joseph Borkin, *The Crime and Punishment of I.G. Farben*（New York : The Free Press, 1978）, 38-40.

7. Charles W. Cheape, *Strictly Business : Walter Carpenter at DuPont and General Motors*（Baltimore : Johns Hopkins University Press, 1995）, 39-45.

8. Jasper E. Crane, "A Short History of the Arlington Company", May 1, 1945, DuPont Pamphlet, HML. Mr. Cran原為阿靈頓公司的高階主管，後來轉到杜邦工作，於1929年成為杜邦副總裁及執行委員會成員。

9. Stephen Fenichell, *Plastic : The Making of a Synthetic Century*（New York : HarperCollins Publishers, 1996）, 119-24.

10. Charles M. Stine, "The Kinship of du Pont Products", *The DuPont Magazine*, 19, 3（March 1925）, 1-2, 15.

第 5 章

1. 引自 L.G. Wise and N.G. Fisher, "History, Activities, and Accomplishments of Fundamental Research in the Chemical Department of the DuPont Company, 1926-1939 Inclusive", *Records of E. I. du Pont de Nemours & Company*, Accession #1784, Box 21, HML, 1.

2. David A. Hounshell and John Kelly Smith, Jr., *Science and Corporate Strategy : DuPont R&D, 1902-1980*（New York : Cambridge University Press, 1988）, 226.

3. Matthew E. Hermes, *Enough For One Lifetime : Wallace Carothers, Inventor of Nylon*（American Chemical Society and Chemical Heritage Foundation, 1996）, 83.

4. Raymond B. Seymour, ed., *Pioneers in Polymer Science*（Boston : Kluwer Academic Publishers, 1989）, 34.

5. Hugh K. Clark, "Neoprene", *Papers of E.I. du Pont de Nemours & Company*, Accession #1850, HML, 1.

6. John K. Smith, "Interview with Dr. Merlin Brubaker", September 27, 1982, Oral History Interviews, Accession #1878, HML, 19.

7. Oliver M. Hayden, "Reflections on the Early Development of Neoprene", May 1, 1978, *Papers of E.I. du Pont de Nemours & Company*, Accession #1850, Box 6, HML, 4, 6.

8. David H. Hounshell and John K. Smith, "Interview with Julian Hill", December 1, 1982, Oral History Interviews, Accession #1878, no. 21, HML, 26.

9. Wallace H. Carothers, "Memorandum for Dr. A.P. Tanberg : Early History of Polyamide Fibers", February 19, 1936, *Records of E. I. du Pont de Nemours & Company*, Accession #1784, Box 18, HML.

10. Hounshell and Smith, "Interview with Julian Hill", 26.

11. 引自Hermes, *Enough for One Lifetime*, 139.

12. Robert S. McElvaine, *The Great Depression : America, 1929-1941*（New York : Times Books, 1993）, 72.

13. *Annual Report*，1931, 5.

14. *Annual Report*，1932, 6.

15. Elmer K. Bolton, "DuPont Research", *Industrial and Engineering Chemistry* 37, no. 2（February 1945）, 107-15.

16. C.M.A. Stine, "The Rise of the Organic Chemical Industry in the United States", *Annual Report of the Board of Regents of the Smithsonian Institution*, Washington, D.C., 1940, 177-92.

17. Hounshell and Smith, "Interview with Julian Hill", 53.

18. Alfred D. Chandler Jr. et al., "Interview with Elmer K. Bolton", 1961, Accession #1689, Oral History Interviews, HML, 21.

19. David A. Hounshell and John K. Smith, "Second Interview with Crawford H. Greenewalt", November 8, 1982, Oral History Interviews, Accession #1878, HML, 6-7.

20. 致 Jasper Crane 的信，出自 Charles W. Cheape, *Strictly Business : Walter Carpenter at DuPont and General Motors*（Baltimore : Johns Hopkins University Press, 1995）, 132.

21. 致拉蒙特‧杜邦信件，May 18, 1935, *Records of E. I. du Pont de Nemours & Company*, Accession #1662, Box 3, HML.

22. Roland Marchand, *Creating the Corporate Soul : The Rise of Public Relations and Corporate Imagery in American Big Business*（Berkeley : University of California Press, 1998）, 219. 亦參見William L. Bird Jr., "Better Living" : Advertising, Media, and the New Vocabulary of Business Leadership, 1935-

1955（Evanston, Ill. : Northwestern University Press, 1999）, and L. L. L. Golden, *Only By Public Consent : American Corporations Search for Favorable Opinion*（New York : Hawthorn Books, Inc., 1968）.

23. Joseph Labovsky, "A Short Biography of Nylon", undated, Nylon file, Pictorial Collection, HML.

24. Chandler et al., "Interview with Elmer K. Bolton", 20.

25. Hounshell and Smith, *Science and Corporate Strategy*, 270.

26. Hounshell and Smith, "Second Interview with Crawford H. Greenewalt", 27.

第6章

1. 參見Richard G. Hewlett and Oscar E. Anderson Jr., *The New World, 1939-1946*, vol. 1, *A History of the United States Atomic Energy Commission*（University Park : Pennsylvania State University Press, 1962）; Richard Rhodes, *The Making of the Atomic Bomb*（New York : Simon & Schuster, 1986）; K. D. Nichols, *The Road to Trinity*（New York : William Morrow and Company, 1987）; and Rodney Carlisle, with Joan M. Zenzen, *Supplying the Nuclear Arsenal : American Production Reactors, 1942-1992*（Baltimore : Johns Hopkins University Press, 1996）.

2. S.L. Sanger with Robert W. Mull, *Hanford and the Bomb : An Oral History of World War II*（Seattle : Living History Press, 1989）, 25.

3. 同上，26.

4. 坎普記得斯蒂恩講的機率是百分之一。Arthur Holly Compton, *Atomic Quest : A Personal Narrative*（New York : Oxford University Press, 1956）, 133.

5. Harry Thayer, *Management of the Hanford Engineer Works in World War II : How the Corps, DuPont and the Metallurgical Laboratory Fast Tracked the Original Plutonium Works*（New York : American Society of Civil Engineers Press, 1996）, 73.

6. Crawford Greenewalt, Manhattan Project Diary, vol. 2, *Records of E. I. du Pont de Nemours & Company*，Accession #1889, HML, 5.

7. Leslie R. Groves, *Now It Can Be Told : The Story of the Manhattan Project*（New York : De Capo Press, 1975）, 91-92.

8. 歷史學家曾質疑，原子彈攻擊是否是軍事上、心理上、或外交上用來迫使日本早日投降的必須手段。從蘇聯在戰後對日本的影響，以及德國或許也影響了美國的決定，雖然使用原子彈的主要目的，仍是減少美國的傷亡。Gar Alperovitz曾在*The Decision to Use the Atomic Bomb*一書中探索了幾個觀點。（London : HarperCollins Publishers, 1995）.

9. E.I. du Pont de Nemours & Company, "DuPonts Role in the National Security Program, 1940-1945", March 7, 1946, pamphlet, HML.

10. John Morton Blum, *V Was for Victory : Politics and American Culture during World War II*（New York : Harcourt Brace Jovanovich, 1976）.

11. William H. Chafe, *The Unfinished Journey : America since World War II*（New York : Oxford University Press, 1986）, 10.

12. Congressional Research Service, *Congress and the Nation : A Review of Government and Politics in the Postwar Years*（Washington, D.C. : Congressional Quarterly, Inc., 1965）, 114a-131a.

13. *Annual Report* 1947, 27.

14. Crawford Greenewalt, *The Uncommon Man : The Individual in the Organization*（New York : McGraw-Hill Book Company, Inc., 1959）.

15. "How to Win at Research", *Fortune Magazine*, October 1950, 115.

16. David A. Hounshell and John K. Smith, "Interview with Lester Sinness", October 23, 1985, Oral History Interviews, Accession #1878, HML, 17.

17. Roy J. Plunkett, interview by James J. Bohning in New York City and Philadelphia, April 14 and May 27, 1986, Chemical Heritage Foundation, Philadelphia, PA., 13.

18. Anne Cooper Funderburg, "Making Teflon Stick", *Invention & Technology*（Summer 2000）, 10-20.

19. 同上。

20. "Du Pont Replies to Government Charges", *Chemical & Engineering News 27*, no. 30（July 25, 1949）, 2181.

21. Crawford H. Greenewalt, "A Businessman Looks at the Antitrust Laws", August 13, 1963, pamphlet, HML, 2.

第7章

1. *Time Magazine*, November 27, 1964, 95.

2. 引自James T. Patterson, *Grand Expectations : The United States, 1945-1974*（New York : Oxford University Press, 1996）, 531.

3. David A. Hounshell and John K. Smith, "Interview with Edwin A. Gee", November 11, 1985, Oral History Interviews, Accession #1878, HML, 14.

4. 同上，46.

5. D. Brearley to G.J. Prendergast Jr., "Development Department Diversification Program of the 1960s", July 21, 1976, *Records of E. I. du Pont de Nemours & Company*, Accession #1850, HML.

6. David A. Hounshell and John K. Smith, "Third Interview with Chaplin Tyler", October 20, 1982, Oral History Interviews, Accession #1878, HML, 37.

7. Irving S. Shapiro, interview by James J. Bohning and Bernadette R. McNulty, transcript, December 15, 1994, Chemical Heritage Foundation, Philadelphia, Pa., 24.

8. 引自*Chemical & Engineering News*, May 30, 1966, 21.

9. D.H. Dawson, "Discussion with General Managers of Company Performance and Organization, April July, 1961", July 14, 1961, *Records of E. I. du Pont de Nemours & Company*, Accession #1814, Series I, "Papers of Crawford H. Greenewalt", Box 3, HML.

10. L.S. Sinness to L. du P. Copeland, "Major Problems of the Company", August 21, 1964, *Records of E. I. du Pont de Nemours & Company*, Accession #1404, "Papers of Lammot du Pont Copeland", Box 9, HML.

11. Edwin A. Gee, "New Venture Development in DuPont", September 21, 1970, *Records of E. I. du Pont de Nemours & Company*, Accession #2232, Series II, Papers of Edwin A. Gee, Box 2, HML, 1.

12. David A. Hounshell and John K. Smith, "Interview with Dr. Frank C. McGrew", August 2, 1983, Oral History Interviews, Accession #1878, HML, 53.

13. Howard E. Simmons Jr., interview by James J. Bohning, transcript, April 27, 1993, Chemical Heritage Foundation, Philadelphia, Pa., 21; Stephanie L. Kwolek, interview by Bernadette Bensaude-Vincent, transcript, March 21, 1998, Chemical Heritage Foundation, Philadelphia, Pa., 3-4.

14. L. du Pont Copeland, "Introductory Remarks, Wall St. Journal Visit", November 9, 1967, *Records of E. I. du Pont de Nemours & Company*, Accession #1404, "Papers of Lammot du Pont Copeland", Box 17, HML.

15. *Annual Report* 1968, 31.

16. Joel A. Tarr, "Historical Perspectives on Hazardous Wastes in the United States", *Waste Management & Research 3*（1985）, 95-102.

17. Dewey W. Grentham, *Recent America : The United States Since 1945*（Arlington Heights, Ill. : Harlan Davidson, Inc., 1987）, 354.

18. *Annual Report* 1973, 1.

第 8 章

1. Harold M. Williams and Irving S. Shapiro, *Power and Accountability : The Changing Role of the Corporate Board of Directors*（Pittsburgh : Carnegie-Mellon University Press, 1979）, 56.

2. Irving S. Shapiro, with Carl B. Kaufmann, *Americas Third Revolution : Public Interest and the Private Role*（New York : Harper & Row, Publishers, 1984）, 194-97.

3. James L. Phelan and Robert Pozen, *The Company State*（New York : Grossman, 1973）.

4. Shapiro, *Americas Third Revolution*, 71, 92.

5. 同上，46-47. Also, Thomas Byrne Edsall, *The New Politics of Inequality*（New York : W.W. Norton & Co., 1984）, 155-57.

6. Howard E. Simmons, James J. Bohning所作的探訪, DuPont Experimental Station, Wilmington, Del., April 27, 1993, Chemical Heritage Foundation, Philadelphia, Pa., 41, 48.

7. Shapiro, *America's Third Revolution*, 45.

8. William G. Simeral, by Adrian Kinnane所做的電話採訪, July 18, 2001.

9. Harold C. Barnett, *Toxic Debts and the Superfund Dilemma*（Chapel Hill : University of North Carolina Press, 1994）, 67-71.

10. Simeral的電話採訪。

11. 化學公司為了能在《全面環境反應、賠償和責任法案》過關而聯合一致，並不表示他們的支持程度一致，也不表示他們對環境問題的對策一致。參見Paul Weaver, *The Suicidal Corporation*（New York : Simon and Schuster, 1988）, 176-77. 另參見Ralph Nader and William Taylor, *The Big Boys : Power and Position in American Business*（New York : Pantheon Books, 1986）, 186-89.

12. Godfrey Hodgson, *The World Turned Right Side Up : A History of the Conservative Ascendancy in America*（Boston : Houghton Mifflin Company, 1996）, 193.

13. Edgar M. Bronfman, *Good Spirits : The Making of a Businessman*（New York : G.P. Putnam's Sons, 1998）, 15.

14. *Wilmington News Journal*, June 12, 1982, A-3.

15. *Annual Report* 1984, 2.

16. Francis Crick, *Of Molecules and Men*（Seattle : University of Washington Press, 1966）.

17. Bronfman, *Good Spirits*, 167.

18. *Chemical & Engineering News* 67, no. 41（October 9, 1989）, 10-11.

19. *Chemical & Engineering News* 67, no. 41（October 9, 1989）, 12.

20. 同上。

21. Washington Post, March 8, 1990, A-22.

第 9 章

1. Edgar S. Woolard Jr., interview by Adrian Kinnane, Wilmington, Del., August 9, 2001. 亦參見Edgar S. Woolard Jr., interview by James G. Traynham, June 10, 1999, Chemical Heritage Foundation, Philadelphia, Pa., 24.

2. Traynham所做的伍拉德訪問, 25.

3. Stacey J. Mobley, interview by John R. Rumm, DuPont Headquarters Building, Wilmington, Del., July 10, 2000, 33-34.

4. Robert J. Samuelson, "R.I.P. : The Good Corporation", *Newsweek*, 5 July 1993, 41.

5. *Annual Report* 1993, 5.

6. Alexander MacLachlan, interview by Adrian Kinnane, Greenville, Del., July 2, 2001.

7. 同上。

8. Edgar S. Woolard Jr., "Environmental Stewardship", *Chemical & Engineering News* 67, no. 22（May 29, 1989）,15; originally presented as a speech at the American Chamber of Commerce（U.K.）, London, England, May 4, 1989.

9. Woolard, "Environmental Stewardship", 13.

10. Edgar S. Woolard Jr., "Creating Corporate Environmental Change", *The Bridge*（National Academy of Engineering）29, no. 1（Spring 1999）; originally presented as a speech at the National Academy of Engineering, International Conference on Environmental Performance Metrics, Irvine, Cal., November 3, 1998.

11. Woolard interview by Traynham, 32.

12. Woolard interview by Kinnane.

13. Edgar S. Woolard, "Creating Corporate Environmental Change".

14. Woolard interview by Kinnane.

15. 同上。

16. Bruce Herzog, DuPont Corporate Plans, interview by Adrian Kinnane, Wilmington Del., July 2, 2001.

17. On June 7, 2000, Optimum Quality Grains, LLC, became DuPont Specialty Grains following DuPont's 100 percent acquisition of Pioneer Hi-Bred International, Inc., in 1999.

18. Mobley interview, 25.

19. David Barboza, "DuPont Buying Top Supplier of Farm Seed", *New York Times*, March 16, 1999, C-2.

20. Charles O. Holliday, "Industry and Sustainability : Why should anyone take us seriously?" Speech before the Economic Club of Detroit, November 29, 1999.

21. Woolard, "Creating Corporate Environmental Change".

22. Marvin C. Brooks, 私人訪問, May 28, 2001. Brooks的四十年職業生涯始於美國橡膠公司，後來轉到UniRoyal擔任研究化學家，然後轉到該公司的國內及國外行銷部門，1980年代初退休。

23. MacLachlan interview.

24. Joseph A. Miller Jr., telephone interview by Adrian Kinnane, August 13, 2001.

杜邦200年 發源於布蘭迪河畔的科學奇蹟

DuPont : From the Banks of the Brandywine to Miracles of Science

作　　者　Adrian Kinnane
出 版 者　台灣杜邦股份有限公司
　　　　　台北市105敦化北路167號13樓
　　　　　(02)2719-1999
　　　　　http://www.dupont.com.tw

總 經 銷　時報文化出版企業股份有限公司
　　　　　台北縣中和市連城路134巷16號
　　　　　(02)2306-6842

印　　刷　科樂印刷股份有限公司
出版一刷　二〇〇二年七月十九日
定　　價　新台幣四〇〇元

Printed in Taiwan
ISBN　957-13-3707-2（精裝）